普通高等教育"十三五"规划教材

DUOMEITI JISHU YU YINGYONG

多媒体技术与应用

主　编　葛平俱　李光忠　陈江林

副主编　王媛媛　李文杰　李蔚妍

　　　　高　葵

U0238577

中国水利水电出版社
www.waterpub.com.cn
·北京·

内 容 提 要

本书是根据教育部高等学校计算机基础教学指导委员会颁布的《计算机基础课程教学基本要求》以及《大学计算机教学要求（第6版）》中有关"多媒体技术及应用"课程的教学要求编写而成的。全书共9章，主要讲述多媒体技术概述、多媒体系统的组成、图形与图像处理技术、音频处理技术、计算机动画、多媒体视频技术、多媒体数据压缩技术、网络多媒体技术以及多媒体应用系统开发等内容。软件以 Adobe Creative Cloud 2017 版本来进行实例讲解。

本书内容全面、深入浅出，图文并茂，浅显易懂，操作步骤详细、清晰，实用性较强。本书理论与应用兼顾，既介绍了多媒体技术的基本概念、基本原理和基本方法，又对 Photoshop、Audition、Animate、Premiere 等目前主流的多媒体应用软件的使用作了详细介绍。

本书可作为普通高等院校非计算机专业多媒体技术及应用课程的教材使用，也可以作为高职院校相关课程的教材，还可以作为多媒体技术方面的培训教材以及广大多媒体技术自学者的参考书籍使用。

本书配套的教学资源可从中国水利水电出版社网站 http://www. waterpub. com. cn/softdown 免费下载。

图书在版编目（ＣＩＰ）数据

多媒体技术与应用 / 葛平俱，李光忠，陈江林主编
. -- 北京 ：中国水利水电出版社，2018.5(2020.11重印)
普通高等教育"十三五"规划教材
ISBN 978-7-5170-6493-0

Ⅰ. ①多… Ⅱ. ①葛… ②李… ③陈… Ⅲ. ①多媒体技术－高等学校－教材 Ⅳ. ①TP37

中国版本图书馆CIP数据核字(2018)第102570号

书　　名	普通高等教育"十三五"规划教材 **多媒体技术与应用** DUOMEITI JISHU YU YINGYONG
作　　者	主 编　葛平俱　李光忠　陈江林 副主编　王媛媛　李文杰　李蔚妍　高 葵
出版发行	中国水利水电出版社 （北京市海淀区玉渊潭南路1号D座　100038） 网址：www. waterpub. com. cn E-mail：sales@waterpub. com. cn 电话：(010) 68367658 （营销中心）
经　　售	北京科水图书销售中心 （零售） 电话：(010) 88383994、63202643、68545874 全国各地新华书店和相关出版物销售网点
排　　版	中国水利水电出版社微机排版中心
印　　刷	天津嘉恒印务有限公司
规　　格	210mm×285mm　16开本　13.75印张　438千字
版　　次	2018年5月第1版　2020年11月第2次印刷
印　　数	3001—6000册
定　　价	**48.00元**

凡购买我社图书，如有缺页、倒页、脱页的，本社营销中心负责调换

本书编委会

主　　编　葛平俱　李光忠　陈江林

副 主 编　王媛媛　李文杰　李蔚妍　高　葵

参编人员　（按姓氏拼音排序）

郭　华　李　雨　王秀丽　姚继美

多媒体技术起源于 20 世纪 80 年代，在 20 世纪 90 年代得到了迅速发展，多媒体是在计算机技术、通信网络技术、大众传媒技术等现代信息技术不断进步的条件下由多学科不断融合、相互促进而产生的，是当今信息技术领域发展最快、最活跃的技术，是新一代电子技术发展和竞争的焦点。多媒体技术融计算机、声音、文本、图像、动画、视频和通信等多种功能于一体。多媒体技术借助日益普及的高速信息网，可实现计算机的全球联网和信息资源共享，因此被广泛应用在咨询服务、图书、教育、通信、军事、金融、医疗等诸多行业，并正改变着人们的生活面貌。

本书较为系统地阐述了多媒体技术的基本理论和基础知识，以培养读者的多媒体制作和应用能力为目标，以制作实例为重点，在介绍基本知识的基础上，结合多媒体图像、动画、音频、视频素材处理和实际应用，详细阐述多媒体素材的处理方法、多媒体的制作步骤和技巧。全书共 9 章，第 1 章多媒体技术概述，主要介绍多媒体技术的基本概念、多媒体技术的发展、多媒体技术的研究内容以及多媒体技术的应用与未来；第 2 章多媒体系统的组成，主要介绍多媒体硬件系统和软件系统；第 3 章图形与图像处理技术，主要介绍图形与图像基础的相关知识，以及常用图形与图像处理软件 Photoshop 的应用；第 4 章音频处理技术，主要介绍数字音频并学会多媒体音频编辑软件 Audition 的使用；第 5 章计算机动画，主要介绍 Animate 的操作环境、几种动画的实例操作以及动作脚本的使用；第 6 章多媒体视频技术，主要介绍视频基础知识、视频文件格式、视频信息的处理和数字视频处理软件 Premiere Pro CC 的使用；第 7 章多媒体数据压缩技术，重点介绍一些重要的压缩编码方法，以及现有的多媒体数据压缩的国际标准；第 8 章网络多媒体技术，主要介绍网络多媒体技术，以及在网页中使用网络多媒体的基本操作；第 9 章多媒体应用系统开发，主要介绍多媒体应用系统开发的过程、多媒体系统创作工具的功能与类型，以及几种常见的多媒体应用开发工具。

通过本书的学习，使读者系统了解多媒体技术的基本概念，理解多媒体信息数字化、表示和处理的基本原理，掌握多媒体信息处理的基本方法，了解多媒体技术的最新应用和常用多媒体软件工具的使用方法；能够使用多媒体软件工具完成多媒体素材的处理，更高的要求是利用多媒体创作工具进行多媒体应用软件的设计和开发。在介绍知识的同时，强调实际技能和综合能力的培养，使学生能综合运用所学知识解决多媒体的实际问题。

　　本书由长期从事一线教学的教师编写，具有丰富的理论水平和教学经验。各章节编写分工如下：葛平俱编写第1章和第2章，陈江林、王秀丽、李雨、姚继美编写第3章，王媛媛编写第4章，李光忠编写第5章，李文杰编写第6章，李蔚妍编写第7章，高葵、郭华编写第8章，陈江林编写第9章。

　　由于编者水平有限，加之时间仓促，本书难免有不足之处，欢迎读者批评指正。

编　者

2018 年 2 月

MULU 目 录

第 1 章 多媒体技术概述

多媒体技术是 20 世纪 80 年代发展起来并得到广泛应用的计算机新技术，它是计算机技术的重要发展方向之一，它的发展，使计算机具备了综合处理文字、图形、图像、声音、视频和动画的能力。被认为是继造纸术、印刷术、电报电话、广播电视和计算机之后，人类处理信息手段的又一大飞跃，是计算机技术的一次革命。在 20 世纪 90 年代以后，随着计算机技术以及网络的发展，多媒体技术也随之得到了飞速发展，并使它在通信、工业、军事、教育、商业和文化娱乐等领域得到了广泛应用。

本章介绍了多媒体技术的基本概念、多媒体技术的发展、多媒体技术的研究内容和多媒体技术的应用与未来。通过本章的介绍，读者可以对多媒体技术有一个大致的了解。

1.1 多媒体技术的基本概念

1.1.1 媒体及媒体分类

1. 信息

信息是对客观世界中各种事物的运动状态和变化的反映，是客观事物之间相互联系和相互作用的表征，表现的是客观事物运动状态和变化的实质内容。

2. 媒体

媒体是指存储并传递信息的载体，如报纸、杂志、广播、电视和电影等均是媒体，它们以各自不同的媒体形式来进行信息的传播，有两重含义：一是指存储信息的实体，例如录像带、磁盘、光盘等；二是指传递信息的载体，如文字、图像、声音等，以不同的形式承载着信息。

3. 媒体的分类

按照国际电信联盟（International Telecommunication Union - Telecommunications，ITU）等国际组织制定的媒体分类标准，媒体可分为如下五类：

（1）感觉媒体。感觉媒体（Perception Medium）指的是能直接作用于人们的感觉器官（听觉、视觉、味觉、嗅觉、触觉等），从而能使人产生直接感觉的媒体，如文字、数据、声音、图形、图像等。

在多媒体计算机技术中，我们所说的媒体一般指的是感觉媒体。

（2）表示媒体。表示媒体（Presentation Medium）指的是为了传输感觉媒体而人为研究出来的媒体，借助于此种媒体，能有效地存储感觉媒体或将感觉媒体从一个地方传送到另一个地方，如语言编码、电报码、条形码等。

（3）显示媒体。显示媒体（Display Medium）指的是用于通信中使电信号和感觉媒体之间产生转换用的媒体，是用于表达信息的物理设备，分为输入媒体和输出媒体两种。输入媒体如键盘、鼠标、触摸屏、麦克风、摄像头、光笔、扫描仪等；输出媒体如显示器、打印机、投影仪、扬声器等。

（4）存储媒体。存储媒体（Storage Medium）指的是用于信息存储的媒体，如纸张、磁带、磁盘、光盘等。

（5）传输媒体。传输媒体（Transmission Medium）指的用于传输某种媒体的物理媒体，如双绞线、电缆、光纤等。

1.1.2 多媒体、多媒体技术与多媒体机计算机

在常见的媒体信息中，有些以文字作为媒体，有些以声音作为媒体，有些以图像作为媒体，有些将文字、图像和声音的综合体作为媒体。多媒体（Multimedia）是多种媒体的综合，一般包括文本、声音和图像等多种媒体形式。

在计算机系统中，多媒体指组合两种或两种以上媒体的一种人机交互式信息交流和传播媒体。使用的媒体包括文字、图片、照片、声音、动画和影片，以及程序所提供的互动功能。

多媒体技术（Multimedia Technology）是利用计算机对文本、图形、图像、声音、动画、视频等多种信息综合处理、建立逻辑关系和人机交互作用的技术。

多媒体计算机（Multimedia Computer）是指能够对声音、图像、视频等多媒体信息进行综合处理的计算机。多媒体计算机一般指多媒体个人计算机（MPC）。

1985 年出现了第一台多媒体计算机，其主要功能是指可以把音频视频、图形图像和计算机交互式控制结合起来，进行综合的处理。多媒体计算机一般由四个部分构成：多媒体硬件平台（包括计算机硬件、声像等多种媒体的输入/输出设备和装置）、多媒体操作系统（MPCOS）、图形用户接口（GUI）和支持多媒体数据开发的应用工具软件。随着多媒体计算机应用越来越广泛，在办公自动化领域、计算机辅助工作、多媒体开发和教育宣传等领域发挥了重要作用。

1.1.3 多媒体中的媒体元素

多媒体中的媒体元素指的是多媒体技术处理的对象，是多媒体应用中可显示给用户的媒体形式，常见的媒体元素有文本、图形、图像、声音、动画、视频等。

1. 文本

文本指的是字母、数字和符号，与其他媒体相比，文字是最容易处理、占用存储空间最少、最方便利用计算机输入和存储的媒体。文本显示是多媒体教学软件的非常重要的一部分。多媒体教学软件中概念、定义、原理的阐述、问题的表述、标题、菜单、按钮、导航等都离不开文本信息。它是准确有效地传播教学信息的重要媒体元素。文字是一种常用的媒体元素。

文本文件的格式和特点：

（1）.TXT：TXT 文本是纯文本文件，是无格式的，即文件里没有任何有关字体、大小、颜色、位置等格式化的信息。Windows 系统的"记事本"就是支持 TXT 文本的编辑和存储工具。所有的文字编辑软件和多媒体集成工具软件均可直接调用 TXT 文本格式的文件。记事本的功能也很强大。

（2）.DOC：DOC 是 Word 字处理软件所使用的文件格式。

（3）.WPS：WPS 是中文字处理软件的格式，其中包含特有的换行和排版信息，它们被称为格式化文本，只能在 WPS 编辑软件中使用。

（4）.RTF：RTF 格式是以纯文本描述内容，能够保存各种格式信息，可以用写字板、Word 等创建。RTF（Rich Text Format）也称富文本格式，是由微软公司开发的跨平台文档格式。大多数的文字处理软件都能读取和保存 RTF 文档。

2. 图形

计算机中的图形是数字化的，是矢量图，矢量图形是通过一组指令集来描述的，这些指令描述构成一幅图的所有

直线、圆、圆弧、矩形、曲线等的位置、维数和大小、形状。显示时需要专门的软件读取这些指令，并将其转变为屏幕上所显示的形状和颜色。矢量图是利用称为 Draw 的计算机绘图程序产生的。矢量图主要用于线形的图画、美术字、工程制图等。

图形文件的格式和特点：

(1) .WMF：Windows 图元文件格式。

(2) .JPG：常用图像文件格式。

(3) .PNG：Flash 中常用的图片格式。

(4) .GIF：网页中常用的格式。

(5) .EMF：Windows 增强性图元文件格式。

(6) .TIF 印刷行业常用的图元文件格式。

(7) .PSD：Photoshop 编辑图元文件。

(8) .CDR：CorelDRAW 制作生成的文件格式。

(9) .EPS：Illustrator 制作生成的文件格式。

3．图像

这里讲的图像指的是位图，它是由描述图像中各个像素点的强度与颜色的数位集合组成的。位图图像适合表现比较细致，层次和色彩比较丰富，包含大量细节的图像。生成位图图像的方法有多种，最常用的是利用绘图软件工具绘制，用指定的颜色画出每个像素点来生成一幅图形。

图像文件的格式和特点：

(1) .BMP：BMP（Bitmap 的缩写）图像文件是几乎所有 Windows 环境下的图形图像软件都支持的格式。这种图像文件将数字图像中的每一个像素对应存储，一般不使用压缩方法，因此 BMP 格式的图像文件都较大，特别是具有 24 位色深（2 的 24 次方种颜色）的真彩色图像更是如此。由于 BMP 图像文件的无压缩特点，在多媒体节目制作中，通常不直接使用 BMP 格式的图像文件，只是在图像编辑和处理的过程中使用它保存最真实的图像效果，编辑完成后转换成其他图像文件格式，再应用到多媒体项目制作中。

(2) .GIF：PNG（Portable Network Graphics）图像文件格式提供了类似于 GIF 文件的透明和交错效果。它支持使用 24 位色彩，也可以使用调色板的颜色索引功能。可以说 PNG 格式图像集中了最常用的图像文件格式（如 GIF、JPEG）的优点，而且它采用的是无损压缩算法，保留了原来图像中的每一个像素。

(3) .JPG：JPEG 图像文件格式采用的是较先进的压缩算法。这种算法在对数字图像进行压缩时，可以保持较好的图像保真度和较高的压缩比。这种格式的最大特点是文件非常小，用户可以根据自己的需要选择 JPEG 文件的压缩比，当压缩比为 16∶1 时，获得压缩图像的效果几乎与原图像难以区分；当压缩比达到 48∶1 时，仍可以保持较好的图像效果，仔细观察图像的边缘可以看出不太明显的失真。因为 JPEG 图像的压缩比很高，因此非常适用于要处理大量图像的场合。

4．动画

动画是通过一系列彼此有差别的单个画面来产生运动画面的一种技术，通过一定速度的播放可达到画中形象连续变化的效果。要实现动画首先需要有一系列前后有微小差别的图形或图像，每一幅图片称为动画的一帧，它可以通过计算机产生和记录。只要将这些帧以一定的速度放映，就可以得到动画，称为逐帧动画。

在教学中，往往需要利用动画来模拟事物的变化过程，说明科学原理，尤其是二维动画，在教学中应用较多。在许多领域中，利用计算机动画来表现事物甚至比电影的效果更好。因此，较完善的多媒体教学软件都应配有动画以加强教学效果。

动画文件的格式和特点：

（1）.FLA：Flash 源文件存放格式。在 Flash 中，大量的图形是矢量图形，因此，在放大与缩小的操作中没有失真，它制作的动画文件所占的体积较小。Flash5 动画编辑软件功能强大，操作简单，易学易用。

（2）.SWF：Flash 动画文件格式。

（3）.GIF：GIF 格式是常见的二维动画格式。

（4）.AVI：严格说来，AVI 格式并不是一种动画格式，而是一种视频格式，它不但包含画面信息，亦包含声音效果。因为包含声音的同步问题，因此，这种格式多以时间为播放单位，因此在播放时不能控制其播放速度。

5．声音

声音通常有语音、音效和音乐等三种形式。语音指人们讲话的声音；音效指声音特殊效果，如雨声、铃声、机器声、动物叫声等，它可以是从自然界中录音的，也可以采用特殊方法人工模拟制作；音乐则是一种最常见的声音形式。

在多媒体教学软件中，语言解说与背景音乐是多媒体教学软件中重要的组成部分。最常见的通常有三类声音，即波形声音、MIDI 和 CD 音乐，而在多媒体教学软件中使用最多的是波形声音。

声音文件的格式和特点：

（1）.WAV：波形声音文件格式，波形声音，它是通过对声音采样生成。在软件中存储着经过模数转换后形成的千万个独立的数码组，数码数据表示了声音在不连续的时间点内的瞬时振幅。

（2）.MID：MIDI 声音文件格式，MIDI（乐器数字接口）是一个电子音乐设备和计算机的通信标准。MIDI 数据不是声音，而是以数值形式存储的指令。一个 MIDI 文件是一系列带时间特征的指令串。实质上，它是一种音乐行为的记录，当将录制完毕的 MIDI 文件传送到 MIDI 播放设备中时才形成了声音。MIDI 数据是依赖于设备的，MIDI 音乐文件所产生的声音取决于用于放音的 MIDI 设备。

（3）.mp3：mp3 是以 MPEG Layer 3 标准压缩编码的一种音频文件格式。MPEG 编码具有很高的压缩率，通过计算可以知道，一分钟 CD 音质（44100Hz，16Bit，2Stereo，60Second）的 WAV 文件如果未经压缩需要 10M 左右的存储空间。MPEG Layer 3 的压缩率高达 1∶12。以往 1 分钟左右的 CD 音乐经过 MPEG Layer 3 格式压缩编码后，可以压缩到 1M 左右的容量，其音色和音质还可以保持基本完整而不失真。

6．视频

视频（Video）与动画一样，由连续的画面组成，只是画面是自然景物的动态图像。视频一般分为模拟视频和数字视频，电视、录像带是模拟视频信息。当图像以每秒 24 帧以上的速度播放时，由于人眼的视觉暂留作用，看到的就是连续的视频。多媒体素材中的视频指数字化的活动图像。VCD 光盘存储的就是经过量化采样压缩生成的数字视频信息。视频信号采集卡是将模拟视频信号在转换过程中压缩成数字视频，并以文件形式存入计算机硬盘的设备。将视频采集卡的视音频输入端与视音频信号的输出端（如摄像机、录像机、影碟机等）连接之后，就可以采集捕捉到的视频图像和音频信息。

视频文件是由一组连续播放的数字图像（Video）和一段随连续图像同时播放的数字伴音共同组成的多媒体文件。其中的每一幅图像称为一帧（Frame），随视频同时播放的数字伴音简称为"伴音"。

视频文件的格式和特点：

（1）.AVI：AVI（Audio Video Interleave）是 Microsoft 公司开发的一种伴音与视频交叉记录的视频文件格式。在 AVI 文件中，伴音与视频数据交织存储，播放时可以获得连续的信息。这种视频文件格式灵活，与硬件无关，可以在 PC 机和 Microsoft Windows 环境下使用。

（2）.VOB：DVD 视频文件存储格式。

（3）.DAT：VCD 视频文件存储格式。

（4）.WMV：MPEG 编码视频文件。

（5）.MPEG：视频文件存储格式。

（6）.RM：实时声音（Real Audio）和实时视频（Real Video）是在计算机网络应用中发展起来的多媒体技术，它可以为使用者提供实时的声音和视频效果。Real 采用的是实时流（Streaming）技术，它把文件分成许多小块像工厂里的流水线一样下载。用户在采用这种技术的网页上欣赏音乐或视频，可以一边下载一边用 Real 播放器收听或收看，不用等整个文件下载完才收听或收看。Real 格式的多媒体文件又称为实媒体（Real Media）或流格式文件，其扩展名是 .RM、.RA 或 .RAM。在多媒体网页的制作中，已成为一种重要的多媒体文件格式。如果要在网页中使用类似 Real 格式文件那样的"流式播放"技术，不仅要求浏览器的支持，还需要使用支持流式播放的网页服务器。

（7）.MOV：MOV 是 Apple 公司为在 Macintosh 微机上应用视频而推出的文件格式。同时，Apple 公司也推出了为 MOV 视频文件格式应用而设计的 QuickTime 软件。这种软件有在 Macintosh 和 PC 机上使用的两个版本，因此，在多媒体 PC 机上也可以使用 MOV 视频文件格式。QuickTime 软件和 MOV 视频文件格式已经非常成熟，应用范围非常广泛。

1.1.4　多媒体技术的特点

1．多样性

多样性指文字、文本、图形、图像、视频、语音等多种媒体信息于一体。

2．交互性

所谓交互就是通过各种媒体信息，使参与的各方（不论是发送方还是接收方）都可以进行编辑、控制和传递。

交互性将向用户提供更加有效地控制和使用信息的手段和方法，同时也为应用开辟了更加广阔的领域。交互可做到自由地控制和干预信息的处理，增加对信息的注意力和理解，延长信息的保留时间，有利于人对信息的主动探索。

交互活动本身也作为一种媒体加入到信息传递和转换过程中，使用户在获得信息的同时，参与了信息的组织过程，甚至可以控制信息的传播过程，从而可以促使用户学习和研究感兴趣的内容，并获得新的感受。因此，交互性所带来的不仅仅是信息检索和利用的便利，而是给人类创造了智能活动的新环境。

3．实时性

所谓实时就是在人的感官系统允许的情况下，进行多媒体交互，就好像面对面（Face To Face）一样，图像和声音都是连续的。实时多媒体分布系统是把计算机的交互性、通信的分布性和电视的真实性有机地结合在一起。

4．集成性

集成性多媒体技术是多种媒体的有机集成，它集文字、文本、图形、图像、视频、语音等多种媒体信息于一体。

多媒体的集成性主要表现在两个方面：一方面是信息媒体的集成，把单一的、零散的媒体有效地组织为一个统一体。如声音、图像、视频等，能在计算机控制下多通道统一获取、统一存储和处理，表现为合成的多媒体信息。多媒体信息带来了信息的冗余性，有助于减少信息接收的歧义。另一方面是处理各种媒体的设备与设施的集成，使之成为一个整体。对硬件来说，具有对各种媒体信息高速处理的能力、大容量的存储、多通道的输入/输出能力，以及适合多媒体信息传输的通信网络；对软件来说，有一体化的多媒体操作系统、统一的媒体交换格式和兼容性强的应用软件。

1.2　多媒体技术的发展

1.2.1　多媒体的启蒙阶段

多媒体技术初露端倪肯定是 X86 时代的事情，如果真的要从硬件上来印证多媒体技术全面发展的时间的话，准确地说应该是在 PC 机上第一块声卡出现后。早在没有声卡之前，显卡就已经出现了，至少显示芯片已经出现了。显示芯片的出现自然标志着电脑已经初具处理图像的能力，但是这不能说明当时的电脑可以发展多媒体技术，20 世纪 80 年代，声卡的出现不仅标志着电脑具备了音频处理能力，也标志着电脑的发展终于开始进入了一个崭新的阶段——多媒体技术发展阶段。

1988 年，运动图像专家小组（Moving Picture Expert Group，MPEG）的建立又对多媒体技术的发展起到了推波助澜的作用。进入 20 世纪 90 年代，随着硬件技术的提高，自 80486 以后，多媒体时代终于到来。

20 世纪 80 年代以后，多媒体技术的发展速度可谓是让人惊叹不已。不过，无论在技术上多么复杂，在发展上多么混乱，似乎有两条主线可循：一条是视频技术的发展，一条是音频技术的发展。从 AVI 出现开始，视频技术进入蓬勃发展时期。这个时期内的三次高潮主导者分别是 AVI、流格式（Stream）以及 MPEG。AVI 的出现无异于为计算机视频存储奠定了一个标准，而 Stream 使得网络传播视频成为了非常轻松的事情，那么 MPEG 则是将计算机视频应用进行了最大化的普及。而音频技术的发展大致经历了两个阶段：一是以单机为主的 WAV 和 MIDI；二是随后出现的形形色色的网络音乐压缩技术的发展。

1.2.2 多媒体的应用和标准化阶段

随着多媒体技术软硬件的不断发展，多媒体技术应用领域也在扩展，这也需要多媒体技术逐步趋向标准化。1990 年，IBM、Intel、Philips 等 14 家公司联合组成多媒体市场协会，制定了多媒体个人计算机（Multimedia Personal Computer，MPC）标准，1991 年 11 月提出了 MPC - 1，1993 年 5 月提出了 MPC - 2，1995 年 6 月提出了 MPC - 3。

多媒体数据的编码/解码技术是多媒体计算机的关键技术。在多媒体发展的过程中，在数字化图像压缩方面的标准有如下几种：

（1）JPEG（Joint Photographic Experts Group）标准。这是静态图像压缩编码的国际标准，于 1991 年通过，称为 ISO/IEC 10918 标准。

（2）MPEG（Moving Picture Experts Group）系列标准。这是运动图像压缩编码的国际标准，于 1992 年第一个动态图像编码标准 MPEG - 1 颁布，1993 年 MPEG - 2 颁布。MPEG 系列的其他标准还有 MPEG - 4、MPEG - 7 和 MPEG - 21。

（3）H.26X 标准。这是视频图像压缩编码的国际标准，主要用于视频电话和电视会议，可以以较好的质量来传输更复杂的图像。

数字化音频标准也相继推出，如 ITU 颁布的 G721、G727、G728 等标准。

1.3 多媒体技术的研究内容

1.3.1 多媒体硬件平台

多媒体硬件平台是实现多媒体系统的物质基础，多媒体计算机要求计算机系统要有较高的配置，特别是 CPU、内存、显卡等设备，多媒体硬件平台除主机外还包括外部存储设备、声卡、显卡、光驱、网卡、输入/输出设备等，目前，多核处理器、GPU 等是多媒体硬件研究的热点之一。

1.3.2 多媒体数据压缩技术

在多媒体计算系统中，信息从单一媒体转到多种媒体；若要表示，传输和处理大量数字化了的声音、图片、影像视频信息等，数据量是非常大的。例如，一幅具有中等分辨率（640×480 像素）的真彩色图像（24 位/像素），它的数据量约为每帧 7.37MB。若要达到每秒 25 帧的全动态显示要求，每秒所需的数据量为 184MB，而且要求系统的数据传输速率必须达到 184MB/s，这在目前是无法达到的。对于声音也是如此。若用 16 位/样值的 PCM 编码，采样速率选为 44.1kHz，则双声道立体声声音每秒将有 176KB 的数据量。由此可见，音频、视频的数据量之大。如果不进行处理，计算机系统几乎无法对它进行存取和交换。因此，在多媒体计算机系统中，为了达到令人满意的图像、视频画面质量和听觉效果，必须解决视频、图像、音频信号数据的大容量存储和实时传输问题。解决方法，除了提高计算机本身的性能及通信信道的带宽外，更重要的是对多媒体进行有效的压缩。

数据的压缩实际上是一个编码过程，即把原始的数据进行编码压缩。数据的解压缩是数据压缩的逆过程，即把压缩的编码还原为原始数据。因此数据压缩方法也称为编码方法。数据压缩技术日新月异，适应各种应用场合的编码方法不断产生。针对多媒体数据冗余类型的不同，相应地有不同的压缩方法，多媒体压缩技术主要研究各种压缩算法。

1.3.3　多媒体数据存储技术

多媒体数据需要大量的存储空间，也需要快速高效的存储设备。目前常用的存储设备有磁盘存储设备、光存储设备、金属氧化物半导体（CMOS）存储设备等。随着网络技术的快速发展，新的存储体系和方案也不断出现，目前主要有两种方案：直接连接存储技术（Direct Attached Storage，DAS）和网络存储技术（Storage Network）。

1.3.4　多媒体通信技术

多媒体通信（Multimedia Communication）技术是多媒体技术与通信技术的有机结合，它在计算机的控制下，对多媒体信息进行采集、处理、表示、存储和传输。多媒体通信系统的出现大大缩短了计算机、通信和电视之间的距离，将计算机的交互性、通信的分布性和电视的真实性完美地结合在一起，向人们提供全新的信息服务。

多媒体通信中传输的数据种类繁多，如音频、视频、文字等，并且它们具有不同的形式和格式，这就需要一种全新的多媒体数据存储和文件管理技术。比如现在的媒体内容的云存储技术等。

多媒体通信中传输的数据量庞大，需要将多媒体数据压缩处理后再传输，因此涉及压缩编码技术。国际标准化组织（ISO）、国际电工委员会（IEC）、国际电信联盟（ITU）制定了一系列的视频压缩编码标准，比如 H.261、MPEG-2、MPEG-4 等。

多媒体通信对传输速度和质量的要求高。要求有足够的可靠带宽、高效调度的组网方式、传输的差错时延处理等。

多媒体通信的交互性，提供给我们发展更多增值业务的空间，因此对多媒体通信运营系统提出了更高要求。比如我们在电子节目菜单（Electronic Program Guide，EPG）中看到的很多可交互性的功能。

1.3.5　多媒体数据库与检索技术

多媒体数据库是数据库技术与多媒体技术结合的产物。不同于传统的数据库数据，多媒体数据库中的数据不仅仅是字符与数字，还有图形、图像、声音、视频等多种媒体信息，这些数据的管理很难用传统数据库的管理方法进行管理，因此需要建立多媒体数据库对其进行管理。

多媒体数据包含有图像、视频、音频等十分丰富的信息内容，随着互联网的发展，对多媒体数据的检索要求越来越多，而传统的基于结构化的关系数据库检索方式并不适合非结构化的多媒体数据的检索，这就为多媒体数据的检索提出了新的要求。基于内容检索，就是从多媒体数据中提取出特定的信息线索，然后根据这些线索从大量的数据库中检索出具有相似特征的多媒体数据。

1.3.6　超文本与超媒体技术

超文本（Hypertext）是一种文本，它和书本上的文本是一样的。但与传统的文本文件相比，它们之间的主要差别是，传统文本是以线性方式组织的，而超文本是以非线性方式组织的。这里的"非线性"是指文本中遇到的一些相关内容通过链接组织在一起，用户可以很方便地浏览这些相关内容。这种文本的组织方式与人们的思维方式和工作方式比较接近。超文本中带有链接关系的文本通常用下划线和不同的颜色表示。超链接（Hyper Link）是指超文本中的词、短语、符号、图像、声音剪辑或影视剪辑之间的链接，或者与其他的文件、超文本文件之间的链接，也称为"热链接（Hot Link）"，或者称为"超文本链接（Hypertext Link）"。词、短语、符号、图像、声音剪辑、影视剪辑和其他文件通常被称为对象或者称为文档元素（element），因此超链接是对象之间或者文档元素之间的链接。建立互相链接的这些对象不受空间位置的限制，它们可以在同一个文件内也可以在不同的文件之间，也可以通过网络与世界上的任何一台联网计算机上的文件建立链接关系。

超媒体（Hypermedia）与超文本之间的不同之处是，超文本主要是以文字的形式表示信息，建立的链接关系主要是文字之间的链接关系。超媒体除了使用文本外，还使用图形、图像、声音、动画或影视片断等多种媒体来表示信息，建立的链接关系是文本、图形、图像、声音、动画和影视片断等媒体之间的链接关系。

1.3.7　虚拟现实技术

虚拟现实（Virtual Reality，VR）技术是仿真技术的一个重要方向，是采用计算机技术生成一个逼真的视觉、听觉、触觉及嗅觉的感觉世界，是仿真技术与计算机图形学、人机接口技术、多媒体技术、传感技术、网络技术、人工智能技术、心理学等多种技术的综合，是一门富有挑战性的交叉技术前沿学科和研究领域。虚拟现实技术主要包括模拟环境、感知、自然技能和传感设备等方面。模拟环境是由计算机生成的、实时动态的三维立体逼真图像；感知是指理想的 VR 应该具有一切人所具有的感知，除计算机图形技术所生成的视觉感知外，还有听觉、触觉、力觉、运动等感知，甚至还包括嗅觉和味觉等感知，也称为多感知；自然技能是指人的头部转动，眼睛、手势或其他人体行为在动作时，由计算机来处理与参与者的动作相适应的数据，并对用户的输入作出实时响应，并分别反馈到用户的五官；传感设备是指三维交互设备。

虚拟现实具有如下特征：

（1）多感知性。指除一般计算机所具有的视觉感知外，还有听觉感知、触觉感知、运动感知，甚至还包括味觉、嗅觉等感知。理想的虚拟现实应该具有一切人所具有的感知功能。

（2）存在感。指用户感到作为主角存在于模拟环境中的真实程度。理想的模拟环境应该达到使用户难辨真假的程度。

（3）交互性。指用户对模拟环境内的物体的可操作程度和从环境得到反馈的自然程度。

（4）自主性。指虚拟环境中的物体依据现实世界物理运动定律动作的程度。

1.3.8　智能多媒体技术

智能多媒体是多媒体技术与人工智能技术的结合，通过引入人工智能的概念、方法和计数来解决计算机视觉、听觉方面的问题。智能多媒体技术将把多媒体技术与人工智能两者的发展引入到一个新的阶段。

1.4　多媒体技术的应用与未来

1.4.1　多媒体技术的应用

多媒体技术为计算机应用开拓了更广阔的领域，不仅涉及计算机的各个应用领域，也涉及电子产品、通信、传播、出版、商业广告及购物、文化娱乐等领域，并进入到人们的家庭生活和娱乐中。综合起来，多媒体技术已成功应用于以下几个领域。

1. 教育

教育领域是应用多媒体技术最早，也是进展最快的领域。利用多媒体技术编制的教学课件，可以将图文、声音和视频并用，创造出图文并茂、生动逼真的教学环境、交互式的操作方式，从而可大大激发学生学习的积极性和主动性，提高学习效率，改善学习效果和学习环境。但是要制作出优秀的多媒体教学软件要花费巨大的劳动量，这正是当前计算机辅助教学的"瓶颈"之一。

2. 商业

多媒体在商业方面的应用主要包括如下几个方面：

(1) 办公自动化：先进的数字影像设备 (数码相机、扫描仪)、图文传真机、文件资料微缩系统等构成全新的办公室自动化系统。

(2) 产品广告和演示系统：可以方便地运用各种多媒体素材生动逼真地展示产品或进行商业演示。例如，房地产公司使用多媒体不用把客户带到现场，就可以通过计算机屏幕引导客户身临其境地看到整幢建筑的各个角落。

(3) 查询服务：商场、银行、医院、机场可以利用多媒体计算机系统，为顾客提供方便、自由的交互式查询服务。

3. 多媒体通信

多媒体计算机技术的一个重要应用领域就是多媒体通信。通过多媒体通信系统，可以远距离点播所需的信息，比如电子图书馆、多媒体数据库的检索与查询等，点播的信息可以是各种数据类型。新兴的交互电视可以让观众根据需要选取电视台节目库中的信息。

4. 家用多媒体

近年来面向家庭的多媒体软件琳琅满目，音乐、影像、游戏使人们得到更高品质的娱乐享受。同时随着多媒体技术和网络技术的不断发展，家庭办公、电子信函、电脑购物、电子家务正逐渐成为人们日常生活的组成部分。

5. 虚拟现实

多媒体技术除了以上几个应用领域，另外值得一提的是虚拟现实技术，它是近年来十分引人注目的一个技术领域。所谓虚拟现实，就是采用计算机生成的一个逼真的视觉、听觉、触觉及嗅觉等的感觉世界，让人们仿佛置身于现实世界，有一种身临其境的立体感，可以用人的自然技能与这个生成的虚拟实体进行信息交流。

1.4.2　多媒体技术的未来

多媒体技术一直是计算机技术中发展较为活跃的领域，随着科技的发展以及社会的需求，多媒体技术在将来仍然会保持快速的发展，未来多媒体技术主要朝着网络化、智能化两个方向发展。目前来看，多媒体通信、虚拟现实、计算可视化、智能多媒体将会是未来一段时间多媒体技术的重要研究领域。

本章小结

本章介绍了多媒体技术的基本概念，包括媒体及媒体分类、多媒体技术与多媒体机计算机、媒体元素、多媒体技术的特点；多媒体技术的发展与未来；多媒体技术的研究内容；多媒体技术的应用。通过本章的介绍，读者可以对多媒体技术有一个概括的了解，有利于后续章节的学习。

复习思考题

1. 简述多媒体技术的发展历程。
2. 多媒体技术的基本概念。
3. 简述媒体的分类。
4. 简述多媒体技术研究的主要内容。
5. 简述多媒体技术的主要应用领域。

第 2 章
多媒体系统的组成

2.1 多媒体系统概述

多媒体计算机系统是指能够支持多媒体数据，并使数据之间建立逻辑连接，进而集成为一个具有交互性能的综合处理多种媒体信息的计算机系统。它能实现对多媒体信息的逻辑互联、获取、编辑、存储和播放等功能，一般说的多媒体计算机指的是具有多媒体处理功能的个人计算机，简称 MPC（Multimedia Personal Computer）。MPC 与一般的个人机并无太大的差别，主要是多了一些与多媒体处理相关的软硬件配置。

多媒体系统把音频、视频等媒体与计算机系统集成在一起组成一个有机的整体，并由计算机对各种媒体进行数字化处理。

多媒体系统由两部分组成：①多媒体硬件系统；②多媒体软件系统。其中硬件系统主要包括计算机主要配置和各种外部设备以及与各种外部设备的控制接口卡（其中包括多媒体实时压缩和解压缩电路）；软件系统包括多媒体驱动软件、多媒体操作系统、多媒体数据处理软件、多媒体创作工具软件和多媒体应用软件，如图 2.1 和图 2.2 所示。

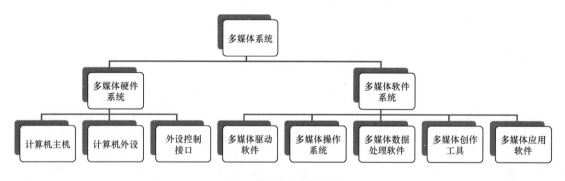

图 2.1 多媒体系统组成

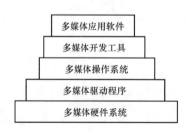

图 2.2 多媒体系统的层析结构

2.2　多媒体硬件系统

构成多媒体系统除了需要较高配置的传统计算机硬件之外，通常还需要音频、视频处理设备、光盘驱动器、各种多媒体输入/输出设备等。

(1) 视频、音频输入设备，包括 CD-ROM、扫描仪、摄像机、录像机、数码照相机、激光唱盘、MIDI 合成器和传真机等。

(2) 视频、音频播放设备，包括电视机、投影仪、音响器材等。

(3) 交互设备，包括键盘、鼠标器、高分辨率彩色显示器、激光打印机、触摸屏、光笔等。

(4) 存储设备，如磁盘、光存储器等。

2.2.1　多媒体存储系统

数字化的多媒体信息量非常大，要占用巨大的存储空间，光存储技术的发展为存储多媒体信息提供了保证。光盘存储器具有存储容量大、工作稳定、密度高、寿命长、介质可换、便于携带、价格低廉等优点，已成为多媒体信息存储普遍使用的载体。

光存储技术是通过激光在记录介质上进行读写数据的存储技术。其基本原理是：改变一个存储单元的某种性质(如反射率、反射光极化方向等)，使其性质的变化反映被存储的二进制数 0、1。在读取数据时，光电检测器检测出光强和光极性的变化，从而读出存储在介质上的数据。

光盘系统由光盘驱动器和光盘盘片组成。光学存储的基本特点是用激光引导测距系统的精密光学结构取代硬盘驱动器的精密机械结构。光盘驱动器的读写头是用半导体激光器和光路系统组成的光学头，光盘盘片采用磁光材料，如图 2.3 所示。驱动器采用一系列透镜和反射镜，将微细的激光束引导至一个旋转光盘上的微小区域。高能量激光束可以聚焦成约 $1\mu m$ 的光斑，如图 2.4 所示。

光盘如何存储数字信息：光盘的信息是沿着盘面由内向外螺旋形信息轨道（光道）的一系列凹坑的形式存储的。光道上不论内圈还是外圈，各处的存储密度是一样的。光道的间距为 $1.6\mu m$，光道宽度为 $0.6\mu m$，光道上凹坑深约为 $0.12\mu m$。记录数字信息的时候，在由凹坑到凸区或者凸区向凹坑跳变的时候记录为 1，其他为 0，因此光盘记录信息需要经过调制，不能出现连续的 1。

图 2.3　光驱

图 2.4　光驱内部结构

2.2.2　显卡

显卡/图形卡（Graphics Card）在 PC 机系统中起着举足轻重的作用。它接受电脑产生的数字信息，然后把它转化为人类可以看见的信息。在大多数的电脑里，显卡把数字信号转换为模拟的信号，然后在显示器上显示出来，如图2.5所示。显卡是由以下部分组成的。

图 2.5　显卡

1. 显卡的组成

(1) 图形处理器 (GPU)：图形处理器是显卡的大脑。

(2) 帧缓冲：芯片简单地控制显卡上的存储芯片，并且把信息发送到数字–模拟的转换器。它不会处理任何图像数据，并且在今天已经非常罕见，不再使用了。

(3) 图形加速器：在这个配置里面，显卡的芯片基于计算机的命令，并对其进行补偿。这是今天大部分流行显卡非常通用的配置。

(4) 图形协处理器：采用该类型处理器的显卡可以处理所有的图形任务，而不需要计算机 CPU 的任何辅助。图形协处理器通常都在最高端的视频卡里面采用。现在市场上的显卡大多采用 nVIDIA 和 ATI（已被 INTEL 收购）两家公司的图形处理芯片。

2. 显示存储器

与主板上的内存功能一样，显存也是用于存放数据的，只不过它存放的是显示芯片处理后的数据。显存越大，显示卡支持的最大分辨率越大。

显存的种类主要有 SDRAM、SGRAM、DDR SDRAM 等几种。显存的处理速度通常用纳秒数来表示，这个数字越小说明显存的速度越快。现在的 3D 显卡一般使用双部分 (dual – ported) 的配置。

双部分的显卡可以在存储器的一部分进行写操作，而在另外一部分进行读操作，可以有效地减少刷新图像所需要的时间。

3. 图形 BIOS

图形 BIOS 是主要用于存放显示芯片与驱动程序之间的控制程序，另外还存有显卡的型号、规格、生产厂家及出厂时间等信息。打开计算机时，通过显示 BIOS 内的一段控制程序，将这些信息反馈到屏幕上。早期显示 BIOS 是固化在 ROM 中的，不可以修改，而现在的多数显卡则采用了大容量的 EPROM，即所谓的"快闪 BIOS"（Flash BIOS)，可以通过专用的程序进行改写或升级。

4. 数模转换器

数模转换器的作用是将显存中的数字信号转换为显示器能够显示出来的模拟信号。RAMDAC 的转换速率以 MHz 表示，它决定了刷新频率的高低。其工作速度越高，频带越宽，高分辨率时的画面质量越好。该数值决定了在足够的显存下，显卡最高支持的分辨率和刷新率。

5. 显卡接口

显卡使用标准的接口，负责向显示器输出相应的图像信号，通常是 15 针 CRT 显示器接口，称为视频图形阵列 (VGA)。不过有些显卡加上了用于接液晶显示器 LCD 的输出接口，用于接电视的视频输出，S 端子输出接口等插座。

6. 电脑接口

常见的电脑接口有 AGP 接口和 PCI 接口两种。加速图形端口（AGP）使视频卡可以直接访问系统的内存，直接的内存访问可以获得比周边组件的连接总线（PCI 总线）适配卡插槽更高的峰值带宽。这样使图形处理芯片访问系统内存的时候，CPU 可以专注于其他的任务。

PCI Express 是新一代的总线接口，而采用此类接口的显卡产品，已经在 2004 年正式面世。PCI Express 采用了目前业内流行的点对点串行连接，比起 PCI 以及更早期的计算机总线的共享并行架构，每个设备都有自己的专用连接，不需要向整个总线请求带宽，而且可以把数据传输率提高到一个很高的频率，达到 PCI 所不能提供的高带宽。采用 PCI Express X16，即 16 条点对点数据传输通道连接来取代传统的 AGP 总线，双向数据传输带宽有 8GB/s 之多，相比之下，AGP 8X 数据传输只提供 2.1GB/s 的数据传输带宽，如图 2.6 所示。

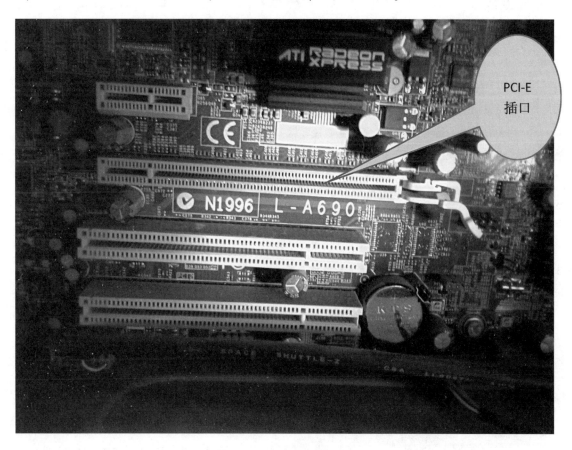

图 2.6 PCI‐E 显卡插口

2.2.3 视频卡

视频卡也称为视频采集卡，是对模拟视频图像进行捕捉并转化为数字信号的工具。

视频卡的主要功能是从动态视频中实时或非实时捕获图像并存储。它可以将摄像机、录像机和其他视频信号源的模拟视频信号转录到计算机内部，也可以用摄像机将现场的图像实时输入计算机。视频卡能在捕捉视频信息的同时获得伴音，使音频部分和视频部分在数字化时同步保存、同步播放。

计算机通过视频卡可以接收来自视频输入端的模拟视频信号，对该信号进行采集、量化成数字信号，然后压缩编码成数字视频序列。大多数视频卡都具备硬件压缩的功能，在采集视频信号时首先在卡上对视频信号进行压缩，然后通过 PCI 接口把压缩的视频数据传送到主机上。

视频卡按用途可分为如下几类：

（1）广播级视频采集卡。采集的图像分辨率高，视频信噪比高，缺点是视频文件庞大，每分钟数据量至少为200MB。是视频采集卡中最高档的，主要用于电视台制作节目。

（2）专业级视频采集卡。分辨率与广播级是相同的，但压缩比稍微大一些，此类产品适用于广告公司、多媒体公司制作节目及多媒体软件。

（3）民用级视频采集卡。动态分辨率一般最大为 384×288，25 帧/s（PAL 制）。

视频卡按连接方式可分为如下几类：

（1）外置式的电视接收盒。

（2）内置式的 ISA/PCI 接口视频接收卡。

2.2.4 投影设备

目前投影机主要通过 3 种显示技术实现，即 CRT、LCD、DLP 投影技术。

CRT 技术成熟，显示的图像色彩丰富，还原性好，具有丰富的几何失真调整能力，但其重要技术指标图像分辨率与亮度相互制约，直接影响 CRT 投影机的亮度值；LCD 投影机体积小、重量轻、操作携带方便，价格比较低廉。但其光源寿命短，色彩不均匀，分辨率较低，最高分辨率为 1024×768，多用于临时演示或小型会议；DLP（Digital Light Porsessor）投影技术是显示领域划时代的革命，它以 DMD（Digital Micormirror Device）数字微反射器作为光阀成像器件，DLP 投影机清晰度高、画面均匀，色彩锐利，三片机亮度可达 2000ANSI 流明以上，可随意变焦，调整十分便利，分辨率高，如图 2.7 所示。

投影机的安装方式分为桌式正投、吊顶正投、桌式背投、吊顶背投。正投是投影机与观众在一侧；背投是投影机与观众分别在屏幕两侧。

投影机还要选择一张合适的屏幕来搭配，以求得最佳的投影效果。根据屏幕类型分反射式、透射式两类，反射式用于正投，透射式用于背投。正投幕有手动挂幕和电动挂幕类型。背投幕有多种规格的硬质背投幕和软质背投幕；硬质幕的画面效果要优于软质幕。

投影机的两个参数如下。

（1）ANSI 流明。美国国家标准学会（ANSI）针对投影机的亮度作了规定的测试标准，在确定了分辨率、色温、场频和对比度的情况下，从 9 个区域测量亮度，求得的平均值为 ANSI 流明。

（2）对比度。对比度反映了一个画面明暗变化的范围大小。和亮度一样，对比度也有几种测量方法。ANSI 对比度的测量规定在规定色温下将画面分为 16 个区域，求得数值的平均值。

图 2.7　投影仪

2.2.5 高级多媒体设备

1. 显示设备

（1）多通道显示设备。

通过视频分配器将显示内容显示在多个显示设备上。

（2）头盔显示器。

头盔显示器，即头显，是虚拟现实应用中的 3DVR 图形显示与观察设备，可单独与主机相连以接受来自主机的 3DVR 图形信号，如图 2.8 所示。使用方式为头戴式，辅以三个自由度的空间跟踪定位器可进行 VR 输出效果观察，同时观察者可做空间上的自由移动，如：自由行走、旋转等，沉浸感较强，在 VR 效果的观察设备中，头盔显示器的沉浸感优于显示器的虚拟现实观察效果，逊于虚拟三维投影显示和观察效果，在投影式虚拟现实系统中，头盔显示器作为系统功能和设备的一种补充和辅助。

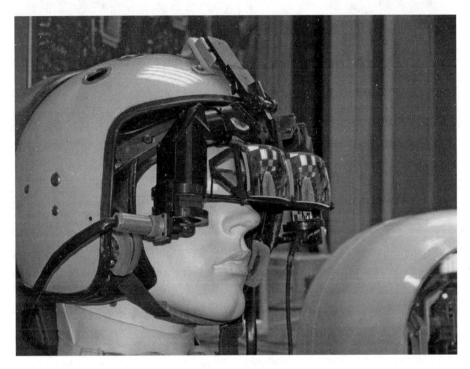

图 2.8　头盔显示器

（3）三维立体显示系统。

三维立体显示系统提供了良好的沉浸式虚拟场景，在虚拟现实应用中用以显示实时的虚拟现实仿真应用程序，该系统通常主要包括专业投影显示系统、悬挂系统、成像装置等三部分，在众多的虚拟现实三维显示系统中，单通道立体投影系统是一种低成本、操作简便、占用空间较小（可选择正投或背投）具有极好性能价格比的小型虚拟三维投影显示系统，其集成的显示系统使安装、操作使用更加容易方便，被广泛应用于高等院校和科研院所的虚拟现实实验室中。投影系统是正投或背投，应该依据展示空间面积大小与实际需要来选择。正投系统更为紧凑，占用的空间更小，投影幕墙具有较好的稳定性。背投主要适用于空间比较大，而且投影前需要讲解人的场合。由于光线从另一侧打在投影幕上，讲解人不会挡住光线，也不会被强烈的光线损伤视力。

三维立体显示系统还包括：桌面立体显示系统，单通道三维立体投影显示系统，双通道立体投影显示系统，多通道环幕投影立体显示系统，CAV 三维立体显示系统。

2. 交互设备

（1）数据手套。

数据手套是一种多模式的虚拟现实硬件，通过软件编程，可进行虚拟场景中物体的抓取、移动、旋转等动作，也可以利用它的多模式性，用作一种控制场景漫游的工具，如图 2.9 所示。数据手套的出现，为虚拟现实系统提供了一种全新的交互手段，目前的产品已经能够检测手指的弯曲，并利用磁定位传感器来精确地定位出手在三维空间中的位置。这种结合手指弯曲度测试和空间定位测试的数据手套被称为"真实手套"，可以为用户提供一种非常真实自然的三维交互手段。

数据手套一般按功能需要可以分为：虚拟现实数据手套和力反馈数据手套。

力反馈数据手套：借助数据手套的触觉反馈功能，用户能够用双手亲自"触碰"虚拟世界，并在与计算机制作的三维物体进行互动的过程中真实感受到物体的振动。触觉反馈能够营造出更为逼真的使用环境，让用户真实感触到物体的移动和反应。此外，系统也可用于数据可视化领域，能够探测与出地面密度、水含量、磁场强度、危害相似度、或光照强度相对应的振动强度。

图 2.9　数据手套

（2）多指点触摸设备。

多点触控，就是一块触屏能够识别两个及以上的触控操作，用户可通过双手进行单点触摸，也可以以单击、双击、平移、按压、滚动以及旋转等不同手势触摸屏幕，实现随心所欲地操控，从而更好更全面地了解对象的相关特征（文字、录像、图片、卫片、三维模拟等信息）。

3. 数据采集设备

（1）三维扫描仪。

三维扫描仪（3D scanner）是一种科学仪器，用来侦测并分析现实世界中物体或环境的形状（几何构造）与外观数据（如颜色、表面反照率等性质），如图 2.10 所示。

搜集到的数据常被用来进行三维重建计算，在虚拟世界中创建实际物体的数字模型。这些模型具有相当广泛的用途，举凡工业设计、瑕疵检测、逆向工程、机器人导引、地貌测量、医学信息、生物信息、刑事鉴定、数字文物典藏、电影制片、游戏创作素材等等都可见其应用。

三维扫描仪的制作并非仰赖单一技术，各种不同的重建技术都有其优缺点，成本与售价也有高低之分。目前并无一体通用之重建技术，仪器与方法往往受限于物体的表面特性。例如光学技术不易处理闪亮（高反照率）、镜面或半透明的表面，而激光技术不适用于脆弱或易变质的表面。

三维扫描仪大体分为接触式三维扫描仪和非接触式三维扫描仪两种。其中非接触式三维扫描仪又分为光栅三维扫描仪（也称为拍照式三维描仪）和激光扫描仪。而光栅三维扫描又有白光扫描或蓝光扫描等，激光扫描仪又有点激光、线激光、面激光的区别。

（2）动作捕捉设备（惯性、电磁式、光学）。

图 2.10　三维扫描仪

动作捕捉是运动物体的关键部位设置跟踪器。运动捕捉英文 Motion capture，简称 Mocap。技术涉及尺寸测量、物理空间里物体的定位及方位测定等方面可以由计算机直接理解处理的数据。

在运动物体的关键部位设置跟踪器，由 Motion capture 系统捕捉跟踪器位置，再经过计算机处理后得到三维空间坐标的数据。当数据被计算机识别后，可以应用在动画制作，步态分析，生物力学，人机工程等领域。

2008 年由詹姆斯·卡梅隆导演的电影《阿凡达》全程运用动作捕捉技术完成，实现动作捕捉技术在电影中的完美结合，具有里程碑式的意义。其他运用动作捕捉技术拍摄的著名电影角色还有《猩球崛起》中的猩猩之王凯撒，以及动画《指环王》系列中的古鲁姆，都为动作捕捉大师安迪·瑟金斯饰演。

2014 年 8 月 14 日，由梦工厂制作的全息动作捕捉动画电影《驯龙高手 2》在中国大陆上映。

常用的运动捕捉技术从原理上说可分为机械式、声学式、电磁式、主动光学式和被动光学式。不同原理的设备各有其优缺点，一般可从以下几个方面进行评价：定位精度；实时性；使用方便程度；可捕捉运动范围大小；抗干扰性；多目标捕捉能力；以及与相应领域专业分析软件连接程度。此外，还有惯性导航运动捕捉。

随着计算机软硬件技术的飞速发展和动画制作要求的提高，在发达国家，运动捕捉已经进入了实用化阶段，有多家厂商相继推出了多种商品化的运动捕捉设备，如 MotionAnalysis、Polhemus、Sega Interactive 、MAC 、X - Ist、FilmBox 等，成功地用于虚拟现实、游戏、人体工程学研究、模拟训练、生物力学研究等许多方面。

从技术的角度来说，运动捕捉的实质就是要测量、跟踪、记录物体在三维空间中的运动轨迹。典型的运动捕捉设备一般由以下几个部分组成：

传感器。所谓传感器是固定在运动物体特定部位的跟踪装置，它将向 Motion capture 系统提供运动物体运动的位置信息，一般会随着捕捉的细致程度确定跟踪器的数目。

信号捕捉设备。这种设备会因 Motion capture 系统的类型不同而有所区别，它们负责位置信号的捕捉。对于机械系统来说是一块捕捉电信号的线路板，对于光学 Motion capture 系统则是高分辨率红外摄像机。

数据传输设备。Motion capture 系统，特别是需要实时效果的 Motion capture 系统需要将大量的运动数据从信号捕捉设备快速准确地传输到计算机系统进行处理，而数据传输设备就是用来完成此项工作的。

数据处理设备。经过 Motion capture 系统捕捉到的数据需要修正、处理后还要有三维模型相结合才能完成计算机动画制作的工作，这就需要我们应用数据处理软件或硬件来完成此项工作。软件也好硬件也罢它们都是借助计算机对数据高速的运算能力来完成数据的处理，使三维模型真正、自然地运动起来。

（3）眼动仪。

眼动仪是心理学基础研究的重要仪器。眼动仪用于记录人在处理视觉信息时的眼动轨迹特征，广泛用于注意、视知觉、阅读等领域的研究，如图 2.11 所示。现有不同厂家生产的多种型号的眼动仪，如 EyeLink 眼动仪、EVM3200 眼动仪、faceLAB4 眼动仪、EyeTrace XY 1000 眼动仪。

早在 19 世纪就有人通过考察人的眼球运动来研究人的心理活动，通过分析记录到的眼动数据来探讨眼动与人的心理活动的关系。眼动仪的问世为心理学家利用眼动技术（eye movement technique）探索人在各种不同条件下的视觉信息加工机制，观察其与心理活动直接或间接奇妙而有趣的关系，提供了新的有效工具。眼动技术先后经历了观察法，后像法，机械记录法，光学记录法，影像记录法等多种方法的演变。眼动技术就是通过对眼动轨迹的记录从中提取诸如注视点，注视时间和次数，眼跳距离，瞳孔大小等数据，从而研究个体的内在认知过程。20 世纪 60 年代以来，随着摄像技术，红外技术（infrared technique）和微电子技术的飞速发展，特别是计算机技术的运用，推动了高精度眼动仪的研发，极大地促进了眼动研究在国际心理学及相关学科中的应用。眼动心理学的研究已经成为当代心理学研究的一种有用范型。

图 2.11 眼动仪

现代眼动仪的结构一般包括四个系统，即光学系统，瞳孔中心坐标提取系统，视景与瞳孔坐标叠加系统和图像与数据的记录分析系统。眼动有 3 种基本方式：注视（fixation），眼跳（saccades）和追随运动（pursuit movement）。眼动可以反映视觉信息的选择模式，对于揭示认知加工的心理机制具有重要意义，从研究报告看，利用眼动仪进行心理学研究常用的资料或参数主要包括：注视点轨迹图，眼动时间，眼跳方向（DIRECTION）的平均速度（AVERAGE VELOCI-TY）时间和距离（或称幅度 AMPLITUDE），瞳孔（PUPIL）大小（面积或直径，单位像素 pixel）和眨眼（Blink）。

眼动的时空特征是视觉信息提取过程中的生理和行为表现，它与人的心理活动有着直接或间接的关系，这也是许多心理学家致力于眼动研究的原因所在。

2.3 多媒体软件系统

多媒体硬件是多媒体系统的基础，多媒体软件是多媒体系统的灵魂，多媒体软件具有综合使用各种媒体的能力，能灵活地调动多种媒体数据，并对数据进行传输和处理，协调各种多媒体硬件进行工作。多媒体软件的主要任务是使多媒体硬件有机地组织到一起，方便用户容易控制多媒体硬件，全面有效地组织和操作各种媒体数据。

多媒体软件可以划分成不同的层次，当然这种划分只是相对的，本书把多媒体软件划分为以下几个层次：多媒体驱动软件、多媒体操作系统、多媒体应用软件，多媒体处理软件、多媒体创作软件以及其他多媒体应用软件都可以归为多媒体应用软件。

1. 多媒体驱动软件

多媒体驱动软件是多媒体计算机软件中直接和硬件打交道的软件。它完成设备的初始化，完成各种设备操作以及设备的关闭等。驱动软件一般常驻内存，每种多媒体硬件都需要一个相应的驱动软件。

2. 多媒体操作系统

多媒体操作系统简言之就是具有多媒体功能的操作系统。多媒体操作系统必须具备对多媒体数据和多媒体设备的管理和控制功能，具有综合使用各种媒体的能力，能灵活地调度多种媒体数据并能进行相应的传输和处理，且使各种媒体硬件和谐地工作。多媒体操作系统大致可分为两类：一类是为特定的交互式多媒体系统使用的多媒体操作系统。如 Commodore 公司为其推出的多媒体计算机 Amiga 系统开发的多媒体操作系统 Amiga DOS；另一类是通用的多媒体操作系统。如目前流行的 Windows 系列。

3. 多媒体数据处理软件

多媒体数据处理软件是专业人员在多媒体操作系统之上开发的。在多媒体应用软件制作过程中，对多媒体信息进行编辑和处理是十分重要的，多媒体素材制作的好坏，直接影响到整个多媒体应用系统的质量。

常见的音频编辑软件有 Sound Edit、Audition 等，图形图像编辑软件有 Illustrator、CorelDraw、Photoshop 等，非线性视频编辑软件有 Premiere，动画编辑软件有 Animator Studio 和 3ds max 等。

4. 多媒体创作软件

多媒体创作软件是帮助开发者制作多媒体应用软件的工具，能够对文本、声音、图像、视频等多种媒体信息进行控制和管理，并按要求连接成完整的多媒体应用软件，如 Authorware、Director、Flash（最新版为 Animate）等。

5. 多媒体应用系统

多媒体应用系统又称多媒体应用软件，它是由各种应用领域的专家或开发人员利用多媒体开发工具软件或计算机语言，组织编排大量的多媒体数据而成为最终多媒体产品，是直接面向用户的。多媒体应用系统所涉及的应用领域主要有文化教育教学软件、信息系统、电子出版、音像影视特技、动画等。

本章小结

　　多媒体计算机系统是指支持多媒体数据，并使数据之间建立逻辑连接，进而集成为一个具有交互性能的综合处理多种媒体信息的计算机系统。多媒体系统把音频、视频等媒体与计算机系统集成在一起组成一个有机的整体，并由计算机对各种媒体进行数字化处理。
　　多媒体系统由多媒体硬件系统和多媒体软件系统两大部分组成。其中硬件系统主要包括计算机主要配置和各种外部设备以及与各种外部设备的控制接口卡（其中包括多媒体实时压缩和解压缩电路），软件系统包括多媒体驱动软件、多媒体操作系统、多媒体数据处理软件、多媒体创作工具软件和多媒体应用软件。

复习思考题

　　1. 简述多媒体系统的组成。
　　2. 多媒体软件主要有哪些？
　　3. 常见的多媒体输入设备有哪些？
　　4. 常见的多媒体输出设备有哪些？

第 3 章
图形与图像处理技术

计算机图形与图像处理技术是多媒体应用的重要组成部分。图像给予人们最丰富多彩的信息，人们通过形状、大小、色彩来认识和描绘事物。图像是一种人类视觉所感知的形象化信息，最大的特点是直观可视。从 20 世纪 60 年代开始出现的计算机数字图像处理技术开始，伴随着计算机科学与技术的飞速发展，图形与图像处理技术取得了巨大的发展，不仅图像处理方法精准、灵活、通用，图像存储格式和处理算法多种多样，而且人们对图像的认识、实现效果和用途都有了很大的提高。

本章主要介绍图形与图像基础的相关知识，常用图形与图像处理软件的应用，以期达到提高图形与图像处理技术的水平、提升素养和多媒体技术应用的能力。

3.1 图 形 与 图 像

图片是指由图形、图像等构成的平面媒体。图形和图像都是多媒体系统中的可视元素。图形是人们根据客观事物制作生成的，它不是客观存在的；图像可以直接通过照相、扫描、摄像得到，也可以通过绘制得到。

1. 图形

图形是矢量图，是指用点、线、符号、文字和数字等描绘事物几何特征、形态、位置及大小的一种形式，它是根据几何特性来绘制的。矢量图常用于框架结构的图形处理，应用非常广泛，如计算机辅助设计（CAD）系统中常用矢量图来描述十分复杂的几何图形，适用于直线以及其他可以用角度、坐标和距离来表示的图。图形可任意放大或者缩小而清晰度不变。

2. 图像

图像是位图，它所包含的信息是用像素来度量的。就像细胞是组成人体的最小单元一样，像素是组成一幅图像的最小单元。图像的描述与分辨率和色彩的颜色数量相关，分辨率与色彩位数越高，占用的存储空间就越大，图像就越清晰。图像在缩放过程中会损失细节或产生锯齿。

图形需要使用专门的软件将描述图形的指令转换成屏幕上的形状和颜色，图像是将对象以一定的分辨率分辨以后将每个点的信息以数字化方式呈现，可直接、快速地在屏幕上显示。

3.2 色 彩 的 原 理

现实世界中的物质都具有颜色，如黄色的泥土、绿色的树木、粉色的花朵、蓝色的天空等。

3.2.1 色彩的形成与分类

光是产生色彩的基础，是一种电磁波。电磁波可以分成很多种类，根据波长从短到长依次为 γ 射线、χ 射线、紫外线、可视光线、红外线、无线电波。其中可视光线的波长范围是 380～780nm，这也是肉眼在正常范围内可以看到的光线，不同波长的电磁波表现为不同的颜色。

颜色可分为彩色和非彩色两大类。非彩色又称为无彩色，在有些领域又称为消色，是除彩色外的所有颜色，包括金、银、黑、白、灰 5 种色彩。非彩色有明暗之分，即明度变化，例如，将纯黑逐渐加白，可以由黑、深灰、中灰、浅灰直接变化为纯白色。彩色则没有明暗之分，具备光谱上某种或某些色相，可见光谱中的红、橙、黄、绿、青、蓝、紫 7 种基本色及它们之间不同量的混合色都属于彩色系。

3.2.2　色彩的要素

色彩三要素，即色彩可用的色调（色相）、饱和度（纯度）和明度。人眼看到的任何彩色光都是这三要素的综合效果，其中色调与光波的波长有直接关系，明度和饱和度与光波的幅度有关。

1. 色相

色相即色彩的本来相貌，是色彩间互相区别时最为鲜明的特质，是彩色存在的基础。色彩的不同是由光的波长的长短差别所决定的。波长最长的是红色，最短的是紫色。色相环一般由红、橙、黄、绿、蓝、紫及红橙、黄橙、黄绿、蓝绿、蓝紫、红紫中间色共 12 种颜色组成。在色相环上纯度高的色称为纯色，与环中心对称，并在 180° 的位置两端的色称为互补色。

2. 饱和度

饱和度又称为纯度和彩度，它表示色彩的混合程度或鲜明程度。有彩色的各种色都具有彩度值，无彩色的色的彩度值为 0，对于有彩色的色的彩度（纯度）的高低，区别方法是根据这种色中含灰色的程度来计算的。彩度由于色相的不同而不同，而且即使是相同的色相，因为明度的不同，彩度也会随之变化。

3. 明度

明度是指色彩的明暗程度，也称为深浅度，是表现色彩层次感的基础。色彩的明度有两种情况：

一是同一色相不同明度。如同一颜色在强光照射下显得明亮，在弱光照射下显得较灰暗模糊；同一颜色加黑或加白掺和以后也能产生各种不同的明暗层次。

二是各种颜色的不同明度。每一种纯色都有与其相应的明度。黄色明度最高，蓝紫色明度最低，红、绿色为中间明度。色彩的明度变化往往会影响到纯度，如红色加入黑色以后明度降低了，同时纯度也降低了；如果红色加入白色则明度提高了，纯度却降低了。

计算明度的基准是灰度测试卡。黑色为 0，白色为 10，在 0～10 之间等间隔地排列为 9 个阶段。彩度高的色对明度有很大的影响，不太容易辨别。在明亮的地方鉴别色的明度比较容易，在暗的地方就难以鉴别。

3.2.3　三基色与色彩混合

色彩混合主要有色光混合、颜料混合及空间混合 3 种方式，下面分别予以介绍。

1. 三基色与色光混合

三基色是对于光而言的。白色光经过色散可以分解为红、橙、黄、绿、蓝、靛、紫 7 种色光，其中红、绿、蓝 3 种色光混合后可以组成其他颜色的色光，所以将红、绿、蓝称为光的三基色，有时也称为光的三原色。两种或两种以上的色光同时反应于人眼，视觉会产生另一种色光的效果，这种色光混合产生综合色觉的现象称为色光加色法或色光的加色混合，三基色的混合亦是加色混合。等能量的红、绿、蓝三色光混合可以得到白色光，不同能量比例的红、绿、蓝三色光混合可以得到各种颜色的光。如：红光＋绿光＝黄光，绿光＋蓝光＝青光，蓝光＋红光＝洋红光，红光＋绿光＋蓝光＝白光。

2. 颜料三原色及颜料混合

颜料三原色是针对颜料而言的，颜料三原色是指洋红（明亮的玫红）、黄（柠黄）、青（湖蓝）。通过这 3 种颜料的混合可以得到各种不同颜色的颜料。如：洋红＋黄＝红，青＋黄＝绿，青＋洋红＝蓝，洋红＋青＋黄＝黑。不同颜料混合后形成的新颜料一般吸光能力会加强，而反光能力则会减弱，所以颜料三原色的混合是减色混合。

光混合是加法原则，颜料是减法原则。前者相加变亮，后者混合变暗。

3. 空间混合

空间混合是将不同的颜色并置在一起，当它们在视网膜上的投影小到一定程度时，这些不同的颜色刺激就会同时作用到视网膜上非常邻近的部位的感光细胞，以致眼睛很难将它们独立地分辨出来，就会在视觉中产生色彩的混合，这种混合称为空间混合，又称为并置混合。这种混合与加色混合和减色混合的不同点在于其颜色本身并没有真正混合（加色混合与减色混合都是在色彩先完成混合以后，再由眼睛看到），但它必须借助一定的空间距离来完成。

3.2.4 色彩对比

两种不同的色彩放在一起，便产生了对比。色彩对比就是在特定的情况下，色彩与色彩之间的比较，它包含如下5种主要类型。

1. 色相对比

色相对比是指因色相之间的差别而形成的对比。最能体现色相对比感的是纯色搭配，尤其是使用补色或三原色纯色搭配，对比最强烈。比如，色相环上类似色相隔度数在 $60°\sim90°$ 之间对比的效果最理想，既有变化又较为和谐，是应用比较频繁的色彩搭配关系。

2. 明度对比

明度对比是指将不同明度的两色并列在一起，明的更明，暗的更暗的现象。明度对比不只限于两种颜色，也包括多色相和多纯度组合。明度对比效果是由于同时对比错觉导致的。明度的差别可能是一色的明暗对比，也可能是多彩色的明暗对比。人眼对明度的对比最敏感，明度对比对视觉的影响力也最大、最基本。例如造型基础训练的素描，就是利用对阴影的观察来增进对明与暗的敏感性的。

3. 纯度对比

纯度对比是指色彩鲜艳与浑浊的对比。比如，纯色加白色可提高明度同时降低纯度；纯色加黑色可降低明度同时降低纯度；纯色加灰色或者同时加黑、白二色可淡化色彩降低纯度；纯色加互补色可随两种纯色的比例逐渐走向均等增加其灰度，直到无彩色；纯色同时加进3个原色，降低纯度的同时还可以调出极其丰富的各类灰色，随加入比例的变化，可以调出红味灰、黄味灰、蓝味灰、绿味灰、橙味灰等。

4. 冷暖对比

冷暖对比是指人对色彩的冷暖感觉差别形成的对比。红、橙、黄为暖色调，青、蓝、紫为冷色调，绿为中间调。色彩对比的规律是：在暖色调的环境中，冷色调的主体醒目，在冷色调的环境中，暖色调的主体最突出。例如，太阳、火等都是橙红色的，出于条件反射的原因，人们看到橙红色就有温暖感；海水、冰雪、月夜都是蓝青色的，人们看到蓝青色就会感到寒冷。长波的暖色光源热能多，而短波的冷色光源热能少。白炽灯发出的橙黄色是暖光，日光灯则发出偏蓝紫色的冷光。

5. 补色对比

补色对比是指将有互补关系的色彩并置形成的对比。补色对比可以使色彩感觉更加鲜明，饱和度增加。

3.3 数字图像的基础知识

随着数字采集技术和信号处理理论的发展，越来越多的图片以数字形式存储。

3.3.1　像素和分辨率

1. 像素

像素即图像元素，是表示图像的最小单位。图像可以理解为由一个个像素点所组成。一个 600×400 像素的图像即为横向 600 个像素点、纵向 400 个像素点合计 24 万个像素点。

相同屏幕的大小，图像的分辨率越高，像素显示的越小。单位尺寸上像素越多，图像显示越清晰，效果越理想。

2. 分辨率

(1) 图像分辨率。图像中每单位长度上的像素数目称为图像的分辨率，其单位为像素 / 英寸或是像素 / 厘米。在相同尺寸的两幅图像中，高分辨率的图像包含的像素比低分辨率的图像包含的像素多。例如，一幅 400×400 像素的图像包含 160000 个像素。图像分辨率有时也采用英寸或厘米等作单位，1 英寸＝2.54 厘米。

(2) 屏幕分辨率。屏幕分辨率是显示器上每单位长度显示的像素数目。屏幕分辨率取决于显示器大小及其像素设置。当图像分辨率高于显示器分辨率时，屏幕中显示的图像比实际尺寸大。

(3) 输出分辨率。输出分辨率是照排机或打印机等输出设备产生的每英寸的油墨点数 (dpi)。打印机的分辨率在 720dpi 以上的，可以使图像获得比较好的效果。

(4) 扫描仪分辨率。扫描仪分辨率的表示方法与打印机类似，一般也用 dpi 表示，不过这里的点是样点，与打印机的输出点是不同的。一般扫描仪提供的方式是水平分辨率要比垂直分辨率高。台式扫描仪的分辨率可以分为光学分辨率和输出分辨率。光学分辨率是指扫描仪硬件真正扫描到的图像分辨率，一般为 $800 \sim 1200dpi$。输出分辨率是通过软件强化以及内插补点之后产生的分辨率，大约为光学分辨率的 $3 \sim 4$ 倍。

3.3.2　常见的图像格式

图像文件格式是记录和存储影像信息的格式。对数字图像进行存储、处理、传播，必须采用一定的图像格式。当 Photoshop 制作或处理好一幅图像后，就要进行存储。存储时可以选择一种文件格式。Photoshop 可以存储 20 多种文件格式，文件格式可以根据用途的不同作不同的选择。例如，Word 中的图形图像格式一般为 BMP 或 TIF 格式的文件；在网页中使用的图像格式则是 PNG、JPEG 和 GIF 格式的文件；印刷输出的图像一般为 EPS 或 TIF 格式。下面介绍几种常用的图像文件格式。

1. PSD 格式

PSD 和 PDD 格式是 Photoshop 自身专用的文件格式，PSD 格式存储的文件类似一张 "草稿图"，它里面包含有各种图层、通道、遮罩等多种设计的样稿，以便于下次打开文件时可以修改上一次的设计。在 Photoshop 所支持的各种图像格式中，PSD 的存取速度比其他格式快很多，功能也很强大。

2. BMP 格式

BMP (Windows 标准位图) 是最普遍的点阵图格式之一，也是 Windows 系统下的标准格式，是将 Windows 下显示的点阵图以无损形式保存的文件，其优点是不会降低图片的质量，但文件大小比较大。

3. GIF 格式

GIF (图形交换格式) 最适合用于线条图 (如最多含有 256 色) 的剪贴画以及使用大块纯色的图片。该格式使用无损压缩来减少图片的大小，当用户要保存图片为 GIF 格式时，可以自行决定是否保存透明区域或者转换为纯色。同时，通过多幅图片的转换，GIF 格式还可以保存动画文件。但要注意的是，GIF 最多只能支持 256 色。目前，网页上较普遍使用的图片格式为 GIF 和 JPG (JPEG) 这两种图片压缩格式，因其在网上的装载速度很快，所有较新的图像软件都支持 GIF、JPG 格式，因此，要创建一张 GIF 或 JPG 图片，只需将图像软件中的图片保存为这两种格式即可。

4. JPEG 格式

JPEG (联合图片专家组) 是目前所有格式中压缩率最高的格式。目前大多数彩色和灰度图像都使用 JPEG 格式压缩图像，压缩比很大而且支持多种压缩级别的格式，当对图像的精度要求不高而存储空间又有限时，JPEG 是一种理想的压缩方式。但 JPEG 使用的有损压缩会丢失部分数据。JPEG 格式文件保存时文件扩展名为 . jpg。

5. TIFF 与 EPS

TIFF 和 EPS 格式都包含两个部分，第一部分是荧幕显示的低解析度影像，方便影像处理时的预览和定位，而另一部分包含各分色的单独资料，TIFF 常被用于彩色图档的扫描，它是以 RGB 的全彩模式储存，而 EPS 档是以 DCS/CMYK 的形式储存，档案中包含 CMYK 四种颜色的单独资料，可以直接输出四色网片。

TIFF（标记图像文件格式）用于在应用程序之间和计算机平台之间交换文件。TIFF 是一种灵活的图像格式，被所有绘画、图像编辑和页面排版应用程序支持。几乎所有的桌面扫描仪都可以生成 TIFF 图像。而且 TIFF 格式还可加入作者、版权、备注以及自定义信息，存放多幅图像。

6. 其他图像文件格式

除了以上介绍的几种文件格式，当然还有许多文件格式应用同样广泛，比如：PDF 格式、PNG 格式等，这里就不一一介绍。

3.3.3 颜色模式

颜色模式是数字世界中表示颜色的一种算法。在数字世界中，为了表示各种颜色，人们通常将颜色划分为若干分量。

1. RGB 模式

计算机显示的所有色彩，都是由红、绿、蓝三种色光按照不同的比例混合而成的。任何一种颜色都可以由一组 RGB 值来记录和表达。RGB 值的变化范围为 0～255，当 RGB 都为 0，即三种色光都同时不发光时就成了黑色。光线越强，颜色越亮，当 RGB 都为 255，即三种色光都同时发光到最亮就成了白色。

2. CMYK 模式

CMYK 也称作印刷色彩模式，顾名思义就是用来印刷的。CMYK 代表了印刷上用的 4 种油墨颜色：C 代表青色，M 代表洋红色，Y 代表黄色，K 代表黑色。比如期刊、杂志、报纸、宣传画等，都是印刷出来的，观测印刷效果只要将颜色的模式转换为 CMYK 模式即可。一张白纸进入印刷机后要被印 4 次，先印上图像中的青色部分，再印上洋红色、黄色和黑色部分。转换图像颜色模式可以选择"图像"→"模式"→"CMYK 颜色"命令来完成。

3. Lab 模式

Lab 模式属于多通道模式，共有 3 个通道，即 L、a、b。其中 L 代表明亮度值，范围在 0～100 之间；a 代表从绿色到红色的光谱变化；b 代表从蓝色到黄色的光谱变化，两者的范围都在 -120～120 之间。Lab 模式所包含的颜色范围最广，而且包含所有 RGB 与 CMYK 中的颜色，CMYK 模式所包括的颜色最少。Lab 模式为其他颜色模式之间的转换时使用的中间颜色模式，如从 RGB 模式转换成 CMYK 模式时，系统会先将图像转换为 Lab 颜色模式，然后再转换为 CMYK 模式。

4. 灰度模式

灰度模式，灰度图又称为 8bit 深度图。共有 256 级灰度，灰度图像中的每个像素都有一个 0（黑色）～255（白色）之间的亮度值。灰度值也可以用黑色油墨覆盖的百分比来度量（5% 等于白色，100% 等于黑色）。当图像转换为灰度模式后，图像中所有的颜色信息将从文件中丢失。

5. 其他模式

（1）位图模式：用两种颜色（黑和白）来表示图像中的像素。位图模式的图像也称为黑白图像。因为其深度为 1，也称为一位图像。

（2）双色调模式：采用 2～4 种彩色油墨来创建由双色调（2 种颜色）、三色调（3 种颜色）和四色调（4 种颜色）

混合其色阶来组成图像。

（3）索引模式：是网上和动画中常用的图像模式，当彩色图像转换为索引颜色的图像后包含近 256 种颜色。索引颜色图像包含一个颜色表。如果原图像中的颜色不能用 256 色表现，则 Photoshop 会从可使用的颜色中选出最相近的颜色来模拟这些颜色，这样可以减小图像文件的尺寸。用来存放图像中的颜色并为这些颜色建立颜色索引，颜色表可在转换的过程中定义或在生成索引图像后修改。

（4）多通道模式：对有特殊打印要求的图像非常有用。例如，如果图像中只使用了一两种或两三种颜色时，使用多通道模式可以减少印刷成本并保证图像颜色的正确输出。8 位 / 16 位通道模式，在灰度 RGB 或 CMYK 模式下，可以使用 16 位通道来代替默认的 8 位通道。根据默认情况，8 位通道中包含 256 个色阶，如果增到 16 位，每个通道的色阶数量为 65536 个，这样能得到更多的色彩细节。Photoshop 可以识别和输入 16 位通道的图像，但对于这种图像限制很多，所有的滤镜都不能使用，另外 16 位通道模式的图像不能被印刷。

3.3.4　图像数字化过程

图像数字化是将连续色调的模拟图像经采样量化后转换成数字影像的过程。要在计算机中处理图像，必须先把真实的图像（照片、画报、图书、图纸等）通过数字化转变成计算机能够接受的显示和存储格式，然后再用计算机进行分析处理。图像的数字化过程主要分采样、量化与编码三个步骤。

1. 采样

采样的实质就是要用多少点来描述一幅图像，采样结果质量的高低就是用前面所说的图像分辨率来衡量。简单来讲，对二维空间上连续的图像在水平和垂直方向上等间距地分割成矩形网状结构，所形成的微小方格称为像素点。一幅图像就被采样成有限个像素点构成的集合。

采样频率是指 1 秒钟内采样的次数，它反映了采样点之间的间隔大小。采样频率越高，得到的图像样本越逼真，图像的质量越高，但要求的存储量也越大。

在进行采样时，采样点间隔大小的选取很重要，它决定了采样后的图像能真实地反映原图像的程度。一般来说，原图像中的画面越复杂，色彩越丰富，则采样间隔应越小。

2. 量化

量化是指要使用多大范围的数值来表示图像采样之后的每一个点。量化的结果是图像能够容纳的颜色总数，它反映了采样的质量。

3. 编码

数字化后得到的图像数据量十分巨大，必须采用编码技术来压缩其信息量。编码压缩技术是实现图像传输与存储的关键。常见的编码压缩技术有图像的预测编码、变换编码、分形编码、小波变换图像压缩编码等。

3.3.5　数字图像处理的方法

数字图像处理是指将图像信号转换成数字信号并利用计算机对其进行处理的过程。常用的图像处理方法有图像增强、复原、编码、压缩等。数字图像处理常用如下方法：

1. 图像变换

由于图像阵列很大，直接在空间域中进行处理，涉及计算量很大。因此，往往采用各种图像变换的方法，如傅里叶变换、沃尔什变换、离散余弦变换等间接处理技术，将空间域的处理转换为变换域处理，不仅可减少计算量，而且可获得更有效的处理。

2. 图像编码压缩

图像编码压缩技术可减少描述图像的数据量（即比特数），以便节省图像传输、处理时间和减少所占用的存储器容量。压缩可以在不失真的前提下获得，也可以在允许的失真条件下进行。编码是压缩技术中最重要的方法，它在图像处理技术中是发展最早且比较成熟的技术。

3. 图像增强和复原

图像增强和复原的目的是为了提高图像的质量，如去除噪声、提高图像的清晰度等。图像增强不考虑图像降质的原因，突出图像中所感兴趣的部分，如强化图像高频分量，可使图像中的物体轮廓清晰，细节明显；强化低频分量可减少图像中噪声的影响。

4. 图像分割

图像分割是将图像中有意义的特征部分提取出来，其有意义的特征有图像中的边缘、区域等，这是进一步进行图像识别、分析和理解的基础。

5. 图像描述

图像描述是图像识别和理解的必要前提。作为最简单的二值图像可采用其几何特性描述物体的特性，一般图像的描述方法采用二维形状描述，它有边界描述和区域描述两类方法。对于特殊的纹理图像可采用二维纹理特征描述。随着图像处理研究的深入发展，已经开始进行三维物体描述的研究，提出了体积描述、表面描述、广义圆柱体描述等方法。

6. 图像分类（识别）

图像分类（识别）属于模式识别的范畴，其主要内容是图像经过某些预处理（增强、复原、压缩）后，进行图像分割和特征提取，从而进行判决分类。图像分类常采用经典的模式识别方法，有统计模式分类和句法（结构）模式分类，近年来，新发展起来的模糊模式识别和人工神经网络模式分类在图像识别中也越来越受到重视。

3.3.6 常用的图形图像处理软件

图形图像处理软件是被广泛应用于广告制作、平面设计、影视后期制作等领域的软件。图形图像处理软件有很多种，下面简单介绍比较常用的几种。

（1）ACDSee：目前最流行的看图软件，可用于图片的获取、管理、浏览，支持超过 50 种常用多媒体格式，具有图片编辑功能，如去除照片红眼、裁剪图像、锐化、旋转等，能对图片进行批量处理。

（2）Illustrator：Adobe 公司出品的矢量绘图软件，可以与 Photoshop 完美的配合使用。

（3）CorelDraw：功能比较全面，既有对矢量的支持，又可对图像进行美化，适合制作 Logo、宣传画、印刷品等。

（4）Painter：模仿自然的绘画工具，有比较理想的自然画笔效果。

（5）Photoshop：Adobe 公司出品的目前功能最强大的专业图片处理软件，在平面设计师、婚纱影楼、广告公司、网店美工等行业应用十分广泛。

（6）Adobe Fireworks：Adobe 公司出品，更注重于网页图片的制作。

（7）AutoCAD：平面的工程图制作软件，广泛应用于建筑公司、机械制造等行业。

（8）3ds max：可创建 3D 实体及表面模型，能对实体本身进行编辑，常用于工程制图、各种效果图展现。

（9）Windows 系统自带的画图软件：Windows 系统附件画图工具，对于没有安装其他图片处理软件的用户来说，可对图片进行简单的编辑和存储。

3.4 Photoshop 软件的使用

3.4.1 Photoshop CC 操作界面与基础操作

1. 软件界面

Photoshop CC 工作界面（以 Photoshop CC 2017 版本为例）主要由菜单栏、属性栏、标题栏工具箱、文档窗口、状态栏和控制面板等组成，如图 3.1 所示。

图 3.1　Photoshop CC 2017 运行界面

（1）菜单栏：菜单栏包含 11 个菜单命令。利用菜单可以完成文件操作、编辑图像、色彩调整、添加滤镜效果等功能。菜单功能分类如下：

- "文件"菜单：主要包含文件操作。
- "编辑"菜单：主要包含复制、粘贴、填充、自由变换、图案定义等各种编辑操作。
- "图像"菜单：主要包含转换颜色模式、调整工具、改变图像大小及画布大小等对图片进行调整操作。
- "图层"菜单：主要包含对图层的大多数编辑，如新建、合并、删除等操作。
- "文字"菜单：主要包含对文字的编辑和调整功能。
- "选择"菜单：主要包含对选区的各种操作。
- "滤镜"菜单：主要包含对各种滤镜效果的操作。
- "3D"菜单：主要包含各种创建 3D 模型、控制框架和编辑光线等操作。
- "视图"菜单：主要包含对界面视图设置的各种操作。
- "窗口"菜单：主要包含对各种面板的显示或隐藏操作。
- "帮助"菜单：主要提供各种帮助信息。

菜单可以根据需要显示或隐藏。通过"窗口"中的"工作区"中的"键盘快捷键和菜单"进行菜单的相关设置。

（2）属性栏：用来设置工具的各种选项。随着所选工具的不同，属性栏中的内容也会相应地发生改变，如图 3.2 所示是选择"椭圆选框工具"显示的属性栏，设置属性栏中的各种属性可以达到不同的效果。选择"窗口"→"选项"命令，可以显示或隐藏属性栏。

图 3.2　工具属性栏

（3）标题栏：打开一个文件会自动创建一个标题栏。在标题栏上会显示文档名称、颜色模式和位通道、窗口绽放比例等信息。如果打开多个文档可通过切换标题栏的不同的标题切换不同的文档窗口，也可通过窗口菜单下方显示的文档名称切换不同的文档。

（4）工具箱：工具箱中包含了多个工具。利用不同的工具可以完成对图像的选择、绘制、修饰等操作。

Photoshop 启动后，工具箱一般出现在软件窗口的左侧。拖移工具箱的标题栏可移动工具箱的位置。选择"窗口"→"工具"命令可以显示或隐藏工具箱。工具箱中的每一个工具用一个图标来表示，右击工具图标可弹出该工具所包含的其他选项。工具及其他选项如图 3.3 所示。

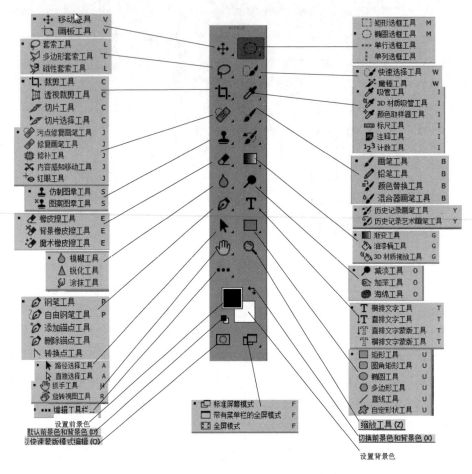

图 3.3　工具及工具选项示意图

按住 Tab 键，可以隐藏所有的工具栏和面板，同时按住 Shift 键和 Tab 键，可以隐藏右边的活动面板。当做图时，因为面板的遮挡无法看清图片的全貌，这个操作就非常有用了。

(5) 文档窗口：文档窗口主要用于显示文件的具体内容。

(6) 状态栏：状态栏主要显示当前文档的显示比例、文档大小、当前工具和暂存盘大小等提示信息。

(7) 控制面板：Photoshop 有多个面板组，面板可以根据需要进行伸缩和组合、拆分，单击面板右上方的▤图标，可以弹出的相关命令菜单，应用这些菜单可以提高面板的功能性。

2. 文件操作

(1) 新建图像文件。选择"文件"→"新建"命令或按快捷键 Ctrl＋N 组合会弹出"新建"对话框，如图 3.4 所示。在对话框中可以设置新建文件的图像名称、文档类型、图像的高度和宽度、分辨率和背景内容、图像的颜色模式等，设置完成后单击"确定"按钮就完成了文件的创建，如图 3.5 所示。

(2) 打开图像文件。如果图像文件已经存在，可以直接进行编辑。选择"文件"→"打开"命令或按 Ctrl＋O 组合键，在弹出的"打开"对话框中设置文件所在的位置和选择具体文件，可以选择一个或多个文件同时打开。文件选择完成后单击"打开"按钮或双击文件，即可打开指定的图像文件。

(3) 保存图像文件。图像编辑完成后，需要进行保存，选择"文件"→"存储"命令或按 Ctrl＋S 组合键，可以存储文件。如果是第一次存储将弹出"另存为"对话框，如果非新建文件或非第一次可以直接存储，需要另存时可以

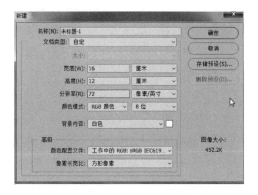

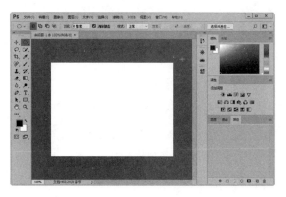

图 3.4　"新建"对话框　　　　　　　　　图 3.5　完成文件的创建

选择"文件"→"存储为"命令打开"另存为"对话框。在对话框中设置文件保存的位置、文件名、文件保存类型后，单击"保存"按钮，即可保存文件。

（4）关闭图像文件。文件存储后或关闭多余的打开文件可以选择"文件"→"关闭"命令或按 Ctrl＋W 组合键关闭文件，也可直接单击文件所在窗口右上角的"关闭"按钮完成文件的关闭。如果所关闭的文件被修改过则会弹出提示框，根据需要选择"是""否""取消"操作。

3. 标尺、参考线和网络线的设置

标尺、参考线和网络线的设置可以使图像处理更加精确，作品布局更加合理，操作定位更加方便。在图像处理实际应用中非常广泛。

（1）标尺的设置。选择"视图"→"标尺"命令，可以将标尺显示或隐藏。利用标尺一是可以细致观察鼠标的位置，二是在添加参考线时可以方便定位。选择"编辑"→"首选项"→"单位与标尺"命令，可以在弹出的对话框中设置标尺和文字的显示单位、列尺寸、点 / 派卡大小等参数。

（2）参考线的设置。将鼠标放置在水平标尺上，按住鼠标拖动，可以拉出水平参考线，将鼠标放置在垂直标尺上，按住鼠标拖动，可以拉出垂直参考线。参考线除了通过拖动显示外，还可以根据情况设置画布参考线、面板参考线和形状参考线。

选择"视图"→"显示"→"参考线"命令可以显示或隐藏参考线，也可以通过"视图"菜单清除参考线、清除面板参考线和清除画布参考线及锁定参考线。

（3）网格线的设置。选择"视图"→"显示"→"网格"命令可以显示或隐藏网格线。选择"编辑"→"首选项"→"参考线、网格和切片"命令可以设置参考线、网格线条类型和颜色以及切片线条的颜色等信息。

4. 图像和画布大小的调整

（1）图像大小。在编辑图像时有时要根据实际需要调整图像和画布的大小。选择"图像"→"图像大小"命令可以弹出"图像大小"对话框。在对话框中设置图像的宽度、高度及分辨率等参数。

（2）画布大小。画布大小的调整可通过选择"图像"→"画布大小"命令，在弹出的"画布"对话框中进行设置。

- "新建大小"：指重新设定后的图像的大小。
- "定位"：可调整图像在新画布中的具体位置，可选择偏左上角、偏上、偏左、四周均匀分布等 9 种方式。
- "画布的扩展颜色"：指扩展后空白处填充的颜色，可以选择黑色、白色、灰色、前景色、背景色及其他颜色。设置完成后单击"确定"按钮即可显示改变大小后的画布及填充色。

（3）图像旋转。可通过选择"图像"→"图像旋转"命令可以对图像进行水平、垂直方向翻转或进行任意角度的旋转操作。

5.图像显示效果

图像显示效果是指图像在屏幕上显示的比例、屏幕模式、图像观察的位置等内容。

(1) 图像显示比例。

1) 缩放工具。单击"工具箱"中的"缩放工具"图标🔍，当光标移动到图像中时光标变为形状，鼠标每单击画布中的图像可扩大显示比例。按住 Alt 键单击鼠标可缩小图像显示比例，鼠标形状也会发生变化。右击在弹出的菜单中可选择"按屏幕大小缩放""100％""200％"等命令。

放大和缩小操作也可通过快捷键 Ctrl＋"＋"和 Ctrl＋"－"来实现。

2)"视图"菜单中的放大和缩小。选择"视图"菜单，在菜单中根据需要选择"放大""缩小"等命令。

(2) 更改屏幕模式。

单击工具箱中的更改屏幕模式图标，可以将屏幕模式更改为标准屏幕模式、带有菜单栏的全屏模式、全屏模式。当然也可以利用前面介绍的知识通过隐藏或显示工具箱和面板改变图像在屏幕上的显示效果。

更改屏幕模式也可通过"视图"→"屏幕模式"命令进行选择。

(3) 观察放大图像。

1)"导航器"面板除了利用工具箱中的缩放工具观察图像效果外，还可以通过"导航器"面板来改变图像的显示比例。"导航器"面板包含图像的缩略图和窗口缩放控件，如图 3.6 所示。单击可以缩小窗口显示比例，单击可以放大窗口显示比例。左右拖动滑块，同样可以实现窗口图像的放大和缩小的显示比例。面板中的文本框中可以直接输入数字确定缩放比例。当窗口不能显示完整图像时，文档窗口显示的图像是在"导航器"面板图像区域中"浏览窗口"(窗口中显示的红色矩形框) 中的图像。拖动红色矩形框可以在文档窗口中显示图像的不同区域。

图 3.6 "导航器"面板

2) 抓手工具。单击工具箱中"抓手工具"图标同样可以实现"导航器"面板中"浏览窗口"的功能，按住鼠标在文档窗口拖动就可以在文档窗口中显示图像的不同区域。

6.图像剪切、复制与粘贴

剪切、复制与粘贴操作的对象是图像，它既可以是剪切、复制与粘贴整个图像，还可以用来对选区的图像进行剪切、复制与粘贴操作。剪切、复制与粘贴图像首先是创建选区，有关选区操作在下一章讲解。

(1) 剪切。选择"编辑"→"剪切"命令，或按 Ctrl＋X 组合键，可以将选区中的图像剪切掉，同时选区中的图像会保存到剪切板中，方便进行复制和粘贴操作。如果剪切图层中的图像，被剪切的区域显示透明，如果剪切区域在背景上，则剪切区域用背景色填充。

选择"编辑"→"清除"命令的功能与剪切类似。

(2) 复制。创建选区后，选择"编辑"→"复制"命令，或按 Ctrl＋C 组合键，可以将复制的内容复制到剪贴板，此时画面上内容保存不变。复制操作只能复制当前该图层的内容，如果需要复制该选区内所有可见图层的内容，则需要执行"编辑"→"合并拷贝"命令，并将所有可见图层选区内的内容保存到剪切板。

(3) 粘贴。图像进行剪切或复制操作后，选择"编辑"→"粘贴"命令，或按 Ctrl＋V 组合键，可以将图像粘贴到当前文档中。粘贴还有另外 3 种不同的方式：原位粘贴、帖入、外部粘贴。选择"编辑"→"选择性粘贴"→"原位粘贴"命令可以将图像按其原位粘贴到当前文档中；选择"编辑"→"选择性粘贴"→"帖入"命令可以将图像粘贴到选区内并自动添加蒙版，将选区外的图像隐藏；选择"编辑"→"选择性粘贴"→"外部粘贴"命令自动创建蒙版，将选区内的图像隐藏，选区外的图像全部显示。

7.图像变换与裁剪

(1) 定界框、中心点与控制点。在执行自由变换或变换操作时，变换对象的周围会出现定界框。定界框的中心有一个中心点，四周还有控制点，如图 3.7 所示。

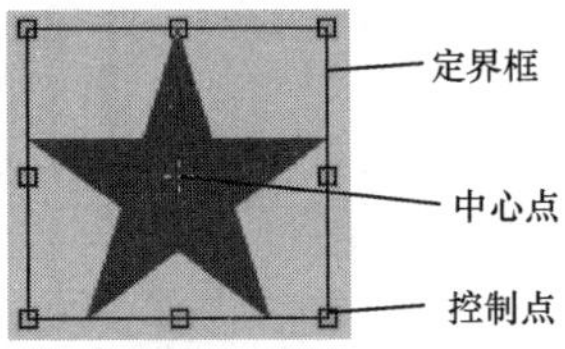

在默认情况下，中心点位于变换对象的中心，拖动中心点可以改变中心点的位置。拖曳控制点可以变换图像。

（2）自由变换。选择"编辑"→"自由变换"命令，或按 Ctrl＋T 组合键，可以对图层、选区内的图像进行缩放、旋转、翻转等操作。

（3）变换。选择"编辑"→"变换"命令，可以对图层、选区内的图像进行变换操作。

图 3.7　定界框

- 缩放：拖曳控制点就可以完成缩放，按 Shift 键在四角控制点上拖曳可以实现等比例缩放，按 Shift＋Alt 组合键，可以设置以中心点为基准点等比例缩放。
- 旋转：使用旋转命令，可以使操作对象围绕中心点转动。
- 斜切：拖曳控制点主要实现在水平或垂直方向上斜切图像，打开如图 3.8 所示的图像，执行斜切操作的过程如图 3.9 所示。按住 Alt 键，可以与对角同时进行斜切操作。
- 扭曲：使用扭曲命令可以在各个方向上变换对象，如图 3.10 所示。

图 3.8　原图

图 3.9　斜切

图 3.10　扭曲

- 透视：以某个边界为作用点，另一边为基准，按住鼠标左键并移动鼠标，即可实现由近到远、由远到近的感觉，如图 3.11 所示。
- 变形：执行此命令时，图像上会出现变形网格和锚点，拖曳锚点或调整锚点的方向线对图像实现更加自由的变形处理。拖曳时不仅是锚点，也可以拖曳图像局部区域进行变形，如图 3.12 所示。
- 水平翻转：执行此命令可以使图像在水平方向上进行翻转。
- 垂直翻转：执行此命令可以使图像在垂直方向上进行翻转。

（4）图像裁剪。如果需要去掉图像周围不需要的部分，可以利用工具箱中的裁剪工具实现此功能。单击裁剪按钮后，如图 3.13 所示。可以拖动裁剪框中的控制点对图像进行裁剪。

图 3.11　透视

图 3.12　变形

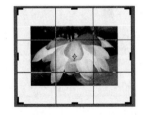

图 3.13　裁剪窗口

（5）再次变换。再次变换，可以记录上次变换的设置，然后再次执行变换。

8. 恢复操作

在编辑图像的过程中，经常会遇到错误的操作、对比前后操作的结果或取消某一操作等情况，需要用到恢复操作。恢复操作主要包括以下 3 个方面：

（1）恢复上一步操作：可以执行"编辑"→"还原"命令，或按 Ctrl＋Z 组合键。

（2）中断操作：按 Esc 键可以中断正在进行的操作。

（3）恢复任意步骤：打开"历史记录"面板，在"历史记录"会显示所有可恢复的操作步骤，单击选择需要恢复的操作即可。在"历史记录"面板中有时可以通过创建快照的方式使恢复操作更加方便。

9．图层简介

图层在图像处理过程中的应用非常广泛，使用频率最高。多个图层可看成是多个互相独立的图片叠加在一起，我们通过图层混合、不透明度调整、图层的排列与组合等操作实现图像的合成。

（1）"图层"面板。"图层"面板如图 3.14 所示，具体介绍如下：

图 3.14　"图层"面板

- 折叠图标：将"图层"面板折叠成一个图标，需要时可以单击展开面板。

- 关闭：用于关闭"图层"面板。

- 图层菜单：弹出图层相关操作命令。

- 选择图层类型：图层类型主要包括名称、效果、模式、属性、颜色、智能对象、面板等，通过类型筛选，显示选中图层的类型，隐藏其他类型的图层。图标是像素图层过滤器，是调整图层过滤器，是文字图层过滤器，是形状图层过滤器，是智能对象过滤器，是打开或关闭图层过滤。

- 图层混合模式：当前图层与下面图像之间产生混合的模式，默认为"正常"混合模式。有溶解、变暗和变亮等多种混合类型。

- 不透明度：设置当前图层的不透明度，范围为 0～100%。

- 锁定：从左至中依次表示锁定透明像素、图像像素、位置、防止在画板内外自动嵌套、锁定全部。

- 填充：在当前图层填充像素的百分比，范围为 0～100%。

- 眼睛：设置图层为显示或隐藏。

- 链接：链接多个图层，以便对链接图层执行相同操作等。

- 图层样式：设置图层效果，添加斜面和浮雕、投影、描边等图层效果。

- 图层蒙版：为当前图层或组添加图层蒙版。

- 创建新的填充或调整图层：创建新的颜色填充或效果调整。

- 创建新组：新建一个文件夹，可在其中放入图层。

- 创建新图层：在当前图层的上方创建新图层。

- 删除图层：可以将不需要的图层或图层组拖到此处删除。

（2）新建图层。选择"图层"→"新建"→"图层"命令，或单击"图层"面板中的按钮，在弹出的菜单中选择"新建图层"命令，可以新建图层。新建图层也可以单击"图层"面板中的按钮创建新层，但不出现"新建图层"对话框。如果按住 Alt 键再单击按钮，同样会弹出"新建图层"对话框。

（3）复制图层。选择"图层"→"复制图层"命令，或单击"图层"面板中的按钮，在弹出的菜单中选择"复制图层"命令，可以复制图层。复制图层也可以将需要复制的图层拖到创建新图层按钮图标上，但不出现"复制图层"对话框。如果按住 Alt 键的同时将需要复制的图层拖到创建新图层按钮图标上，同样会弹出"复制图层"对话框。

（4）删除图层。选择"图层"→"删除"→"图层"命令，或单击"图层"面板中的按钮，在弹出的菜单中选择"删除图层"命令，可以删除图层。删除图层也可以将需要删除的图层拖到删除图层按钮图标上直接删除，但不出现"删除图层"提示对话框。

（5）图层的显示和隐藏。单击"图层"面板中任意图层左侧的眼睛图标，可以显示或隐藏图层。如果按住 Alt 键的同时单击某个图层左侧的眼睛图标，则只显示该图层而其他图层将全部被隐藏。

（6）图层选择、移动与排列。图层选择：在"图层"面板中单击需要选择的图层即可。

图层移动：在工具箱中单击"移动工具"图标 ✛，可以移动当前图层或链接图层中的对象。当图层较多时，右击文档窗口中的图像会弹出一组可供选择的图层选择菜单，从中选择图层即可，右击的图像所在图层将显示在菜单的最上方。

图层顺序：直接在"图层"面板中拖动图层移动到其他图层的上方或下方。

图层排列：在使用"移动工具"时，在菜单的下方会显示"移动工具"属性栏，从中选择"对齐"和"分布"等方式对选中的图层进行排列。也可通过选择"图层"→"排列""对齐""分布"等命令完成相应操作。

（7）图层合并。单击"图层"面板中的 ▤ 按钮，在弹出的菜单中选择"向下合并"（快捷键 Ctrl＋E）、"合并可见图层"（快捷键 Ctrl＋Shift＋E）、"拼合图像"等命令可以完成图层合并。

（8）图层锁定。单击"图层"面板中的 ▧ 图标，锁定当前图层中的透明区域，使透明区域不能被编辑；单击图标 ▰ 使当前图层和透明区域不能被编辑；单击 ✛ 图标使当前图层位置不能被移动；单击 ▣ 图标可防止图层或图层组在画板内外自动嵌套；单击 🔒 图标使当前图层或序列全部锁定。

3.4.2　选区操作

图像编辑时，通常需要指定编辑操作的有效区域，这个有效区域在 Photoshop 中就是选区，选区可以把编辑限定在选择的区域内，这样就可以处理局部而不会影响其他内容。如果没有创建选区，操作对象一般是指整个图层图像。本章主要介绍选区创建的方法，选区运算、修改、填充、描边等内容。

1. 选区基本操作

（1）全部选择。选择"选择"→"全选"命令或按 Ctrl＋A 组合键，可以创建文档窗口大小等同的矩形选区。

（2）取消选择。选择"选择"→"取消选择"命令或按 Ctrl＋D 组合键，可以取消创建的所有选区。

（3）重新选择。选择"选择"→"取消选择"命令或按 Shift＋Ctrl＋D 组合键，可以将被取消的选区还原。

（4）反选。创建选区后，选择"选择"→"反选"命令，可以反转选区。在选取背景颜色相对单一图像中的对象时，可以先创建选取对象外内容的内容，再反选即可。

（5）选区移动。选区创建后如果位置不合适可以移动。如果是正在绘制选区时可按住 Space（空格）键并按住鼠标左键拖动即可移动正在创建的选区位置；如果选区绘制完成后想移动选区，在保证选区类工具属性栏中的"新选区"按钮 ▣ 处于选中状态下，只要鼠标指针在选区内（此时鼠标指针显示为 ▸ 形状）即可按住鼠标左键移动。

注意：如果使用工具箱中"移动工具" ✛ 来移动，移动的不仅是选区还包含选区内的图像。

（6）变换选区。选择"选择"→"变换选区"命令，可以对选区进行变换，"变换选区"操作与前面介绍的"自由变换"类似，只是"自由变换"变换的是图像，而"变换选区"变换的是选区。

（7）选区的存储与载入。创建选区有时需要耗费较大精力，比如抠图，为避免因误操作造成选区丢失可以将选区及时保存，同时也为以后使用和修改带来方便。

选择"选择"→"存储选区"命令，会弹出"存储选区"对话框，在对话框中填写名称和选择操作的类型，如图 3.15 所示。

- 文档：在下拉列表中选择保存选区的目标文件，默认情况下，选区保存在当前文档中，也可以保存在一个新建的文档中。

- 通道：将选区保存到一个新建通道或保存到其他 Alpha 通道中，在通道中用白色表示选中部分，黑色表示选区以外的范围，如果选区有羽化选区范围会有所变化。

- 名称：填写选区的名称。

图 3.15　"存储选区"对话框

● 操作：如果保存的目标文件有选区可选择选区不同的运算类型。

选择"选择"→"载入选区"命令，会打开"载入选区"对话框，如图 3.16 所示。

● 文档：在下拉列表中选择载入选区的目标文件。

● 通道：选择载入选区的通道。

● 反相：可以反转选区。

● 操作：如果当前文件中含有选区可选择选区不同的运算类型。

2. 选择工具

(1) 矩形选框工具。

图 3.16 "载入选区"对话框

1) 矩形选框工具 ▢：常用来绘制一些规则形状的选区。单击工具箱中的"矩形选框工具"按钮 ▢ 或按快捷键 M，按住鼠标左键在文档窗口画布边界内拖动，即可创建一个矩形选区。右击"矩形选框工具"按钮 ▢ˇ，可弹出此工具的选择菜单，在菜单中可选择"矩形选框工具""椭圆选框工具""单行选框工具""单列选框工具"，通过选择不同的工具来创建不同形状的选区。下面以矩形选框工具为例介绍属性栏选项的主要内容，如图 3.17 所示。

图 3.17 "矩形选框工具"属性栏

● 工具预设 ▢：使用工具预设功能，可以减少每次操作时反复设置工具参数的麻烦，提高图像处理工作的效率。

● 新选区 ▢：创建新选区。

● 添加到选区 ▢：在旧选区的基础上添加新的选区，相当于选区合并。

● 从选区减去 ▢：在旧选的基础上减去新的选区部分。

● 与选区交叉 ▢：旧选区与新选区的交叉部分。

● 羽化：用于设置选区边界部分的羽化值。不同的羽化值图像复制效果如图 3.18～图 3.20 所示。

图 3.18 羽化值为 0　　　图 3.19 羽化值为 10　　　图 3.20 羽化值为 30

● 消除锯齿：清除选区部分的锯齿，使选区边界较为平滑。

● 样式：选择样式类型。样式有 3 种："正常""固定比例"和"固定大小"。默认样式为"正常"，在文档窗口内可创建任意大小的选区；"固定比例"选项可以设置宽高比，绘制选区时选区将自动按宽高比进行调整；"固定大小"选项指定"宽度"和"高度"数值。

● 创建或调整选区 选择并遮住... ：更精细地创建和调整选区，主要用于抠图。

在创建矩形选区时按 Shift 键可创建正方形选区，按 Alt 键可定中心点创建矩形选区，按 Alt＋Shift 组合键可定中心点创建正方形选区。

2) 椭圆选框工具："椭圆选框工具"与"矩形选框工具"的选项基本相同，创建的选区形状为圆形或椭圆形。

3) 单行选框工具：创建 1 像素高度的行选区。

4) 单列选框工具：创建 1 像素宽度的列选区。

（2）套索工具。

1）套索工具 ：主要用来绘制形状不规则的选区。属性栏的含义与"矩形选框工具"相同。使用时拖动鼠标选择图像，松开鼠标左键时，选区自动闭合。

2）多边形套索工具：主要用来绘制一些边缘转折较为明显的选区，多边形套索工具创建的选区是由一条条线段组成的闭合的形状。

3）磁性套索工具：主要用于选择边缘较为清晰的图像。属性栏如图 3.21 所示。图中"宽度"指鼠标检测的范围；"对比度"用来感应图像边缘的灵敏度；"频率"是指创建选区产生锚点的数量；"使用绘图板以更改钢笔宽度 ✎"指计算机如配置压感笔和数控板等外接工具时，调整横测范围。

图 3.21 "套索工具"属性栏

（3）魔棒工具。

1）魔棒工具 ：主要选择与单击点色调相似的像素，属性栏如图 3.22 所示。

图 3.22 "魔棒工具"属性栏

- 取样大小：用来设置取样范围。
- 容差：是指色调相似度，容差越大色调相似度越低、选择范围越大；
- 连续：选择该项后，只选择颜色连续的区域。
- 对所有图层取样：选择该项后，可选择可见图层上颜色相似的区域，不选择该项时只选择当前图层图像中颜色相似的区域。

2）快速选择工具 ：该工具利用可调整的圆形笔尖快速绘制图像选区，即可以像绘画一样制作选区，属性栏如图 3.23 所示。图中工具"新选区"按钮 表示创建新选区。

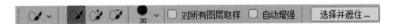

图 3.23 "快速选择工具"属性栏

"添加到选区"按钮 ：在原有选区的基础上添加绘制的选区。

"从选区减去"按钮 ：在原有选区的基础上减去绘制的选区。

"单击可打开画笔选项"按钮 ：单击后打开画笔选项。

"自动增强"选项：自动将选区向图像边缘流动并稍作边缘调整。

3．选区应用举例

3.1 制作太极图动画

（1）新建一个 400×400 像素的 RGB 模式图像文件，背景透明。

（2）显示标尺和网格。

（3）在工具箱中选择"椭圆选框工具"，以图 3.24 中 A 点为中心绘制正圆形选区。

（4）选择"编辑"→"填充"命令，在圆形选区中填充颜色，填充内容为"黑色"，其他参数不变，效果如图 3.25 所示。

（5）单击属性栏上的 "与选区交叉"按钮，绘制如图 3.26 所示的矩形选区与圆形选区做选区交叉运算，得到如图 3.27 所示的半圆形选区。

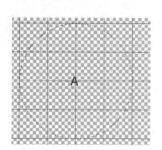
图 3.24 绘制正圆形选区

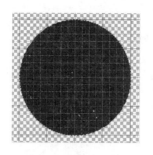
图 3.25 填充黑色

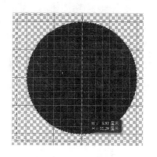
图 3.26 选区交叉

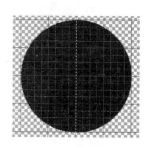
图 3.27 半圆形选区

（6）选择"编辑"→"填充"命令，给半圆形选区填充"白色"，效果如图 3.28 所示。

（7）以图中 B 点为画点，在右下位置绘制如图 3.29 所示的圆形选区，并在选区中填充"白色"，如图 3.30 所示。

（8）以图中 C 点为画点，在右下位置绘制如图 3.31 所示的圆形选区，并在选区中填充"黑色"，如图 3.32 所示。

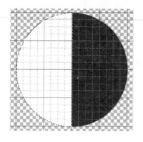
图 3.28 绘制半圆选区并填充白色

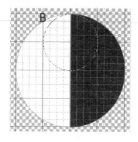
图 3.29 绘制图形选区

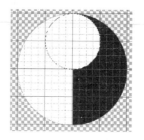
图 3.30 填充白色

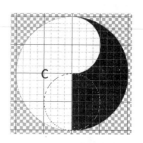
图 3.31 绘制图形选区

（9）绘制如图 3.33 所示的圆形选区，并在选区中填充"黑色"，如图 3.34 所示。

（10）绘制如图 3.35 所示的圆形选区，并在选区中填充"白色"，如图 3.36 所示。

（11）选择"选择"→"取消选择"命令，取消图中创建的选区。

（12）在"图层"面板中的"图层 1"上右击，选择"复制图层"命令复制图层，将图层 1 复制 3 个副本，"图层"面板如图 3.37 所示。

（13）选择"窗口"→"时间轴"命令，在文档窗口的下文显示如图 3.38 所示的动画面板。

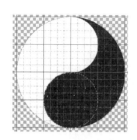
图 3.32 填充

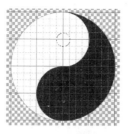
图 3.33 绘制圆形选区

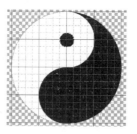
图 3.34 填充黑色

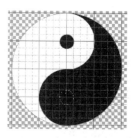
图 3.35 绘制圆形选区

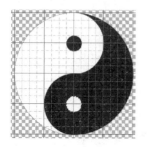
图 3.36 填充白色

图 3.37 "图层"面板

图 3.38 动画面板

(14) 单击"创建视频时间轴"按钮,选择"创建帧动画",如图 3.39 所示。

(15) 单击  按钮,显示如图 3.40 所示的动画面板。

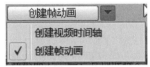

图 3.39　创建帧动画　　　　　　　　图 3.40　动画面板

(16) 在"图层"面板中隐藏图层 1 的 3 个拷贝副本,如图 3.41 所示。

(17) 单击"帧动画"面板第 1 帧下方的 ✓ 按钮,在弹出的如图 3.42 所示的菜单中设置时间为 0.1 秒或 0.2 秒。

(18) 单击"动画"面板上的"复制所选帧"按钮，将第 1 帧复制为 4 帧,如图 3.43 所示。

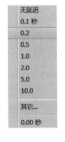

图 3.41　隐藏图层　　　图 3.42　设置时间　　　　　　图 3.43　复制帧

(19) 选第 2 帧,在"图层"面板中设置显示"图层 1 拷贝",其他图层隐藏,如图 3.44 所示。选择"编辑"→"自由变换"命令,在属性栏上的 △ 0.00 度文本框中设置旋转角度为 90°,单击属性栏上的 ✓ 按钮确定完成"自由变换"操作。

(20) 选第 3 帧,在"图层"面板中设置显示"图层 1 拷贝 2",其图层他隐藏,如图 3.45 所示。选择"编辑"→"自由变换"命令,在属性栏上的 △ 0.00 度文本框中设置旋转角度为 180°,单击属性栏上的 ✓ 按钮确定完成"自由变换"操作。

(21) 选第 4 帧,在"图层"面板中设置显示"图层 1 拷贝 3",其他图层隐藏,如图 3.46 所示。选择"编辑"→"自由变换"命令,在属性栏上的 △ 90 度文本框中设置旋转角度为 -90°,单击属性栏上的 ✓ 按钮确定完成"自由变换"操作。

(22) 单击"动画"面板中的"动画播放"按钮 ▶ ,观察动画播放效果。

图 3.44　第 2 帧显示/隐藏图层　　　图 3.45　第 3 帧显示/隐藏图层　　　图 3.46　第 4 帧显示/隐藏图层

(23) 先保存源文件便于以后再进行图像修改。如果要保存为可直接播放的动画文件,需要执行"文件"中的

"导出"中的"存储为 Web 所用格式"命令，在弹出的"存储为 Web 所用格式"中单击"存储"按钮，选择存储位置和文件名称保存即可。

3.2　制作奥运五环图

（1）新建一个 600×400 像素的 RGB 模式图像文件，背景选择白色。

（2）显示标尺和网格。

（3）在工具箱中选择"椭圆选框工具"，以图 3.47 中的 A 点为中心绘制正圆形选区。再选择属性栏中"从选区相减"，仍以 A 点为中心绘制一稍小的正圆，相减运算后得到如图 3.48 所示的圆环形选区。

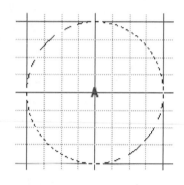
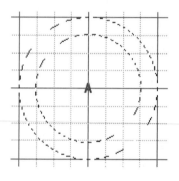

图 3.47　绘制正圆形选区　　　　图 3.48　圆环形选区

（4）选择"图层"→"新建"命令，在弹出的"新建图层"对话框中将图层命名为"红"。

（5）显示"红"图层，在圆环内填充红色，效果如图 3.49 所示。

（6）依此方法，分别创建"绿""黑""黄""蓝"4 个图层，并在圆环选区内不同的图层上分别填充绿色、黑色、黄色、蓝色，"图层"面板如图 3.50 所示。

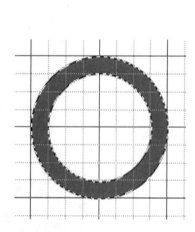

图 3.49　圆环填充红色　　　　图 3.50　"图层"面板

（7）选择工具箱中的"移动工具"，分别移动 5 个不同图层中的圆环图像到合适位置，移动后的效果如图 3.51 所示。

（8）选择"视图"→"显示"→"网格"命令，不显示网格。选中"黄"图层中的黄色圆环（可用魔棒工制作选区），如图 3.52 所示。将当前图层改为"蓝"图层，使用"橡皮擦"工具，擦除选区内蓝色与黄色圆环交叉的上半部分，擦除前后效果如图 3.53 所示。

（9）利用类似的方法，擦除其他圆环交叉部分的颜色，效果如图 3.54 所示。

图 3.51 五环效果图

图 3.52 选中黄色圆环

图 3.53 擦除后的效果

图 3.54 擦除圆环交叉部分的颜色

图 3.55 "图层样式"对话框

(10) 隐藏背景图层,选择"图层"→"合并可见图层"命令,将处理后的圆环合并为一层。单击"图层样式"按钮 *fx*,选择"投影",在弹出的"图层样式"对话框中设置如图 3.55 所示的参数。显示背景图层,最终效果如图 3.56 所示。

图 3.56 最终效果

3.4.3 图像绘制

Photoshop是一款功能强大的图像处理软件，它不仅能够对已有图像进行复杂的处理，还可以从无到有地绘制图像。Photoshop中的图像绘制，不能简单理解为传统的利用线条、填色等进行的绘画，而是利用画笔、图章、修补等各种像素编辑工具把像素从无到有地创作出来，包括对像素进行的各种调整，都可以是实现图像绘制的手段。

修饰绘画工具的种类很多，但是绘画与修饰工具的分类并不绝对，我们先从最重要、功能强大的画笔工具开始。

1. 画笔工具

工具箱中形如"毛笔"的画笔工具是使用最频繁的工具，学习不同的工具，都要重点掌握工具的选项栏和相应的调板的使用。

(1) 笔刷的设置。

1) 笔尖形状。Photoshop提供了很多默认笔尖形状，用户还可以选择"画笔预设选取器"中的齿轮下拉按钮，选择追加更多的画笔；或者载入下载的第三方画笔（.abr文件）。当载入的画笔过多而混乱时，可以通过"复位画笔"恢复到默认设置。

2) 大小、圆度、角度、间距、翻转。笔尖设置的各种参数说明如下：

● 大小：一般是直径长度，用笔刷画出的线可看作是由许多圆点排列而成的，如果我们把间距设为100%，就可以看到相切排列的圆点了，效果见窗口最下方的预览。平时画线时之所以没有感觉出是由圆点组成的，是因为间距取值小。

● 硬度：硬度决定了笔尖的边缘羽化柔边的程度，实际上即使硬度为100%，画笔的边缘相比铅笔工具也是柔和的。

● 间距：常用的笔尖一般是正圆，间距是两个笔尖中心的距离，但椭圆按短直径计算间距。需要注意的是，如果不勾选"间距"选项，那么圆点将不是均匀分布的，距离以鼠标拖动的快慢为准，慢的地方圆点较密集，快的地方则较稀疏。

● "角度""圆度"：可控制正圆笔尖变成椭圆的程度。利用旁边的示意图中的控制点可以改变圆度，任意单击并拖动方向箭头可改变角度。注意：当圆度为100%时，角度、翻转都没有意义，因为正圆无论怎么倾斜、翻转，样子都一样。当笔尖为非正圆时，要注意翻转是做镜像，和旋转是不同的。

3) 形状动态。形状动态通过设置画笔画线过程中大小、角度、圆度等的动态变化，从而形成丰富的线条效果。

4) 散布。使笔刷的圆点不再局限于鼠标的轨迹上，而是随机出现在轨迹周围一定的范围内，注意如果关闭两轴选项，那么散布只局限于竖方向上。

5) 颜色动态。在前景/背景之间抖动，如果选择渐隐的话，就会在指定的步长中从前景色过渡到背景色，步长之后如果继续绘制，将保持为背景色。色相抖动程度越高，色彩就越丰富。饱和度抖动会使颜色偏淡或偏浓，亮度(明度)抖动会使图像偏亮或偏暗，百分比越大，变化范围越广。

(2) 自定义画笔预设、图案。如果默认的笔尖形状不能满足需求，用户还可以自定义画笔笔尖形状，以便今后需要时使用。使用"编辑"→"定义画笔预设"菜单命令可将选择的任意形状选区中的图像画面定义为画笔样式。

选择的图像内容可以是自己画的，也可以是从已有的图片素材里选择的，但需要注意的是，即使图像是有色彩的，定义为画笔预设时都会转成灰度阶的图像存放，以后用该画笔笔尖绘制时，像素的黑白值实际上代表了其着墨量，白表示墨量高，黑则表示墨量低。

与定义画笔预设类似，"编辑"→"定义图案"菜单命令可实现图案的定义，而图案可以被"填充"操作大面积的铺开。有一点不同的是，画笔预设会根据拾色器的颜色绘制出不同的效果，而图案就是简单地铺开，在某个图像大量重复铺设的情况下比较适合使用。

2. 渐变工具和油漆桶工具

渐变工具和油漆桶工具在一组里，两者的区别是，油漆桶填充的是单色，而渐变工具可以实现多彩的渐变效果。两者作为像素编辑工具，从使用上说，油漆桶的使用比较简单，下面重点介绍渐变工具的使用。

(1) 渐变编辑器的设置。在渐变工具的选项栏单击"色带"的下拉按钮可以选择各种程序默认提供的色带设置，，单击色带则可打开"渐变编辑器"，如图 3.57 所示，窗口最上方给出了一些默认颜色渐变，但是这些往往满足不了用户多样的需求。通过编辑下方色带的色标滑块，用户可以设置出更多缤纷变化的色彩。

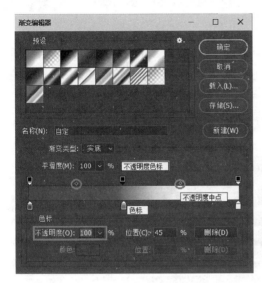
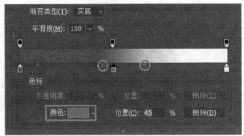

图 3.57　渐变编辑器

在色标带中任意单击一个位置即可添加一个新色标滑块，选中上面的"不透明度色标"或下面的"色标"滑块，下方显示的设置参数不同，前者下方显示不透明度设置，后者显示颜色设置。选中滑块后，两个滑块间的中点标志才会可见，这些标志也是可以拖动的。

用鼠标按住滑块拖动到色带外面区域即可删除滑块。

(2) 渐变类型。编辑好需要的颜色带后，在要绘制图像的图层中按住鼠标左键拖动即可。但是，绘制前要在选项栏选择需要的渐变效果，5 种不同效果如图 3.58 所示。

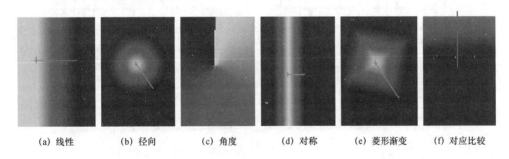

(a) 线性　　(b) 径向　　(c) 角度　　(d) 对称　　(e) 菱形渐变　　(f) 对应比较

图 3.58　渐变效果

图 3.58 中所示的十字标示的位置是鼠标起始位置，注意比较第一个线性和第 4 个对称效果的区别，对称的效果图右侧是线性的，而左侧部分则是右侧部分的镜像对称。另外需要说明的是，鼠标拖动的起始位置和结束位置都可以是在画布外，比如图中最后一个线性渐变效果。另外，手工拉动过程中可按住 Shift 键以保持渐变方向平直。

3. 麦克风制作

(1) 新建一个 600×300 像素大小的文件，按下 Ctrl+J 组合键新建一个图层；切换到圆形选区工具 (Shift+M)，在新图层绘制圆形选区；切换到渐变工具 (Shift+G)，在选区里拖动鼠标，填充由黑到白的"径向渐变"，得到一个灰黑色立体小球，如图 3.59 所示。

(2) 保持这个圆形选区。再新建一个图层，用矩形选区的交叉模式 [:::] ∨ ■ ■ ♀ ❐ ❑ ，与上一步选区交叉出一个带状选区；切换到渐变工具 (Shift＋G)，在选区里拖动鼠标，填充"黑、白、灰、白、黑"的"线性渐变"，如图 3.60 所示。双击图层可设置浮雕和投影。

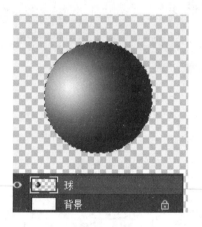

图 3.59　灰黑色立体小球

图 3.60　球形选区

(3) 新建一个图层，设置一个 2 像素、85％硬度的画笔，按 Shift 画直线；用魔棒选择图层的透明区域，按 Ctrl＋Shift＋I 组合键反选，选中线条；按 Ctrl＋Shift＋Alt 组合键再按向下方向键，绘制出规则排布的线条。同样道理，再做出垂直排布的线条。在"图层"面板选中两个线条图层，右击，在弹出的菜单中选择"合并图层"命令，如图 3.61 所示。

【说明】网格的制作方法很多，可以通过移动线条的 x，y 坐标，再利用前面用过的重复变换制作；也可以利用定义图案再填充。这两种方法比此处的例子的好处是，移动或网格的大小可以自由设定。

(4) 切割得到圆形网。选择"球"图层，用魔棒点选透明部分，反选得到小球选区；按"M 字符"键切换到选区工具，把鼠标放到选区中，拖动可移动该选区，移动到网格部分，再反选，按 Del 键删除网格多余部分，如图 3.62 所示。

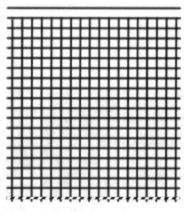

图 3.61　网格

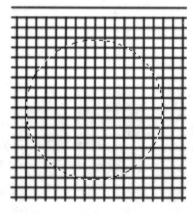

图 3.62　圆形网

(5) 执行"滤镜"→"扭曲"→"球面化"操作；增加立体效果：用移动工具把网拖动到小球上；拖动网格图层下移一层，并添加图 3.63 所示的图层样式。

(6) 画柄的各段：每段都新建一个图层去绘制，以便独立操作，方便修改。

(7) 在合适位置画矩形选区，按 Shift＋G 组合键切换到渐变工具，在色带旁单击添加滑块，调整色标颜色，最后得到色带： ，设置"线性渐变"，在选区中从上到下，按住 Shift 键拖拽；选择"编辑"→"变换"→"透视"命令，按住鼠标，拖动矩形的一侧向内收缩，如图 3.64 所示。

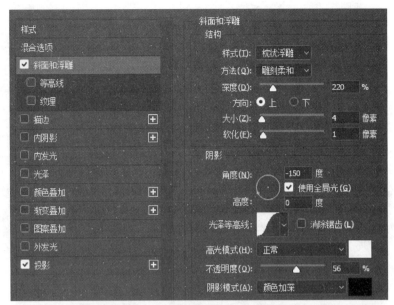

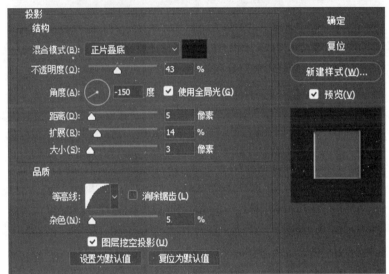

图 3.63　添加图层样式

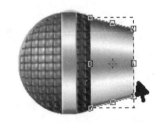

图 3.64　线性渐变效果

最终效果及图层结果，如图 3.65 所示。

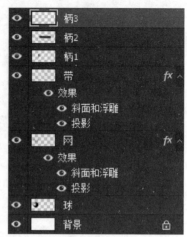

图 3.65 最终效果

3.4.4 修饰图像

图片处理中常常要对图像存在的各种瑕疵问题进行修复或局部进行修饰处理。从最初的仿制图章，Photoshop 陆续又推出了修补和污点修复等修饰工具，它们在完善局部图像处理上发挥了很大作用。

1. 图章工具

(1) 仿制图章。仿制图章是元老级的、合成图像时非常有用的工具之一，它能够将一幅图像的全部或部分复制到同一幅图像或其他图像中。具体操作是：先在图像上按住 Alt 键单击一下，然后再按住鼠标描绘，这样就画出了和原有图像一样的图。复制的源头在十字光标处，它与鼠标光标保持某个特定距离，那是最初按下 Alt 键定义源点的位置和绘制时鼠标落笔位置的距离，以后无论鼠标松开再按下绘制到哪里，它都以这个相对距离计算复制源的位置。

(2) 图案图章。图案图章不需要定义源，只需要预先定义好图案。图案的定义可选择"编辑"→"定义图案"命令完成（注意定义图案只能是矩形选区）。

2. 修复与修补工具

将取样点的像素信息自然地复制到图像其他区域中，为了保持图像的色相、饱和度、纹理等属性，会根据相关像素计算，从而实现修复。

(1) 污点修复画笔：可迅速修复照片中的污点以及其他不够完美的地方，如人脸雀斑处理。用户只需调整笔尖大小涂抹即可，修复计算工作都交给程序处理。

(2) 修复画笔：用于校正图像瑕疵使它们消失在周围的像素中。适合大面积相似颜色的修补，与仿制图章类似，开始也要单击 Alt 键定义仿制源，但涂抹时，有 Photoshop 自身的计算算法在里面，所以不是原样复制。

边界处的修补如果计算不合适，融合的效果可能也不是特别完美，如果是一些边界清楚的图像的仿制，往往还是用仿制图章合适。

(3) 修补：先要选择某个区域，然后注意选项栏中选择"源"还是"目标"，一般常用的是"目标"，这样等拖动选区到目标位置时，会利用源位置处的像素颜色信息计算修复目标区域中的图像像素。

3. 修饰工具

(1) "模糊"工具组。"模糊"工具的作用是降低图像相邻像素之间的反差，使边缘的区域变柔和，从而产生模糊的效果，常用于柔化模糊局部图像。"锐化"工具与"模糊"工具相反，它是一种图像色彩锐化工具，通过增大像素间的反差，达到清晰边线或图像的效果。"涂抹"工具是模拟手指涂抹绘制的效果。可以在图像上以涂抹的方式融合附近的像素，创造柔和或模糊的效果。

(2)"减淡"工具组。"减淡"工具通过提高图像的曝光度来提高图像的亮度，使用时在图像需要亮化的区域反复拖动即可亮化图像。"加深"工具用于降低图像的曝光度，通常用来加深图像的阴影或暗化图像中有高光的部分。"海绵"工具可以调整图像的色彩饱和度，它对黑白图像处理的效果不明显，在灰度模式图像中，可以增加或降低图像文件的对比度。减淡工具常会伴随饱和度降低，可适当用海绵工具进行"加色"处理，提高饱和度。

4. 橡皮工具组

选用的橡皮不同，擦除的范围也不同。

- 橡皮擦：擦除图像或颜色，若背景是锁定的，则像素不会被完全擦除，而是擦除后会保留背景色，否则擦除全部像素，变成透明色。
- 背景橡皮擦：擦除图层上的背景颜色的像素，并以透明色代替被擦除区域（若背景色是锁定的会自动解锁）。
- 魔术橡皮擦：擦除图层中具有相似颜色的区域，并以透明色代替被擦除区域（若背景色是锁定的会自动解锁），类似魔棒选择后橡皮擦除。

3.4.5 图像颜色调整

色彩是表达完美图像画面效果的主要因素，色彩处理在数字图像处理中尤为重要。Photoshop 提供了强大的图像色彩调整功能，下面从颜色模式的讨论入手，以"图像"菜单为主线，介绍各种图像色彩调整操作。

1. 自动调整

"图像"菜单提供了自动色调、自动对比度、自动颜色、自动色阶等自动处理，这些自动调整都是基于设计的相关算法，但是往往比较少有和用户的参数交互，用户无法控制调整细节参数，所以主要是在对效果要求不严格的场合快速实现效果。

2. 调整对比度

(1) 自动对比度。选择"图像"→"调整"→"亮度/对比度"命令，可以自动调整图像画面亮部和暗部的对比度。它将图像中最暗的像素转换为黑色，将最亮的像素转换为白色，按比例重新分配中间像素，使高光区域显得更亮，阴影区域显得更暗，从而增大图像的对比度。

图 3.66　调整亮度/对比度

(2) 自定义调整亮度/对比度。如图 3.66 所示，通过拖动滑块手动调整。调整亮度调节可使整体变暗或变亮；对比度调节则使亮的变更亮、暗的变更暗，或者亮的变暗、暗的变亮。勾选使用旧版的话会使高光、中间调、阴影区都被调整，不如现在版本主要控制的是中间调，效果更好。

3. 调整色阶

色阶是调整图像明暗的利器。把图像的颜色值用色阶来表示和控制，色阶范围越宽，从明到暗变化的色阶就越多。通过色阶调整图像的明暗，比直接调整亮度、对比度能更好地控制图像的层次感。

选择"图像"→"调整"→"色阶"命令即可查看图像直方图，也就是图像色阶。若调整的是图像中的单个颜色通道则不仅调整明暗，还调整颜色效果。通过暗调、中间调和高光 3 个参数变量对图像明暗程度进行调整，参数控制可通过移动滑块实现，也可输入数值。

调整"输入色阶"的中间滑块可改变中间调的位置。往左拖动将会使暗部接近中间调，图像整体变明亮；往右拖动将使亮部接近中间调，则图像整体变暗。

原图中黑色滑块到最左端的像素都被映射到输出的黑色滑块对应的黑色上，而白色滑块到最右侧的色阶值的像素都被映射到输出的白色滑块对应的白色上，中间色调被映射后，大部分像素是色阶值比较高的区域，所以图像整体看起来亮不少。

4. 曲线

"色阶"命令只调整亮部、暗部和中间灰度。"曲线"命令则可以调整灰阶曲线中的任意一点，在曲线上单击增加控制点，拖拽可删除控制点，最多可自行加 14 个点，把整个图划成 14 类进行调整。可以调整全部或者单个通道的亮度和对比度，从而调整图像的颜色。横轴方向是原图从黑到白的亮度变化；纵轴方向是调整后的输出结果；没调整前，输入和输出是相等的。上下挪动曲线，该点对应的部分像素相应的变亮或变暗。一般曲线的变化都比较轻微，使调整过渡自然。

注意：是曲线形态决定调整效果，而不是曲线上的点。一般曲线向上是调亮，向下是调暗。

5. 调整饱和度、色相

"图像"→"调整"→"自然饱和度"→"饱和度"选项，可以增加整个画面的饱和度，但如果调节到较高数值，图像会产生色彩过饱和，造成图像失真。而"自然饱和度"只修改饱和度过低的像素，在增加饱和度时，本身饱和度就高的像素不会爆掉而出现色块。自然饱和度适合于调整初学者，比较安全。

要想灵活改变色彩的关系，还是用"图像"→"调整"→"色相/饱和度"或"色彩平衡"。

"色相/饱和度"默认是针对全图调整，尤其是"明度"滑块，高光、阴影、中间调一起加深或变亮，得到的效果并不很好，如图 3.67 所示。

图 3.67　色相/饱和度调整

6. 色彩平衡

如果想调整图像色彩，要有比较扎实的色彩认识，熟练掌握色环。色彩平衡里既强调颜色的色相，也强调阴影、中间调、高光的色调，色调选择不同，调整色彩影响的范围也不同，调整中间调是影响图像颜色效果范围最大的。

色彩平衡不仅是调整颜色的工具，也可以是颜色认识的学习器。从图 3.68 的色环图中可以看到红、绿、蓝三色的互补色是青、洋红、黄。如果我们需要一个颜色是黄色，可以有两种办法：一种是增加红色和绿色，另一种是减少蓝色。

7. 去掉颜色

由于一些应用需求，很多时候需要去除图像的颜色，通过调整颜色模式，或者选择"图像"→"调整"菜单里的黑白、去色、阈值都可把图像变成黑白灰的世界。

（1）阈值。阈值是一种非黑即白的转换，也是最容易理解的一种转换。指定某个色阶作为分界线，所有比阈值亮的像素转换为白色，所有比阈值暗的像素转换为黑色。图 3.69 中展示了原图、灰度图、阈值转换后的图的对比效果，注意阈值转换后的图没有灰色。

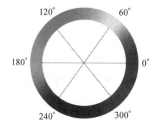

图 3.68　色相环

（2）去色。去色只对所选图层的图像起作用，自动计算消除彩色图像中的色相、饱和度等颜色数据信息，使其成为具有原图像颜色模式的灰度图像（注意不是灰度模式，灰度模式下是不能再做色彩操作的）。但是得到的图像整体效果比较平淡，对比度不强。

图 3.69　阈值转换图对比

（3）黑白。如果需要把一个彩色照片转换为黑白照片，建议用"黑白"变换。该变换可以提供用户更多的控制参数，能够更灵活地实现各种颜色信息到黑白灰的转换。

3.4.6　文字

文字是各类设计作品中必不可少的元素，它可以作为点题、说明、装饰等作用出现在设计作品里，起到不可替代的作用。

1. 文字的输入

要输入文字，需要用到"文字工具"。右击工具箱中的 T 图标，将出现如下选项：

T 橫排文字工具：在图像文件中创建水平文字，同时在图层中创建文字图层。

IT 直排文字工具：在图像文件中创建垂直文字，同时在图层中创建文字图层。

T 橫排文字蒙版工具：在图像文件中创建水平文字的选区，同时在图层中创建文字图层。

IT 直排文字蒙版工具：在图像文件中创建垂直文字的选区，同时在图层中创建文字图层。

工具栏如图 3.70 所示。这些属性可以依次对文字的字体、大小、文字锯齿的消除、对齐方式、颜色、文字变形以及字符和段落进行设置调整。

图 3.70　文字工具栏

利用文字工具可以创建两种类型的文字：点文字和段落文字。点文字用于创建内容较少的文字，如标题、说明等；段落文字用于创建内容较多的文字，如文章的正文内容等。相较于点文字，段落文字可以自动换行。

2. 字符调板

在选中文字的条件下，单击工具栏中的"切换字符和段落"按钮 ▤；或者在当前文字图层中，单击文档右侧调板中的"字符"按钮 A 或者"段落"按钮 ¶，即可出现"字符 / 段落"调板。

（1）"字符"调板如图 3.71 所示。

（2）"段落"调板如图 3.72 所示。

3. 创建变形文字与路径文字

（1）创建变形文字。Photoshop CC 在文字工具栏中提供了一个"文字变形"工具 ，通过它可以将选择的文字变成多种变形样式，从而大大提高文字的艺术效果。

文字输入完成后，单击工具栏中的"创建文字变形"按钮 ，通过对话框可以将文字变成各种变形效果。

（2）栅格化文字。在文字图层中，有些命令和工具不能使用，例如滤镜效果就无法添加在文本上。为了能够将这些命令和工具应用于文字图层，就需要先将文字图层栅格化转换为普通图层，然后才能进行操作。

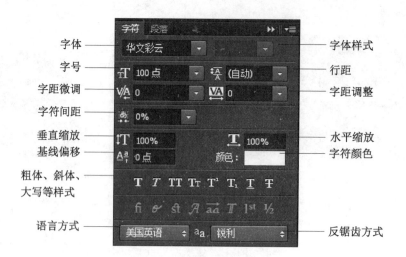

字体　　　　字体样式
字号　　　　行距
字距微调　　字距调整
字符间距
垂直缩放　　水平缩放
基线偏移　　字符颜色
粗体、斜体、
大写等样式
语言方式　　反锯齿方式

图 3.71 "字符"调板

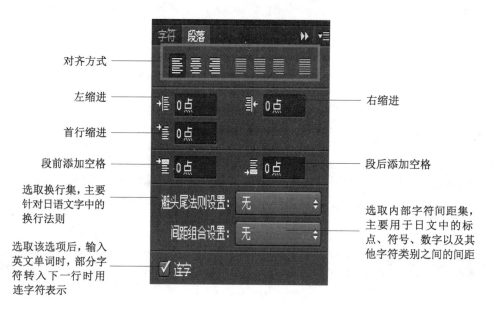

对齐方式
左缩进　　　右缩进
首行缩进
段前添加空格　　段后添加空格
选取换行集，主要
针对日语文字中的
换行法则
选取该选项后，输入
英文单词时，部分字
符转入下一行时用
连字符表示
选取内部字符间距集，
主要用于日文中的标
点、符号、数字以及其
他字符类别之间的间距

图 3.72 "段落"调板

(3) 路径文字。在平面图像处理过程中，用户可以通过路径来辅助文字的输入，通常可以使文字产生意想不到的效果。

4. 文字实例——图章制作

(1) 新建一个 800×600 像素的文件。

(2) 选择画圆工具，在新建文件中按住 Shift 键，拖动鼠标画一个圆。并为路径描边，描边格式为 5 像素，效果如图 3.73 所示。

(3) 在圆中再画一个同心圆，然后选择"横排文字工具"输入文字。选择输入点时，把鼠标放在同心圆的虚线处，鼠标会变化成输入文字状态，关键是鼠标下沿还会变出来一个斜的虚线出来，如图 3.74 所示。

(4) 设定文字格式，效果如图 3.75 所示。

(5) 利用多边形工具为图章添加五角星图案，如图 3.76 所示。

(6) 调整五角星的位置，最后效果如图 3.77 所示。

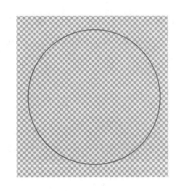

图 3.73 为路径描边

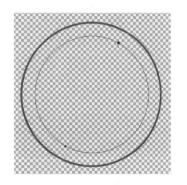

图 3.74 画同心圆

图 3.75 输入文字

图 3.76 添加五角星图案

图 3.77 最终效果

3.4.7 蒙版与通道

蒙版与通道是 Photoshop 中非常重要的功能。蒙版可以在不破坏原有图像的基础上实现图像的显示与隐藏，方便图像合成。通道中记录着图像的颜色信息，通道可用来表示选区、油墨的强度、颜色分布情况等。

3.4.7.1 蒙版

蒙版原本是摄影技术用语，用于控制图片不同区域的曝光程度。在 Photoshop 中蒙版也称为遮片，是将不同灰度色值转化为不同的透明度，并作用到蒙版所在图层，使图层不同部位的透明度产生相应的变化，使得图像一部分被隐藏或显示。在蒙版中黑色表示完全透明即完全隐藏，白色表示完全不透明即完全显示，灰色表示部分透明可以部分显示图层内容。蒙版最大的特点就是可以反复修改，但不会改变蒙版所在图层的图像内容。蒙版可以进行编辑、隐藏、链接、删除等操作。蒙版可以理解成是一种特殊的选区，但它与常规的选区又不同。常规选区创建后主要是对选区进行操作，而蒙版选区则相反，主要是保护选区不被操作。蒙版也可以从通道的角度去理解，白色代表被选中的区域，含灰色则是部分选取。在 Photoshop 中蒙版主要用来抠图、制作图像边缘淡化效果、图像合成等。

蒙版类型主要有 4 种：图层蒙版、剪贴蒙版、矢量蒙版和快速蒙版。

1. 图层蒙版

图层蒙版是一个 256 级灰度图像，通过蒙版中的灰度信息控制图像的显示区域，主要用于图像合成。在创建填充图层、调整图层和应用智能滤镜时会自动添加图层蒙版。也就是说，蒙版还可以控制颜色调整和滤镜范围。

(1) 添加图层蒙版。单击"图层"面板下方的"添加蒙版"按钮 ，或选择"图层"→"图层蒙版"→"显示全部"命令，可创建图层蒙版。按 Alt 键的同时单击"添加蒙版"按钮，或选择"图层"→"图层蒙版"→"隐藏全部"命令，可创建遮盖图层全部的蒙版。如果有创建的选区，则创建蒙版后，选区在"图层蒙版缩略图"中用白色表示，黑色表示未选中部分，添加蒙版后的图层如图 3.78 所示。

(2) 停用图层蒙版。右击"图层蒙版缩览图"，选择"停用图层蒙版"命令，此时在"图层蒙版缩览图"上会显示一个红色的"×"号。或按 Shift 键单击"图层蒙版缩览图"也可停用图层蒙版。此外，按 Alt 键单击图层蒙版可查看灰度蒙版。

（3）图层蒙版的链接。在图层与图层蒙版缩览图之间有一个链接图标 🔗，当图层图像与图层蒙版链接时，移动图像时蒙版也会同步移动。单击链接图标，链接图标消失，图像与图层蒙版可以进行独立操作。

（4）应用及删除图层蒙版。选择"图层"→"图层蒙版"→"删除"命令，或从图 3.79 所示的下拉菜单中执行"删除图层蒙版"命令，可以将图层蒙版删除。

图 3.78　添加蒙版图层　　　　图 3.79　删除蒙版图层

2. 剪贴蒙版

剪贴蒙版可以用一个包含像素的区域来控制上层图像中显示的范围，也就是说，上层图像所显示的内容取决于下层图像所包含的像素区域。剪贴蒙版可以控制多个图层。

3. 矢量蒙版

创建矢量蒙版首先要在图像窗口中绘制路径，然后选择"图层"→"矢量蒙版"→"当前路径"命令，即可为当前图层添加矢量蒙版。当路径形状发生改变时，蒙版也会同步改变。

4. 快速蒙版

快速蒙版又称临时蒙版，使用快速蒙版可将蒙版作为选区进行编辑，常用于创建比较复杂的图像和特殊图像的选区。单击工具箱下方的"以快速蒙版模式编辑"按钮 ⬚，可进入快速蒙版编辑状态，此时在"图层"面板中当前图层显示为半透明红色，工具箱中的"以快速蒙版模式编辑"按钮 ⬚ 会变为"以标准模式编辑"按钮 ⬤。如果使用画笔工具在图像中绘制，无论前景色是什么颜色，绘制区域都会显示为半透明红色，该区域就是设置的保护区域，还可以使用多种工具和滤镜修改蒙版。蒙版编辑完成后，单击"以标准模式编辑"按钮，可退出快速蒙版模式，图像窗口中将显示绘制区域以外的选区。

5. 蒙版应用举例——调整书法作品

操作步骤如下：

(1) 打开如图 3.80 所示的背景文件和如图 3.81 所示的书法作品文件，将书法作品素材复制粘贴到打开的背景文件中，并对书法作品做等比例绽放（图层1），效果如图 3.82 所示。

图 3.80　背景文件　　　　图 3.81　书法作品素材　　　　图 3.82　等比例绽放

(2) 选择"选择"→"色彩范围"命令，选择书法作品中文字以外的图像区域，选区如图 3.83 所示，按 Del 键删除选中的部分，并使用"橡皮擦工具"擦除多余的部分（边框和多余的影响图像美观的黑点），效果如图 3.84 所示。

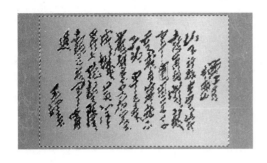

图 3.83　选择图像区域

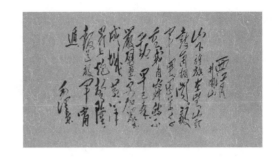

图 3.84　擦除多余部分

（3）新建图层 2，并将图层 2 填充为黑色。选择"图层"→"创建剪贴蒙版"命令，"图层"面板如图 3.85 所示。最终效果如图 3.86 所示。

图 3.85　创建剪贴蒙版

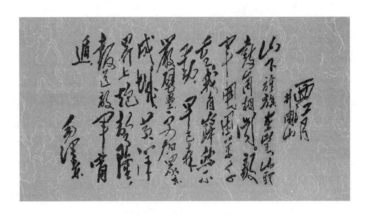

图 3.86　最终效果

3.4.7.2　通道

通道是存储颜色信息的独立平面，颜色信息在通道中通过黑白灰不同的灰度来表示，不同的图像颜色模式通道的数量和类型也不同。通道功能一般可通过"通道"面板来实现。

1. "通道"面板

"通道"面板可以创建、保存、分离、调整等通道编辑操作。打开或创建图像时会自动创建颜色信息通道，如图 3.87 所示，单击▤按钮可弹出面板菜单，如图 3.88 所示。

图 3.87　"通道"面板　　　图 3.88　"通道"面板菜单

"通道"面板的 4 个工具按钮介绍如下：

- 将通道作为选区载入 ：将通道中非黑色部分转化为选区。
- 将选区存储为通道 ：将通道中创建的选区变为通道，即创建一个新的 Alpha 通道用来存储选区。
- 创建新通道 ：创建新的 Alpha 通道，默认为黑色。
- 删除当前通道 ：删除当前选中的通道。

利用"通道"面板可以进行创建、复制、删除、显示或隐藏通道等操作。

2. 通道的分类

(1) 颜色信息通道。颜色信息通道是在打开新图像或新建图像时自动创建的通道。图像的颜色模式决定了所创建的颜色通道的数目。例如 RGB 模式下图像包含红、绿、蓝和 RGB 复合通道；CMYK 模式下包含青色、洋红、黄色、黑色和 CMYK 复合通道。

(2) Alpha 通道。将选区存储为灰度图像时，可以添加 Alpha 通道来创建和存储蒙版，这些蒙版可用于处理或保护图像的某些部分。

(3) 专色通道。专色通道指定用于专色油墨印刷的附加印版。一个图像最多可有 56 个通道。所有的新通道都具有与原图像相同的尺寸和像素数目。通道所需的文件大小由通道中的像素信息决定。某些文件格式（包括 .tiff 和 .psd 格式）可以压缩通道信息并且可以节约空间。

3. 通道运算

通道运算主要包含两种：应用图像和计算。应用图像可以计算处理通道内的图像，使图像混合产生特殊效果；计算同样可以计算处理通道内的内容，但主要应用于合成单个通道的内容。

(1) 应用图像。选择"图像"→"应用图像"命令，弹出"应用图像"对话框，如图 3.89 所示。

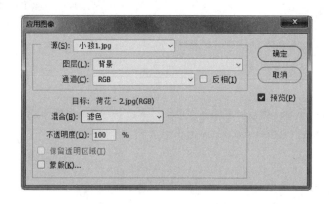

图 3.89 "应用图像"对话框

- 源：选择源文件。
- 图层：选择源文件中的图层。
- 通道：选择源通道。
- 反相：在应用图像前先反转图像。
- 目标：显示目标文件的文件名和颜色模式。
- 混合：选择混合模式（两个通道对应像素计算方法），计算方法与图层混合模式效果类似。
- 不透明度：设置图像的不透明度。
- 蒙版：使用蒙版限制区域。

如果是应用两个不同的图像，两个图像的大小要求相同。

(2) 计算。选择"图像"→"计算"命令，弹出"计算"对话框，如图 3.90 所示。

图 3.90　"计算"对话框

- 源 1：选择源文件 1。
- 图层：选择源文件 1 中的图层。
- 通道：选择源文件 1 中的通道。
- 反相：计算前反转源文件 1 中选择的通道。
- 源 2：选择源文件 2。
- 混合：选择混合模式。
- 不透明度：设置计算后图像的不透明度。
- 结果：指定处理结果的方式，可以选择新建文档、新建通道或选区。

4. 通道应用举例——照片磨皮

照片磨皮是照片图像处理常见的操作。原始素材和效果图分别如图 3.91 和图 3.92 所示。

图 3.91　磨皮素材原图　　　　　图 3.92　磨皮效果图

具体操作步骤如下：

(1) 打开磨皮素材。

(2) 在"通道"面板中观察红、绿、蓝 3 个通道，看看哪一个图像噪点较为明显，这里选择"蓝"通道。蓝通道灰度图如图 3.93 所示。

(3) 将"蓝"通道复制一副本，如图 3.94 所示的"蓝拷贝"。

(4) 选择"滤镜"→"其他"→"高反差保留"命令，强化噪点。参数设置及预览效果如图 3.95 所示。

(5) 选择"图像"→"计算"命令，混合模式选择"强光"，进一步强化噪点。"计算"参数如图 3.95 所示，执行"计算"后，效果如图 3.96 所示。计算后在"通道"面板中会创建 Alpha1 通道。

（6）再选择"图像"→"计算"命令，参数与图 3.95 相同，进一步增强效果，如图 3.97 所示。计算后在"通道"面板中会创建 Alpha2 通道。

图 3.93　蓝通道灰度图

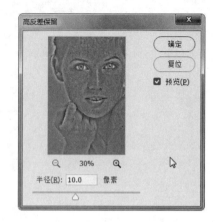

图 3.94　复制蓝通道

图 3.95　"计算"参数

图 3.96　计算后的效果

图 3.97　增强效果

（7）在"通道"面板中选中 Alpha2，单击 将通道作为选区载入按钮，得到选区如图 3.98 所示。
选择 RGB 复合通道，返回"图层"面板，如图 3.99 所示。

图 3.98　创建选区

图 3.99　选择 RGB 复合通道

（8）选择"图像"→"曲线"命令，对选区内的内容进行美白。参数设置如图 3.100 所示。

（9）选择"选择"→"取消选择"命令，取消选区，效果如图 3.101 所示。

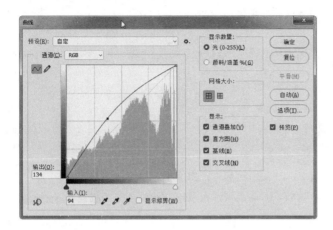

图 3.100　"曲线"参数设置　　　　　　　　图 3.101　取消选区效果

（10）图像还可以进一步调整，比如调整"亮度/对比度"，使用"高斯模糊"滤镜等。

3.4.8　滤镜效果

滤镜主要是用来实现图像的各种特殊效果。Photoshop 滤镜按类型放置在"滤镜"菜单中，需要时直接执行即可。在使用滤镜时可能因图像模式或通道问题，造成某些滤镜不可用。常用滤镜介绍如下。

1. 滤镜库

滤镜库整合了"风格化""画笔描边""素描"等多个滤镜组的对话框，打开素材图像，选择"滤镜"→"滤镜库"命令，可打开"滤镜库"对话框，左侧是预览窗口和缩放参数，中间是滤镜组（可选择滤镜组中的相应滤镜），右侧是参数设置区和效果图层。滤镜组中的各个滤镜介绍如下：

（1）"风格化"滤镜组。"风格化"滤镜组只包含 1 个滤镜"照亮边缘"，其主要功能是搜索主要颜色的变化区域并进行强化产生轮廓发光效果。

（2）"画笔描边"滤镜组。"画笔描边"滤镜组包含 8 个滤镜。此滤镜组对 CMYK 和 Lab 模式的图像不起作用。其功能是产生不同的画笔描边效果。

（3）"扭曲"滤镜组。"扭曲"滤镜组包含 3 个滤镜，其功能是产生从波纹到扭曲的变形效果。

（4）"素描"滤镜组。"素描"滤镜组包含 14 个滤镜，此滤镜只对 RGB 模式和灰度模式的图像起作用，其功能是产生不同的素描绘画效果。

（5）"纹理"滤镜组。"纹理"滤镜组包含 6 个滤镜，其功能是产生不同的纹理变形效果。

（6）"艺术效果"滤镜组。"艺术效果"滤镜组包含 15 个滤镜，此滤镜对 RGB 和多通道模式的图像起作用，其功能是产生不同的艺术效果。

2. 液化

液化滤镜命令可以制作出各种类似液化的图像变形效果。

3. 风格化

"风格化"滤镜可用来置换图像像素、查找并增加图像对比度，产生绘画和印象派风格效果。

（1）查找边缘：能自动搜索图像中对比度变化明显的边界，将高反差区变亮，低反差变暗，其他区域介于两者之间，硬边变为线条，柔边加粗，形成清晰的轮廓。

（2）等高线：查找亮度区域的过度，使其产生勾画边界的线稿效果。

（3）风：可以使图像产生细小的水平线，模拟风的效果。可设置"风""大风""飓风"3 种方式。风源方向，可选择"从左"或"从右"。

（4）浮雕效果：通过勾画图像或选区的轮廓和降低周围色值产生凹凸浮雕的效果。

- 扩散：用于对图像进行扩散处理。
- 正常：图像的所有区域都进行扩散处理，与图像的颜色值没有关系。
- 变暗优先：用较暗的像素替换亮的像素，暗部像素扩散。
- 变亮优先：用较亮的像素替换暗的像素，只有亮部像素产生扩散。
- 各向异性：在颜色变化最小的方向上搅乱像素。
- 拼贴：根据指定的值将图像分为块状，并偏离原有位置，产生不规则瓷砖拼贴成的图像效果。

（5）曝光过度：混合正片和负片图像，模拟摄影时增加光线强度而产生的过度曝光效果。

（6）凸出：该滤镜可以将图像分成一系列大小相同且有序叠放的立方体或椎体，产生特殊的 3D 效果。

4. 模糊

模糊滤镜组中的滤镜通过削弱相邻像素的对比度并柔化图像，使图像产生模糊效果。

（1）表面模糊：该滤镜能够在保留边缘的同时模糊图像，可用来创建特殊效果并消除杂色或颗粒。

（2）动感模糊：该滤镜可以根据制作效果的需要沿指定方向（－360°～360°）、以指定强度（1～999）模糊图像，产生的效果类似于以固定的曝光时间给一个移动的对象拍照；在表现对象的速度感时会经常用到该滤镜。

（3）方框模糊：该滤镜可以基于相邻像素的平均颜色值来模糊图像，生成类似于方块状的特殊模糊效果。

（4）高斯模糊：该滤镜可以添加低频细节，使图像产生一种朦胧效果。

（5）进一步模糊：该滤镜是对图像轻微模糊的滤镜，可以在图像中有显著颜色变化的地方消除杂色，"进一步模糊"滤镜产生的效果比"模糊"滤镜增强 3～4 倍。

（6）径向模糊：该滤镜可以模拟缩放或旋转的相机所产生的效果。

（7）镜头模糊：滤镜可以模拟亮光在照相机镜头产生的折射效果，从而制作出镜头景深的模糊效果。

（8）模糊：滤镜利用相邻像素的平均值来代替相似的图像区域，从而达到柔化图像边缘的效果；对图像进行轻微模糊，在图像中有显著颜色变化的地方消除杂色；对于边缘过于清晰，对比度过于强烈的区域进行光滑处理，生成极轻微的模糊效果。

（9）平均：滤镜可以将图层或选区中的颜色平均分布，从而产生一种新颜色，然后用该颜色填充图像或选区以创建平滑的外观。

（10）特殊模糊：滤镜可以对图像进行精细的模糊处理。特殊模糊滤镜只对有微弱颜色变化的区域进行模糊，从而产生一种边缘清晰的模糊效果，特殊模糊滤镜可以将图像中的褶皱模糊掉，也可以将重叠的边缘模糊掉，利用不同的选项，还可以将彩色图像变成边界为白色的黑白图像。

（11）形状模糊：该滤镜可以根据预置的形状或自定义的形状对图像进行特殊的模糊处理。

5. 扭曲

扭曲滤镜组中的滤镜主要是对图像进行几何扭曲、创建 3D 或其他整形效果。

（1）波浪：该滤镜通过设置不同波长和波幅产生不同的波纹效果。"生成器数"设置波纹生成的数量，值越大，波纹的数量越多，取值范围为 1～999；"波长"设置相邻两个波峰之间的距离；"波幅"设置波浪的高度；"比例"设置波纹在水平和垂直方向上的缩放比例；"类型"设置生成波纹的类型，包含正弦、三角形和方形 3 种；"随机化"可以在不改变参数的情况下，改变波浪的效果，可多次生成更多的波浪效果。

（2）波纹：通过控制波纹的数量和波纹大小实现不同的波纹效果。

（3）玻璃：该滤镜可以制作细小的纹理，使图像看起来就像是通过不同的玻璃观察的效果。

（4）海洋波纹：该滤镜可以将随机分隔的波纹添加到图像表面。

（5）扩散亮光：该滤镜可以在图像中添加白色杂色，并从图像中心向外渐隐亮光，使其产生一种光芒漫射的效果。

(6) 玻璃、海洋波纹、扩散亮光滤镜效果与滤镜库中的"扭曲"滤镜组功能相同。

极坐标：该滤镜可以将图像从平面坐标转换为极坐标或将图像从极坐标转换为平面坐标，以生成扭曲图像的效果。

(7) 挤压：该滤镜可以将整个图像或选区内的图像向内或向外挤压。

(8) 切变：该滤镜可以根据设定的曲线来扭曲图像。

(9) 球面化：该滤镜可以使图像产生凹陷或凸出的球面或柱面 3D 效果。

(10) 水波：该滤镜可以模拟水池中的波纹，产生类似于投石入水后的效果。

(11) 旋转扭曲：该滤镜以图像中心为旋转中心，对图像进行旋转扭曲。

(12) 置换：该滤镜可以根据其他图片的亮度值使现有图像的像素重新排列并产生位移，最终使两幅图像交错组合在一起，产生位移扭曲的效果。

6. 锐化

锐化滤镜组中的滤镜主要是通过增强相邻像素间的对比度使图像变得更加清晰。

(1) USM 锐化：该滤镜可以在图像的边缘生成一条亮线和一条暗线产生轮廓锐化效果；多用于校正摄影、扫描、重新取样或打印过程中产生的模糊效果。

(2) 防抖：该滤镜可将因抖动而导致模糊的照片修改成正常的清晰效果。

(3) 锐化：该滤镜通过增加像素间的对比度使图像变清晰，但效果不太明显。

(4) 进一步锐化：该滤镜相当于执行"锐化"滤镜效果的 2～3 次。

(5) 锐化边缘：该滤镜通过查找图像中颜色发生显著变化的区域，然后锐化图像的边缘，对图像的细节部分交易影响较小。

(6) 智能锐化：该滤镜提供了独特的锐化控制选项，可以设置锐化算法、控制阴影和高光区域的锐化量。

7. 像素化

像素化滤镜组主要用于将图像分块或将图像平面化。

(1) 彩块化：该滤镜将图像中的纯色或颜色相近的像素集结起来形成彩色色块，生成彩块化效果。

(2) 彩色半调：该滤镜可以将图像变为网点状效果。

(3) 点状化：该滤镜将图像中的颜色分散为随机分布的网点，产生点状绘画效果。网点之间的画布区域用背景色填充。

(4) 晶格化：该滤镜将图像中相近的像素集中到多边形色块中产生结晶颗粒效果。

(5) 马赛克：该滤镜将像素结为方形块，应用块中像素的平均颜色创建出马赛克效果。

(6) 碎片：该滤镜将图像的像素复制 4 次，再平均并相互偏移，产生类似相机没有对焦所拍摄出的模糊效果照片。

(7) 铜版雕刻：该滤镜将在图像中随机生成不规则的直线、曲线和斑点，产生金属板效果。

8. 渲染

渲染滤镜组中的滤镜通过在图像中创建灯光效果、3D 形状、云彩图案、折射图案和模糊的光反射产生特殊效果，是常用的特效滤镜。

(1) 云彩：该滤镜产生混合前景色和背景色类似于云彩的效果。

(2) 分成云彩：该滤镜产生前景色和背景色的混合云彩图像，生成的云彩图像会与原图像进行差值混合。多次应用"分层云彩"滤镜会创建出与大理石纹理相似的凸缘与叶脉图案。

(3) 纤维：该滤镜产生混合前景色和背景色的纤维效果。

(4) 镜头光晕：该滤镜可以模拟亮光照射到相机镜头所产生的折射效果。

(5) 光照效果：该滤镜可以使用不同的光照样式和光源产生不同的光照效果。如果对云彩类似的纹理通道执行光照效果可以产生 3D 立体效果图像。

9. 杂色

杂色滤镜组通过添加或去除杂色或带有随机分布色阶的像素产生与众不同的纹理效果。

(1) 添加杂色：该滤镜产生随机的像素应用于图像，模拟在高速胶片上拍摄的效果，有时可以在一张空白图像上随机生成杂点，便于制作各种纹理。

(2) 减少杂色：如果拍照时曝光不足或快门速度较慢，在黑暗区域中可能会导致出现杂色，应用此滤镜可以去除。

(3) 蒙尘与划痕：该滤镜可以去除像素邻近区域差别较大的像素，以减少杂色，从而修复图像的细小缺陷。

(4) 去斑：该滤镜通过检测图像边缘发生显著颜色变化的区域并模糊达到消除图像中的斑点的目的。

(5) 中间值：该滤镜通过查找搜索半径范围内亮度相近的像素，去掉与相邻像素差异较大的像素，并用搜索到的像素的中间亮度值替换。

10. 滤镜应用举例——照片变素描效果

操作步骤如下：

(1) 打开如图 3.102 所示的素材。

(2) 选择"图像"→"调整"→"去色"命令，效果如图 3.103 所示。

(3) 复制背景层。

(4) 选择"背景拷贝"图层，选择"图像"→"调整"→"反相"命令，效果如图 3.104 所示。

(5) 设置图层混合模式为"颜色减淡"，"图层"面板如图 3.105 所示。这时窗口中的图像看起来变为空白。

(6) 选择"滤镜"→"模糊"→"高斯模糊"命令，调整半径的值达到你认为最佳的素描效果。设置高斯模糊半径为 3 像素，效果如图 3.106 所示。

图 3.102　照片素材　　　　图 3.103　去色效果　　　　图 3.104　反相效果

图 3.105　"图层"面板　　　　图 3.106　高斯模糊效果

11. 滤镜应用举例——制作下雪的效果

(1) 打开如图 3.107 所示的雪景图片。

(2) 选择"窗口"→"动作"命令，打开"动作"面板。

(3) 在"动作"面板下方单击"创建新动作"按钮，在弹出的"新建动作"对话框中设定名称为"下雪"，单击"记录"按钮开始录制操作。

(4) 新建一图层，默认图层名称为"图层 1"。

(5) 设置前景色为黑色，选中"图层 1"并填充黑色。

(6) 选择"滤镜"→"像素化"→"铜版雕刻"命令，设置类型为"中等点"，确定后效果如图 3.108 所示。

(7) 选择"滤镜"→"模糊"→"高斯模糊"命令，设置半径设为 2 像素，确定后效果如图 3.109 所示。

图 3.107　雪景照片　　　　　图 3.108　铜版雕刻效果　　　　　图 3.109　高斯模糊效果

(8) 选择"图像"→"调整"→"阈值"命令，设置阈值色阶为 45，确定后效果如图 3.110 所示。

(9) 选择"滤镜"→"模糊"→"动感模糊"命令，设置角度为 50%，距离设为 5，确定后效果如图 3.111 所示。说明：以上三步中的参数可根据实际情况设定。

(10) 将图层 1 的图层混合模式设置为"滤色"，效果如图 3.112 所示。

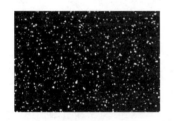　　

图 3.110　阈值效果　　　　　图 3.111　动感模糊效果　　　　图 3.112　使用"滤色"的效果

(11) 在"动作"面板中单击"停止播放 / 记录"按钮，停止录制操作，"动作"面板如图 3.113 所示。

(12) 在"动作"面板中，单击"播放"按钮 3 次 (即重复执行下雪动作 3 次)，效果如图 3.114 所示。"图层"面板中会自动新建 3 个新图层 (图层 2、图层 3、图层 4)，如图 3.115 所示。

图 3.113　"动作"面板　　　　图 3.114　播放下雪的效果　　　　图 3.115　"图层"面板

(13) 选择"窗口"→"时间轴"命令,在文档窗口的下方会显示"时间轴"面板。

选择"创建帧动画"并单击"创建帧动画"按钮,"时间轴"面板的变化如图3.116和图3.117所示。

图 3.116 "时间轴"面板(1)

图 3.117 "时间轴"面板(2)

(14) 下雪速度不能太快,单击第1帧下方0秒右边的按钮▽,将时间设置为0.2秒(时间自定义),选择循环选项为"永远"。

(15) 单击"复制当前帧"按钮,连续复制3帧。"时间轴"面板如图3.118所示。

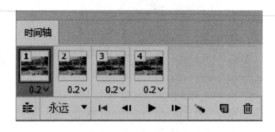

图 3.118 "时间轴"面板(3)

(16) 添加动作:单击第1帧,在"图层"面板中设置显示背景层和图层1;单击第2帧,在"图层"面板中设置显示背景层和图层2;单击第3帧,在"图层"面板中设置显示背景层和图层3;单击第4帧,在"图层"面板中设置显示背景层和图层4,其他图层隐藏。

(17) 单击"播放动画"按钮▶,观察下雪效果。

(18) 选择"文件"→"导出"命令,将文件存储为Web所用的格式,保存为GIF格式即可。

本章小结

本章介绍了图形与图像、色彩原理、数学图像处理基础知识;重点介绍了图像处理软件Photoshop的基本操作,并通过实例操作引导读者入门,掌握Photoshop的重点内容和主要功能,学习处理日常图片的基本方法。

复习思考题

1. 简述矢量图与位图的区别。

2. 色彩要素主要包含哪些方面?

3. 什么是图像分辨率?

4. 简述RGB、CMYK、灰度三种颜色模式。

5. Photoshop的图层有什么作用?如何添加图层效果?

6. 简述Photoshop中通道、蒙版与选区之间的关系。

第 4 章

音频处理技术

随着计算机的发展和计算机网络的普及，电子媒体技术得到了突飞猛进的发展，对于数字音频产品的制作不再是录音棚里专业人士的专利，大众可以通过简单的设备和多媒体编辑软件制作自己需要的数字音频产品。本章就带领大家了解数字音频并学会多媒体音频编辑软件 Audition 的使用。

4.1 数 字 音 频 基 础

4.1.1 声音简介

声音的产生是由于发音物体振动时引发弹性介质（空气）气压产生波动而产生疏密波，也就是声波。声波通过外耳道传到鼓膜上，使鼓膜产生振动，刺激听觉神经，人们就感觉到了声音的存在。

声音的基本参数主要有频率、波长、振幅、相位等（图 4.1）。一种或多种参数的变化使得人们体会到了不同的听觉感观，即音量的大小、音调的高低、音色的变化等。

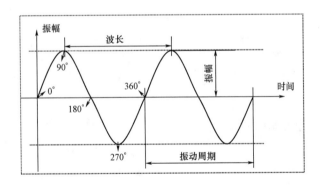

图 4.1 声音基本参数示意图

频率是指物体每秒钟振动的次数，单位是赫兹（Hz）。声音音调的高低与频率有关，频率越高声音音调越高，频率越低声音音调越低。人耳能够听到的声音频率范围为 20～20000 Hz，这个范围只是自然界声波频率范围内的一小部分。波长是指声波在一个振动周期内传播的距离。波长与频率成反比关系，频率越高波长越短；频率越低，波长越长。振幅是声波震动幅度的最大值，反映了声音的强弱。而相位是描述信号波形变化的度量，通常用相位角表示，以度为单位。人的双耳可以察觉到声波相位和强度的细微变化，并感觉到声源的方位，这就是双耳效应。

4.1.2 音频信号数字化

现代音频分为模拟音频和数字音频，对应的信号为模拟信号和数字信号。模拟音频的波形是连续的，是通过对声音

61

波形进行1∶1的传输和记载所形成的。模拟音频反映了真实的声音波形，但是受技术限制，存在动态范围小、信噪比低、设备昂贵以及编辑困难等缺点。数字音频的信号是离散的，是通过对连续变化的声音信号进行采样、量化和编码得到的。数字音频技术提高了声音记录过程中的动态范围、信噪比高，并且编辑简单、代价低，从而得到广泛应用。

音频信号数字化，就是将连续变化的模拟信号转换为离散的数字信号，一般需要经过3个步骤：采样、量化和编码。

1. 采样

采样是在时间上对连续模拟信号进行离散化处理，即从一个时间上连续变化的模拟信号中取出若干个有代表性的样本值（幅度），来代表这个连续变化的模拟信号。

在采样前需要先确定采样频率，即每秒内采样的次数。采样频率越高，数字音频的波形越接近于原始音频的波形。根据奈奎斯特采样定理：一个带宽受限的模拟信号可以用一个样值序列信号来表示而不会丢失任何信息，只要采样频率大于或等于被采样信号的最高频率的2倍，就可以通过理想低通滤波器，从样值序列信号中无失真地恢复原始模拟信号。因此，为了在录放时能高质量地还原波形原貌，需要使用超出人类听觉最高频率2倍的频率进行采样。目前常用的采样频率有48kHz、44.1kHz、32kHz、96kHz、192kHz等。

2. 量化

在完成采样后，每个样值的幅度仍然是一个连续的模拟量，还需要通过某种变换将其映射转化为有限个离散值。在量化过程中，按照量化精度将幅度划分为固定数量的区间，每个区间对应一个离散值，当样值落在某个区间内时，就将其转换为对应的离散值。离散值的个数取决于量化精度，它决定了数字音频的动态范围。较高的量化精度可以提供更多可能性的振幅值，从而产生更大的动态范围和更高的信噪比，提高保真度。量化精度可以采用8bit、16bit、32bit等。

3. 编码

采样量化后的信号还不是数字信号，需要将它转换为数字编码脉冲，这一过程就是编码。最简单的编码方式是二进制编码，就是用二进制码来表示量化样值，按照该二进制码形成脉冲串。但这种方法所产生的数据量是巨大的，给音频的存储和传输造成了困难，可以对数字音频信号进行压缩。

4.1.3 音频产品的声道制式

声道是指在音频技术中使用的声音的通道，在音频信号的传输、记录、编辑等过程中通常会使用多个声道。为了使音频信号在用户终端能够正确的重放，音频产品的信号的最终形态分为单声道、双声道和多声道3种标准制式。

1. 单声道

单声道只有一个声音通道，把来自不同方位的音频信号混合后统一由录音器材记录下来，用一个扬声器进行重放。人们听到的播放效果和自然声音的效果相比，是简单化了的，有一定的失真。

2. 双声道

双声道具有两个声音通道，模仿人耳在自然界听到声音时的生物学原理，每个声道拾取不同的音频信号，模拟左右耳的不同感知，再通过两个扬声器各自播放一个声道的信号，形成立体声效果。

3. 多声道

尽管双声道立体声的音质和声场效果远好于单声道，但它只能再现一个二维平面的空间感，还无法达到真正的立体声，无法让人有身临其境的感觉。多声道也称环绕立体声，它让声音把听者包围起来，除了保留原信号的声源方位感外，还伴随产生围绕感和扩展感，逼真地再现出声源的直达声和厅堂各方向的反射声，具有更强烈的沉浸感和临场感。

4.1.4 音响设备

为了对各种声音进行利用，人们通过拾音器件将声音转换为电信号，并在放大后记录在各种存储设备上，这种被记录下来的再现的声音称为音响。能够对音响进行播放或加工处理的设备称为音响设备，根据功能的不同可以分为如下三大类。

1. 声源设备

声源设备是用来产生声音信号的设备。常见的声源设备有传声器（话筒）、电唱机、卡座、录音机、激光唱机(CD)、小型视盘机（VCD）、数字视盘机（DVD）、mp4 播放器以及各种电子乐器等。

2. 音频处理与控制设备

音频处理与控制设备多种多样，可以针对不同的音频处理与控制需要进行选择。例如：压限器（压缩/限幅器）能够对音频信号的动态范围进行压缩或限制，减小信号的最大电平与最小电平之间的相对变化范围，从而达到减小失真和降低噪声等功能；噪声门可以限制低电平噪声信号进入电路，在扩声中可以用来切除噪声；均衡器是一种用来对频响曲线进行调整的音频处理设备，能对不同频率的声音信号进行不同的提升或衰减，改善声场的频率传输特性，改善音色，降低噪声，创造音响效果；延时器是一种人为地将音响系统中传输的音频信号延迟一定时间后再送入声场的设备；混响器可以对信号实施混响处理，模拟声场中的混响声效果；调音台是音频系统中的核心设备，可以连接各种声源设备、音频处理设备和输出设备等。

3. 扩音设备

扩音设备包括功率放大器、扬声器、耳机等。

音响设备种类繁多，使用复杂，对其进行操作需要有较强的专业知识，而音频处理软件 Audition 集成了多种音响设备的功能，能够进行音频录制、混缩、编辑、效果处理等操作，提供了直观和方便的操作环境，简化了操作过程，让音频制作更加的大众化。

4.2　Audition　简　介

4.2.1　Audition 的版本及功能介绍

Adobe Audition 是一个专业音频编辑和混合环境软件，是当今最流行的音频录制和处理软件之一。Adobe Audition 原名为 Cool Edit Pro.，是由美国 Syntrillium 公司于 1997 年 9 月 5 日正式发布的。在 2003 年 Adobe 公司收购了 Syntrillium 公司的全部产品，经过 Adobe 的重新制作后被重命名为 Adobe Audition，现在的最新版本为 Adobe Audition CC 2017。由于 Adobe Audition 具有强大的声音处理功能并且简单易学，因此深受大家的喜爱。

Audition CC 的图像可视化工作界面提供了完善的音频编辑功能，可以进行先进的音频混合、编辑、控制和效果处理操作。用户可以利用它灵活地控制音频的制作过程，清晰快速地完成音频的编辑工作，制作出音质饱满、细致入微的高品质音效。

4.2.2　Audition 界面介绍

Audition CC 的主界面如图 4.2 所示，主要由标题栏、菜单栏、工具栏、面板和编辑器组成。

1. 调整主界面颜色

图 4.2 所示的界面是 Audition CC 的默认主界面，该界面的颜色比较黑暗，用户可以根据自己的习惯对界面的颜色进行调整。方法是选择 "Edit" → "Preference" → "Appearance" 命令，如图 4.3 所示。在打开的对话框中可以在 Presets 下拉列表中选择已经搭配好的显示效果，也可以通过调整 "Edit Panel" 和 "General" 两个选项面板中的内容设置自己想要的效果。其中 "General" 界面可以调整主界面的整体颜色效果，"Edit Panel" 界面可以按照不同的对象来进行调整。按照图 4.4 的数据调整后的界面效果如图 4.5 所示。调整后的界面颜色为灰色，颜色更加明亮，文字更加清晰。

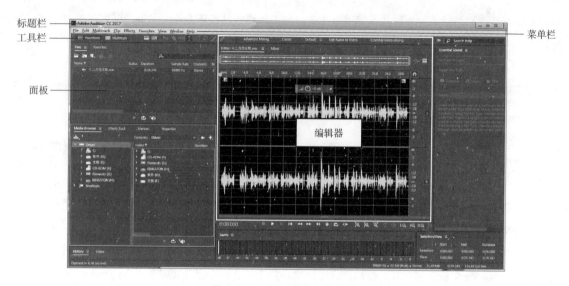

图 4.2　Audition CC 工作界面

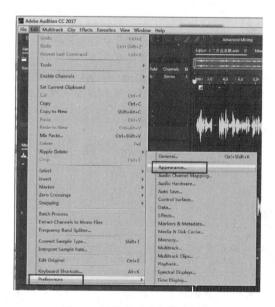

图 4.3　对主界面进行颜色调整

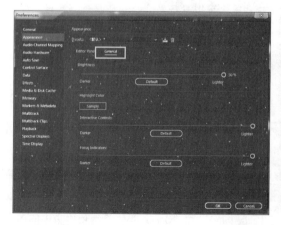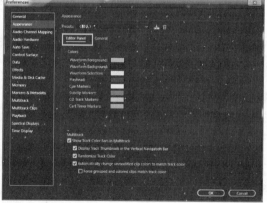

图 4.4　Appearance 界面

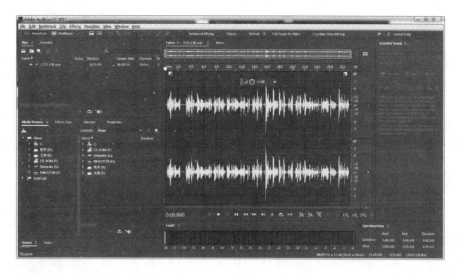

图 4.5　界面颜色调整后的效果

2. 面板

Audition CC 中提供了许多浮动操作面板，用户可以根据需要自行选择打开或者关闭哪些面板，并可以通过拖动面板标题栏的方法任意调整这些面板在界面中的位置。

Audition CC 在 Window 菜单中列出了所有的浮动面板，用户可以在这里选择要打开或者关闭的面板。如果某一面板已经打开，也可以通过单击面板名称旁的菜单按钮，打开面板菜单，选择"Close Panel"选项关闭即可，如图 4.6 所示。

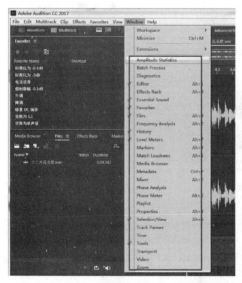
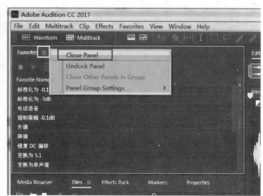

图 4.6　浮动面板的打开与关闭

3. 工作区

在 Audition CC 中用户需要在工作区中完成音乐的制作和编辑操作。

不同的操作用户需要用到的面板各不相同，Audition CC 根据用户的常规操作，提供了几种常用的工作区，主要区别在于界面中的面板组合和布局不同，这些工作区包括 Advanced Mixing、Classic、Default、Edit Audio to Video、Essential Video Mixing 等。图 4.7 和图 4.8 分别列出了 Advanced Mixing 和 Classic 两种工作区的布局。

用户可以在这些工作空间的布局上进行修改，可以打开或关闭某些面板，可以调整面板的位置或者大小，对于调整后的工作区可以进行重置、保存和另存为 3 种操作。在工作空间的菜单选项中选择 Reset to Saved Layout 进行重置，选择"Save Changes to this Workspace"进行保存，选择"Save as new Workspace"进行另存为，如图 4.9 所示。

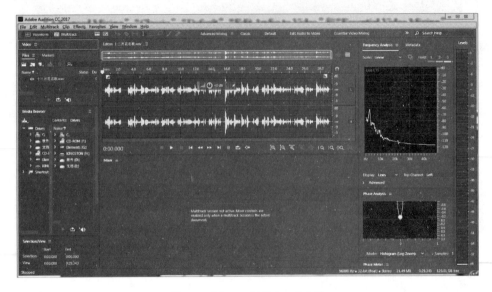

图 4.7　Advanced Mixing 工作区

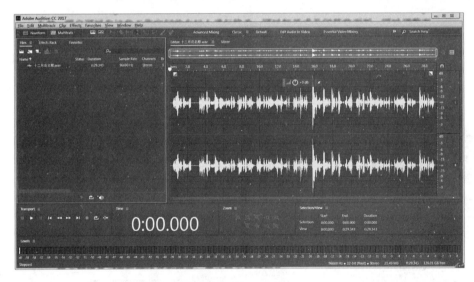

图 4.8　Classic 工作区

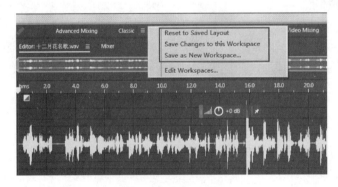

图 4.9　工作区的菜单选项

4. 编 辑 器

在 Audition CC 中，打开或导入的音频文件的波形会呈现在编辑器中，用户可以在编辑器中对音频文件进行编辑，单轨模式和多轨模式的编辑器有着明显的不同，图 4.10 显示的是单轨模式的编辑器，图 4.11 显示的是多轨模式的编辑器。

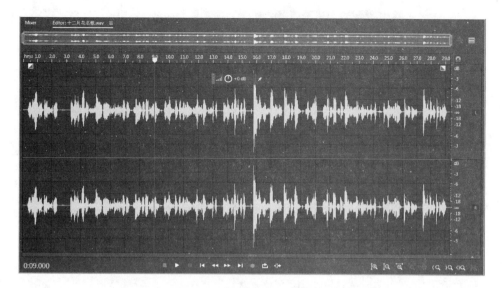

图 4.10　单轨模式的编辑器

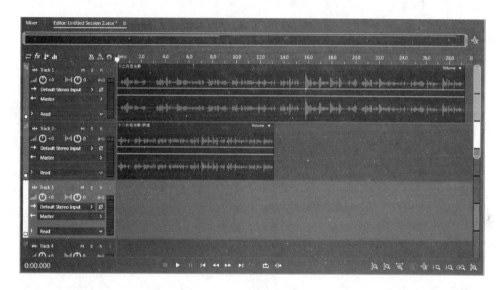

图 4.11　多轨模式的编辑器

在 Audition CC 的工具栏中，选择"Waveform"按钮，即可查看波形状态下的编辑器，即单轨编辑器，选择"Multitrack"按钮，即可查看多轨状态下的编辑器，如图 4.12 所示。

在编辑器中，可以通过播放控制面板控制音频的播放进度，具体功能按钮如图 4.13 所示。

为了方便观察音频波形并进行精确操作，可以对音频的振幅和时间进行放大和缩小，具体功能按钮如图 4.14 所示。

图 4.12　编辑器模式切换按钮

图 4.13　播 放 控 制 面 板

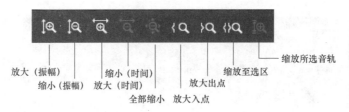

放大（振幅）　　　　缩小（时间）　　　　　　　　缩放至选区
　　缩小（振幅）　放大（时间）　　放大出点　　缩放所选音轨
　　　　　　　全部缩小　放大入点

图 4.14　缩放面板

放大入点是对时间进行放大，选中波形的左边界始终在视野内；而放大出点，则保证选中波形的右边界始终在视野内。缩放选中的音轨只适用于多音轨模式。

4.2.3　Audition 常用基本操作

1. 新建音频文件

(1) 多轨会话文件。在 Audition CC 中，多轨模式用于对多轨会话文件进行编辑和处理。多轨会话是指在多条音频轨道上，对不同的音频文件进行混合编辑操作。要创建多轨会话文件，可以选择"File"→"New"→"Multitrack Session"命令，在弹出的对话框中输入文件名，选择保存路径和参数即可，如图 4.15 所示。

图 4.15　新建多轨会话文件

在创建多轨会话文件后，在界面中就打开了多轨会话的编辑器，如图 4.16 所示。

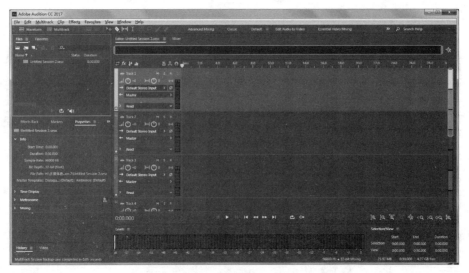

图 4.16　多轨模式主界面

要将已经保存的音频文件添加到音轨中，可以直接从"Media Browser"面板中选中要添加的音频文件，拖动到想要添加的音轨中即可，如图 4.17 所示。

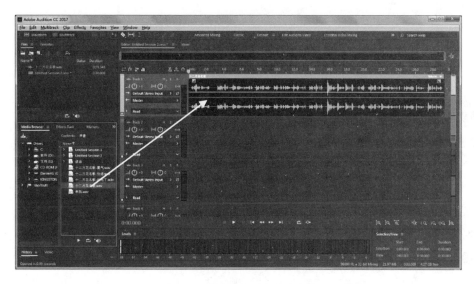

图 4.17　向音轨中添加音频文件

（2）单轨音频文件。在 Audition CC 中，单轨模式用于对单轨音频文件进行编辑和处理。要创建单轨音频文件，可以选择"File"→"New"→"Audio File"命令，在弹出的对话框中输入文件名，选择保存路径和参数即可，如图 4.18 所示。

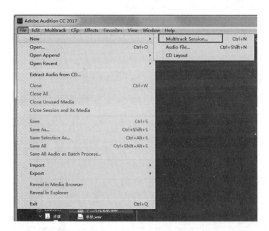

图 4.18　新建单轨音频文件

创建单轨音频文件后，在界面中就打开了单轨音频的编辑器，如图 4.19 所示。

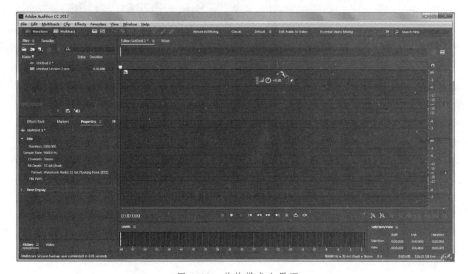

图 4.19　单轨模式主界面

2. 打开音频文件

（1）直接打开。用户可以选择"File"→"Open"命令，在打开的"Open File"对话框中选择要打开的声音文件即可，如图 4.20 所示。

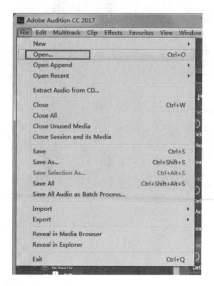

图 4.20　打开文件

（2）附加打开。Audition CC 提供了两种附加打开的方式：

第一种是打开并且附加到新建文件中，也就是将打开的文件放到一个新建的空白音频文件中。方法是选择"File"→"Open Append"→"To New"命令，在打开的"Open Append To New"对话框中选择想要添加的音频文件即可，如图 4.21 所示。

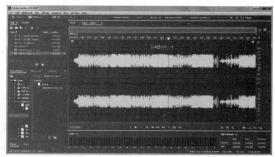

图 4.21　打开并附加到新建文件

第二种方式是打开并且附加到当前文件中，也就是将打开的文件放到已经打开并且正在编辑的音频文件中。方法是选择"File"→"Open Append"→"To Current"命令，在打开的"Open Append To Current"对话框中选择想要添加的音频文件即可。在图 4.20 所示的音频效果基础上附加打开到当前文件后的效果如图 4.22 所示。

（3）打开最近使用的文件。用户可以在 File 菜单中选择"Open Recent"，在子菜单中选择想要打开的最近使用过的文件即可。

如果不再需要在菜单选项中显示最近使用过的文件，则可以在"Open Recent"的子菜单中选择"Clear Recent"命令来清除最近使用的文件，如图 4.23 所示。清除后的效果如图 4.24 所示。

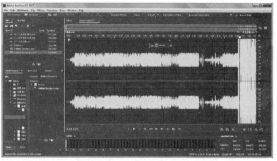

图 4.22　打开并附加到当前文件

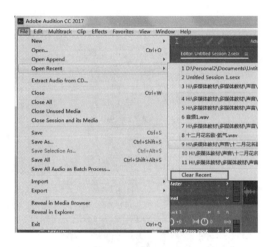

图 4.23　打开最近使用过的文件　　　　　　　图 4.24　清除最近使用过的文件

3. 保存音频文件

在用户完成音频的处理后，可以将音频文件保存下来，根据文件的保存格式 Audition 会保留不同的音频数据。

(1) 直接保存。用户在编辑完音频后，可以选择"File"→"Save"命令来保存文件，如果该音频文件已经保存过，则会将保存内容覆盖原文件，如图 4.25 所示。如果该音频文件还未保存过，就会弹出"Save as"对话框，输入文件名称、选择保存路径和格式即可。

(2) 另存为。如果文件已经保存过，用户想要将修改后的音频保存下来又不覆盖原文件，可以选择 File→Save As 命令，同样会弹出如图 4.26 所示的"Save as"对话框。

(3) 保存选中的音频。如果用户只需要保存选中的一段音频，则可以首先在打开的音频文件中选中要保存的音频部分（图 4.27），然后选择"File"→"Save Selection As"命令，将选中的音频部分保存为音频文件。系统会弹出"Save Selection As"对话框，其形式与 Save As 相同。

(4) 保存全部音频文件。如果用户对多个音频素材进行了编辑，为了提高效率快速保存，可以选择 File→Save All 命令。执行操作后，即可对所有音频文件进行保存操作。

在 Audition 中用户还可以批处理保存音频文件，方法是选择"File"→"Save All Audio as Batch Process"命令。系统会将多个音频文件放到"Batch Process"面板中（图 4.28），在指定文件类型、采样频率、位置等属性后对所有音频文件进行统一的批处理操作进行保存。

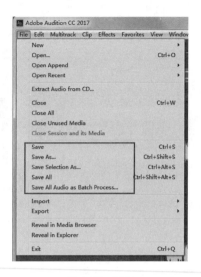

图 4.25 保存

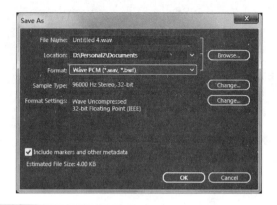

图 4.26 "Save as" 对话框

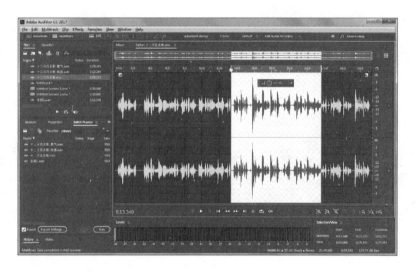

图 4.27 选中要保存的音频部分

图 4.28 多个音频文件放到 Batch Process 面板中

4. 关闭音频文件

在编辑音频的过程中，如果用户需要关闭音频文件，可以在 "File" 菜单中选择对应的关闭命令。如果要关闭当前音频文件，可以选择 "Close"；如果要关闭所有的音频文件，可以选择 "Close All"；如果要关闭未使用的媒体，可以选择 "Close Unused Media"；如果要关闭会话和它所引用的媒体，可以选择 "Close Session and its Media"，如图 4.29 所示。

5. 导入音频文件

用户可以通过 Audition 提供的导入功能，将已经存在的音频文件作为素材导入到编辑器中。具体方法是选择 File→Import→File 命令，在打开的 "Import File" 对话框中选择音频文件即可，如图 4.30 所示。

要导入文件还可以单击 File 面板中的 "Open File" 按钮，打开 "Open File" 对话框选择要导入的文件即可。也可以在轨道上右击，在弹出的菜单中选择 "Insert" → "Files" 命令，选中要导入的音频文件即可，如图 4.31 所示。

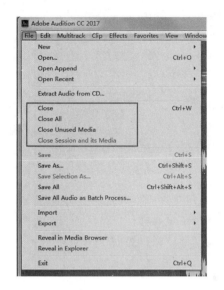

图 4.29 关闭命令

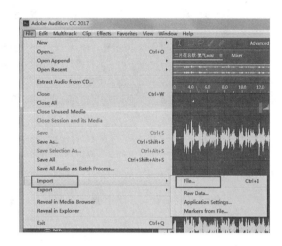

图 4.30 导入音频文件

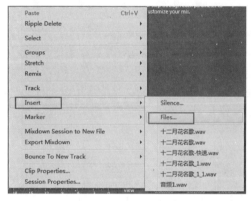

图 4.31 导入音频文件的另两种方法

6. 导出音频

导出音频可以选择"File"→"Export"命令，如图 4.32 所示。

Audition 提供了多种导出类型，例如：虽然 Audition 不能处理视频，但是可以为视频添加声音。建立多轨会话文件后，导入视频和音乐，分别拖入不同的音轨进行处理，编辑好后选择导出类型为"Export to Adobe Premiere Pro"，导出视频即可。导出后会生成一个 .xml 文件和各轨道文件，并且可以在"Premiere"中导入项目。

如果要将多轨会话文件整体保存为单轨文件，如 .wav、.mp3 等类型的文件，就可以选择导出子菜单中的"Mutitrack Mixdown"→"Entire Session"命令，如图 4.33 所示。

4.2.4 编辑音频文件的基本步骤

音频文件的编辑过程各不相同，但基本循序下面的操作步骤：

(1) 导入音频文件。使用前面介绍的导入方法打开音频文件，在多轨模式中可以通过简单的拖动操作，将要添加的音频

图 4.32 导出音频文件

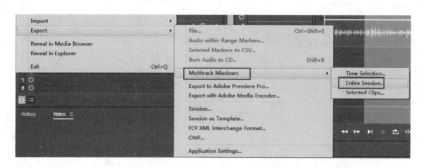

图 4.33　导出多轨混合文件

素材拖放到音轨中。

（2）编辑。通过 Audition 提供的菜单、按钮、面板等工具完成对音频的编辑。

（3）保存或导出。编辑完成后，可以选择保存文件或者根据需要将音频导出成为合适的形式。

4.3　录　音

在录制声音前，首先要做好准备工作。连接必要的硬件设备，如耳机、麦克风、监听音箱等，并保证硬件设备能够正常工作；确保录音软件能够正常运行，并具有足够的存储空间进行保存；尽量保证录制环境安静，降低噪声；提前准备录制内容并设计录制顺序。

4.3.1　调整录音电平

调整录音电平对接下来的录音工作非常重要。如果录音电平太大，会使音质变得很差；如果录音电平太小，也会影响声音的质量，调整录音电平的目的是为了录制的声音不发生削波，同时声音强度又尽可能大。

要在录制和播放期间观察输入和输出信号的振幅，可以使用 Levels 面板中提供的电平表。在水平停靠 Levels 面板时，上面的电平表代表左声道，下面的电平表代表右声道，如图 4.34 所示。

图 4.34　Levels 面板

电平表以 dBFS（满量程的分贝数）为单位显示信号电平，其中 0dB 电平是发生剪切前的最大可能振幅。如果振幅过低，则音质会降低；如果振幅过高，将发生剪切并产生扭曲。当电平超过最大值 0dB 时，电平表右侧的红色剪辑指示器将点亮。

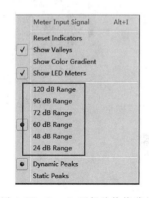

图 4.35　Levels 面板的快捷菜单

要在录音前调整录音电平，需要进行"试音"。在试音过程中不断观察电平表的变化并调整，最终达到最佳效果。在这一过程中，如果看不到彩色条，可能是由于电平表的量值太小，可以在 Levels 面板中右击，选择更大的量程，如图 4.35 所示。

如果选择了最大量程还没有光柱出现，则说明声卡没有收到任何信号，需要进行硬件检查。

4.3.2　设置输入和输出设备

在录音前需要对输入/输出设备进行设置。

在系统"开始"菜单的"控制面板"中选择"声音"选项，如图 4.36 所示。

可以在打开的"声音"对话框中使用"播放"或"录制"选项卡进行设置。在选中要设置的设备后，主要对"配置"和"属性"两个按钮打开的对话框中的内容进行修改，如图 4.37 所示。

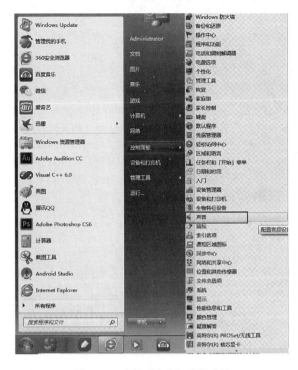

图 4.36 选择"声音"控制面板　　　　　　　图 4.37 "声音"对话框

配置好硬件设备后，在 Audition 中选择"Edit"→"Preferences"→"Audio Hardware"命令。在打开的"Preferences"对话框中对"Default Input"和"Default Output"进行修改，即修改默认输入设备和默认输出设备，如图 4.38 所示。

图 4.38 修改音频硬件设备首选项

也可以在如图 4.39 所示的对话框中通过"Settings"按钮打开控制面板中的"声音"对话框进行设备配置。

图 4.39　修改默认输入和默认输出设备

4.3.3　内录

内录是指声源从发出声音到进入录音设备的整个过程中，声音始终没有经过物理介质传播，单纯依靠电子线路或者光纤等传播的录音方式。例如，录制电脑中播放的声音，或者通过音频线将电视机的音频输出与计算机相连，在计算机上录制电视机正在播放的声音等。这种录制方法可以避免外部环境噪声，提高录音质量，具体方法如下。

1. 打开立体声混音

在系统"开始"菜单的"控制面板"中选择"声音"选项，打开"声音"对话框。

在"录制"选项卡的空白处右击，在弹出的菜单中选择"显示禁用的设备"命令。

在"立体声混音"选项上右击，在弹出的菜单中选择"启用"命令，为避免麦克风干扰录音，同时禁用"麦克风"设备，设置好后如图 4.40 所示。

图 4.40　打开立体声混音

2. 设置默认输入设备

在 Audition 中，选择"Edit"→"Preferences"→"Audio Hardware"命令。在打开的"Preferences"对话框中

将"Default Input"设置为"立体声混音",如图 4.41 所示。如果没有出现"立体声混音",可以重启软件再次尝试。

图 4.41　设置默认输入设备为"立体声混音"

3. 录制

使用播放器播放要录制的声音内容,在播放控制面板中单击"录制"按钮。录制完成后,单击"停止"按钮即可。

4.3.4　外录

外录是指从声源发出声音到声音被录制到设备位置的过程中,声音既通过音频线路传播,又通过物理介质传播。例如,通过麦克风录制乐器的声音,这时声音首先通过麦克风,然后再通过线路进入计算机中。

通过麦克风进行外录的具体录制方法如下。

(1) 设置默认输入设备。在控制面板的"声音"对话框的"录制"选项卡中,启用"麦克风"为默认设备,如图 4.42 所示。

在 Audition 中,选择"Edit"→"Preferences"→"Audio Hardware"命令,在打开的"Preferences"对话框中将"Default Input"设置为"麦克风",如图 4.43 所示。

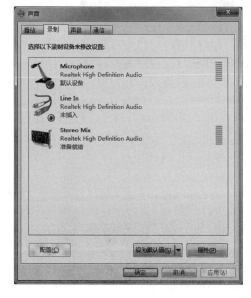

图 4.42　启用"麦克风"为默认设备　　　　图 4.43　将 Default Input 设置为"麦克风"

（2）录制。在播放控制面板中单击"录制"按钮，对准麦克风，录制声音。录制完成后，单击"停止"按钮即可。

4.3.5 多轨录制

多轨录音是指利用音频软件同时在多个音轨中录制不同的音频信号，然后通过混音编排得到一个完整的作品。具体录制方法如下。

（1）选择默认输入设备。可以根据需要设置"Default Input"为"麦克风""立体声混音"等。

（2）录制。在要进行录制的音轨上，例如"Track3"面板上，选择输入设备。单击面板上的"Arm For Record"按钮，将其激活，如图4.44所示。然后单击"录制"按钮，开始录音，录制完成后，单击"停止"按钮结束录音。

图 4.44 轨道设置面板

在多轨录制时可以选择多个音轨同时进行录音。

4.3.6 穿插录音

有时用户需要将已经存在的音频中的一部分替换为自己录制的声音，或者原来的音频中的一段出现了错误，需要重新进行录制，这时可以采用穿插录音的方法来进行。

具体的录制方法如下：

在多轨编辑模式选择要录音的轨道。

单击播放控制面板中的"放大（时间）"按钮，将波形放大，使用"Time Selection Tool"工具选择要重新录制的声音波形。

在轨道面板上选择输入设备，激活"Arm For Record"按钮，单击"录制"按钮，开始录音。当对选择区域录制完成后，会自动停止录音。

选择区域呈现出与其他区域不同的颜色，并且产生一个带序列号的音频文件。录好后轨道上的效果如图4.45所示。编辑好后，将文件导出即可。

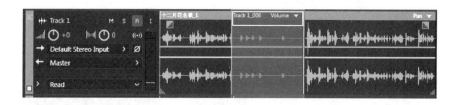

图 4.45 穿插录制效果

4.4 音频的基本编辑方法

用户可以利用 Audition 提供的强大音频编辑功能，对音频素材进行适当的编辑和处理操作，获得自己想要的音频文件。

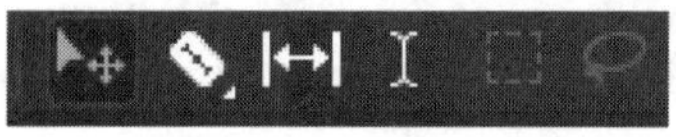

4.4.1 常用编辑

图 4.46 常用编辑工具

常用编辑工具如图4.46所示，自左到右依次为移动工具、裁刀工具、滑动工具、时间选择工具、框选工具和套索工具。

1. 音频文件的波形选取

对于任何音频进行操作，首先都需要选择要编辑的音频波形。

（1）使用菜单。要选择音频波形，可以使用"Edit"→"Select"选项。如图4.47所示。如果要选择音频文件中的所有波形，可以在子菜单中单击"Select All"命令，如图4.48所示；如果要选择轨道内的所有素材，可以在子菜单中单击"All Clips in Selected Track"命令，如图4.49所示；如果要选择时间线后的第一段音频素材，可以在子菜单中单击"Next Clip in Selected Track"命令，如图4.50所示；如果要选择时间线后的所有音频素材，可以在子菜单中单击"Clips to End of Selected Track"命令，如图4.51所示。

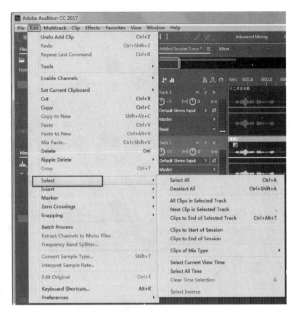

图 4.47　选择波形

图 4.48　选择音频文件中的所有波形

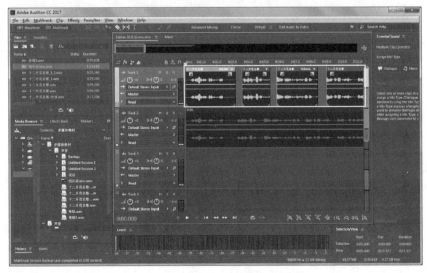

图 4.49　选择轨道内的所有素材

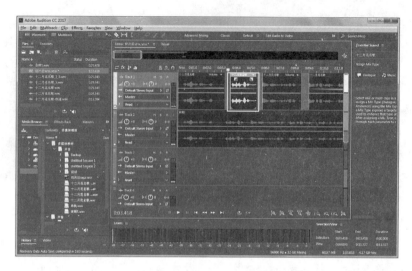

图 4.50　选择时间线后的第一段音频素材

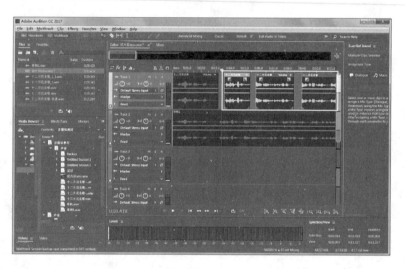

图 4.51　选择时间线后的所有音频素材

（2）使用时间选择工具。在工具栏中单击"时间选择"工具按钮后，鼠标按钮变为 I 形，此时可以直接用鼠标左键拖动来选择部分需要进行编辑的波形。拖选后的结果如图 4.52 所示。

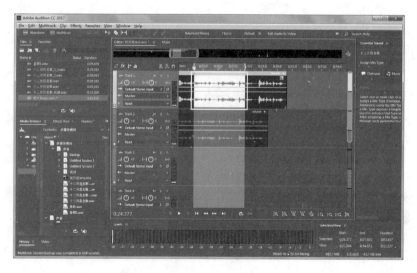

图 4.52　"时间选择"工具选中波形

2. 裁剪音频波形

如果用户需要裁剪掉某一部分音频波形，可以首先通过时间选择工具选择要裁剪的波形，然后按 Delete 键或者右击，在弹出的菜单中选择 "Delete" 命令。也可以选择 Edit→Delete 命令。

在选择波形时，如果要精确选择，可以通过在 "Selection/View" 面板中输入精确时间来进行控制，如图 4.53 所示。

3. 切割音频波形

有时用户需要将现有的音频素材分割成为多个音频片段，此时可以使用裁刀工具按钮或者 "Split" 菜单命令。

如果使用裁刀工具，在选择裁刀工具后，可以直接在音频波形上单击要切割的位置，单击处会出现一条切割线，表示音频已经被切割，如图 4.54 所示。如果要将中间的一部分音频波形切割出来，需要用裁刀工具在音频波形上单击两次。

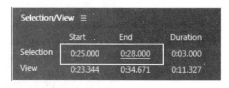

图 4.53　Selection/View 面板

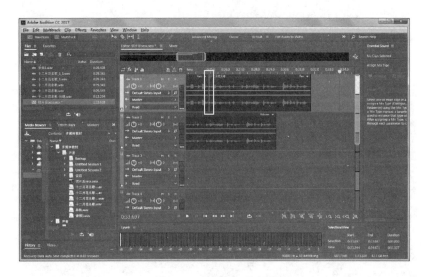

图 4.54　用裁刀工具切割

如果使用 "Split" 菜单选项，应首先选中时间选择工具，在要切割的位置上单击，定位切割点，再选择快捷菜单中的 "Split" 命令即可。如果要将中间的一部分音频波形切割出来，可以首先选中这段音频波形，然后再选择快捷菜单中的 "Split" 命令。切割后的效果如图 4.55 所示。

图 4.55　Split 菜单选项切割

4. 合并音频波形

合并音频波形与切割音频波形相反，合并音频波形是要把分开的音频波形合并在一起。

要合并音频波形，首先要把两个需要合并的音频波形移动到一起，然后按住 Ctrl 键，选择要合并的波形，右击，在弹出的菜单中选择"Merge Clips"命令进行合并。

在合并时可以利用 Audition 提供的自动吸附功能，让两个音频波形结合到一起，然后进行合并，如果两段波形之间有空隙（图 4.56），那么合并时空隙会占据一定的播放时间。如图 4.57 所示。

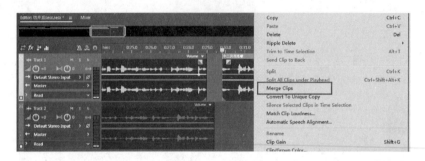

图 4.56　合并音频波形

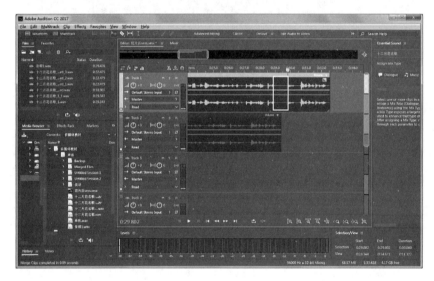

图 4.57　合并时两段波形之间有空隙

5. 锁定音频波形

在 Audition 中所有音轨上的波形都是默认可编辑的，为了防止误操作，可以对指定的波形进行锁住时间操作，锁定后将不允许更改位置，不允许编辑。

首先选择要锁定的波形，然后右击，在弹出的菜单中选择"Lock in Time"命令。在锁定音频波形的左下角会出现锁定标志，如图 4.58 所示。

6. 编组音频波形

锁定时间操作可以将音频波形的绝对位置固定下来，而编组可以让多个音频波形的相对位置固定不变。

首先选定要编组的音频波形，然后右击，在弹出的菜单中选择"Groups"→"Group Clips"命令，即可将多个音频波形编为一组，编组后的音频波形颜色会发生变化，左下角出现编组标志，如图 4.59 所示。

7. 复制音频波形

要复制音频波形，首先应选择要复制的音频波形，选择"Edit"→"Copy"命令将音频波形复制到剪贴板，然后选择要粘贴到的音轨，通过时间线定位要粘贴到的位置，选择"Edit"→"Paste"命令，即可粘贴到指定位置。

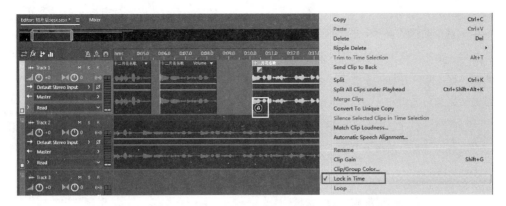

图 4.58　锁定音频波形

图 4.59　编组音频波形

在波形模式下可以在选中波形后，通过 "Copy to New" 或者选择 "Copy" 命令后再通过 "Paste to New" 命令，将音频波形复制到新文件中，如图 4.60 所示。

图 4.60　复制音频波形

8. 独立复制音频波形

在 Audition 中对音频波形的操作有破坏性的操作和非破坏性的操作两种。非破坏性的操作是指用 Audition 自身的算法来改变声音效果，但是不修改原始声音文件，例如：音量改变、声像改变等。破坏性的操作是指原始声音文件被修改，如时间伸缩、标准化、各种效果处理等。

如果多个音频波形调用了相同的原始文件，对其中一个音频波形进行破坏性的操作后，其他音频波形都会随之发生变化，为避免这个问题，在确认对一个音频波形进行操作之前应该确认没有副本，有的话要对该音频波形复制一个新的独立文件，方法是在该音频波形上右击，在弹出的菜单中选择 "Convert to Unique Copy" 命令即可，如图 4.61 所示。

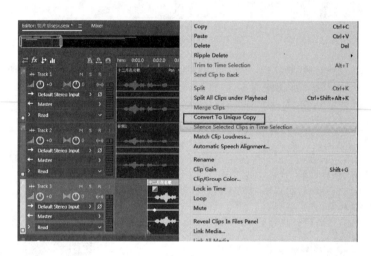

图 4.61　独立复制音频波形

4.4.2　包络编辑

包络编辑是指一个音频参数在时间上的变化。常用的包络编辑有音量包络编辑和声像包络编辑。

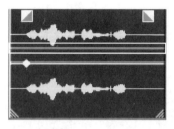

图 4.62　音量包络线

1. 音量包络编辑

音量包络编辑主要是通过调整音量包络线的形状来控制音量的变化。音量包络线在 Audition 中显示为一条黄色的细线，如图 4.62 所示。

如果看不到音量包络线，可以选择 "View" → "Show Clip Volume Envelopes" 命令将它显示出来，如图 4.63 所示。

通过鼠标拖动音量包络线的高低位置可以调整音量的变化。

可以在包络线上添加调节点，使得音量有更多的变化。添加的方法是，将鼠标移到包络线上，指针旁出现十字图标时单击，会在单击位置出现菱形的调节点。通过拖动调节点的位置，可以达到调整音量的效果。如图 4.64 所示，根据包络线的形状，声音先由大到小，逐渐消失，然后又由小到大变化。

如果要删除调节点，可以在调节点上右击，在弹出的菜单中选择 "Delete Selected Keyframes" 命令即可，或者直接用鼠标拖动到波形外面也可删除调节点，如图 4.65 所示。

添加调节点后，在音量包络线上右击，在弹出的菜单中选择 "Spline Curves" 命令，可以将包络线调整为平滑曲线，如图 4.66 所示。

2. 声像包络编辑

音量包络可以调节音量大小的变化，而声像包络是调节声像的变化。声像就是左右声道的位置，实际上就是通过声像调节使声音靠近左声道或者靠近右声道。

声像包络线是在波形中间（上下位置）的一条蓝色线，调节方法跟音量包络调节类似，包络线在最上面为靠近左声道，在最下面为靠近右声道，如图 4.67 所示。

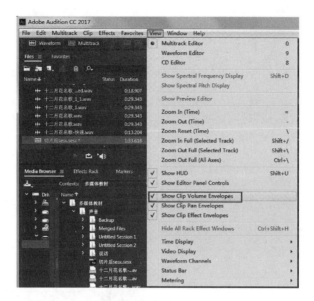

图 4.63　显示音量包络线

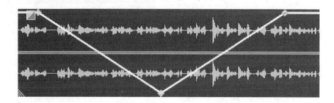

图 4.64　包络线的调整

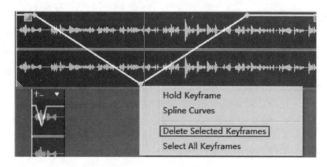

图 4.65　删除调节点

图 4.66　将包络线调整为平滑曲线

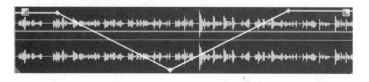

图 4.67　声像包络编辑

如果看不到声像包络线，可以选择"View→Show Clip Pan Envelopes"命令将它显示出来。

通过音量包络和声像包络的调整，可以实现声音的多种变化，如淡入、淡化等。

4.5 音频波形深入处理

4.5.1 伸缩与变调

伸缩与变调是一项比较实用的技术，可以改变音频的播放速度和音频的音调。让音频在音高不变的情况下任意改变播放的速度，或者在速度不变的情况下任意调节音高。

选择"Effects"→"Time and Pitch"→"Stretch and Pitch（process）"命令，如图 4.68 所示。

在打开的"Stretch and Pitch"对话框中，可以通过拖动"Stretch"滑块改变播放速度，拖动 Pitch Shift 滑块，可以在不改变音频质量的前提下改变音高，如图 4.69 所示。

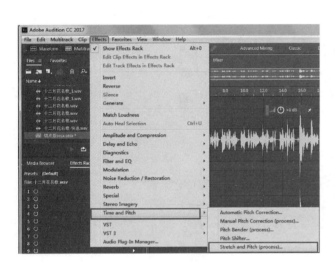

图 4.68 伸缩与变调

图 4.69 伸缩与变调的参数调整

4.5.2 降噪

由于录制环境和设备的影响，会在录制的音频中出现各种不同的噪声，这些噪声会大大影响声音的质量。在 Audition 的 Effects 菜单中提供了多种降噪修复的命令。下面说明基本的采样降噪方法。

要对一段音频进行降噪处理，首先需要对噪声样本进行捕捉和分析。使用时间选择工具选择需要降噪的音频波形。选择"Effects"→"Noise Reduction/Restoration"→"Capture Noise Print"命令，弹出"Capture Noise Print"对话框，单击 OK 按钮，完成噪声取样，如图 4.70～图 4.72 所示。在采样后，选择"Noise Reduction/Restoration"→"Noise Reduction（process）"命令进行降噪。在"Noise Reduction"对话框中，调整 Noise Reduction 和 Reduce by 滑动块对音频波形进行降噪处理，如图 4.73 和图 4.74 所示。

4.5.3 音频的反转、前后反向和静默处理

音频的反转、前后反向和静默处理可以使用"Effects"菜单中的相应选项，如图 4.75 所示。

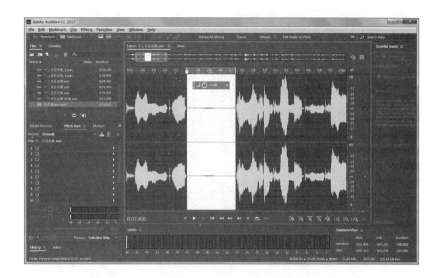

图 4.70　选择噪声样本

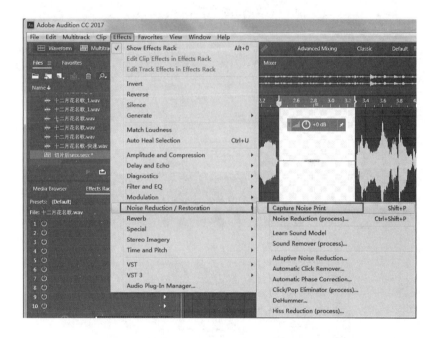

图 4.71　噪声取样

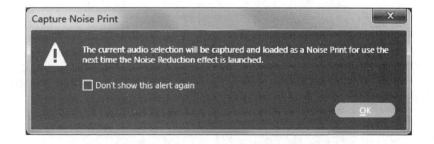

图 4.72　噪声采样警告

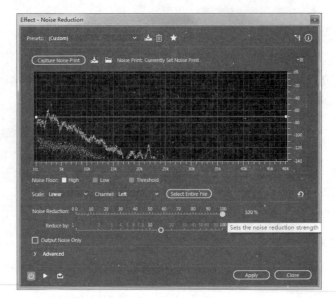

图 4.73 降噪

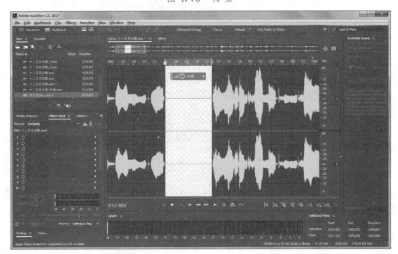

图 4.74 降噪后的效果

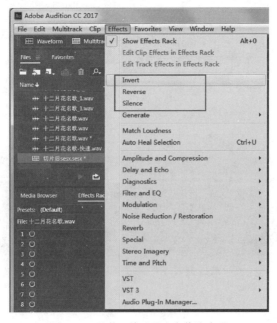

图 4.75 反转、前后反向和静默选项

1. 反转

Effects 菜单中的"Invert"命令，可以改变当前选定音频波形的上下位置，使选定音频波形以中心零位线为基准上下反转。

反转前后的波形图如图 4.76 和图 4.77 所示。

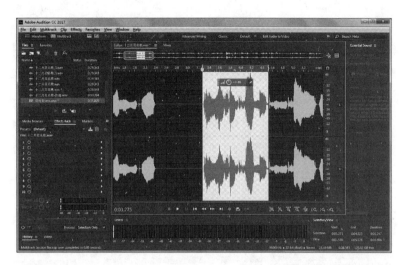

图 4.76　原始波形图

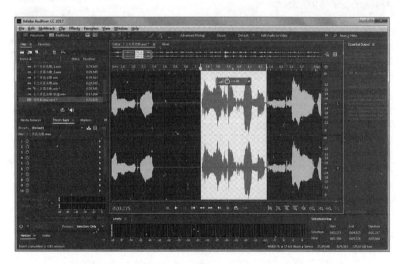

图 4.77　反转后的波形图

2. 前后反向

Effects 菜单中的"Reverse"命令，可以将选中的音频素材波形的前后位置反向，实现反向播放效果。

反向前后的波形图如图 4.76 和图 4.78 所示。

3. 静默

Effects 菜单中的"Silence"命令，可以将选定的音频素材波形的时间区域变为真正的零信号静音区，时间长度不会发生变化。

静默前后的波形图如图 4.76 和图 4.79 所示。

4.5.4　消除人声

有时用户需要将音频中的人声去除，只保留背景声音。在 Audition 中有多种方法可以消除人声，下面主要介绍中置声道提取的方法。

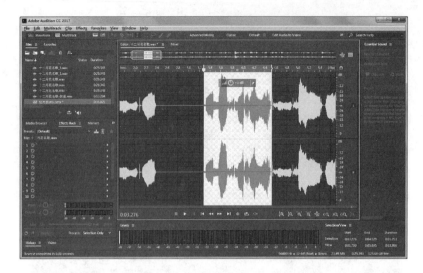

图 4.78　前后反向后的波形图

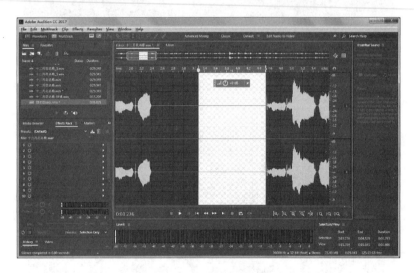

图 4.79　静默后的波形图

选择"Effects"→"Stereo Imagery"→"Center Channel Extractor"命令，打开"Center Channel Extractor"对话框，在 Presets 列表中选择"Vocal Remove"选项来消除人声，如图 4.80 和图 4.81 所示。

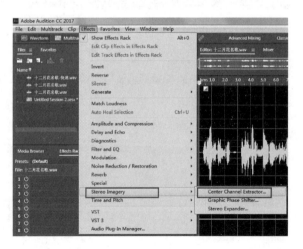

图 4.80　中置声道提取

消除人声前后的效果如图 4.82 和图 4.83 所示。

图 4.81　Vocal Remove 选项消除人声

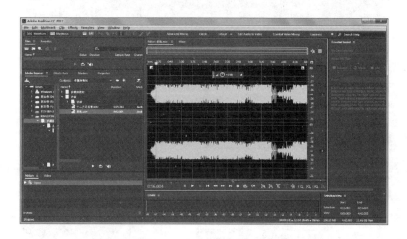

图 4.82　使用 Vocal Remove 消除人声前的效果

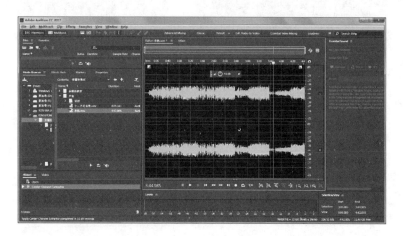

图 4.83　使用 Vocal Remove 消除人声后的效果

如果是歌曲中去除人声制作伴奏带，则可以在 Presets 列表中选项 "Karaoke（Drop Vocals 20dB）"，应用后的效果如图 4.84 所示。

4.5.5　提取声道为单声道文件

有时候用户仅仅需要声音文件或者伴奏文件，这时可以提取一个声道进行保存。该操作需要转到波形（单轨）模式，如果音乐和声音是单独声道，可以听得出来，也可以通过激活声道开关（在波形的最右端标记的 L 或者 R 按钮）进行试听，判断声音和音乐是否是分开的。确认左右声道的声音是分开的话，则可以在波形文件上右击，在弹出的菜单中选择"Extract Channels to Mono Files",提取的文件会出现在文件面板中,选择相应文件进行保存即可,如图4.85和图4.86所示。

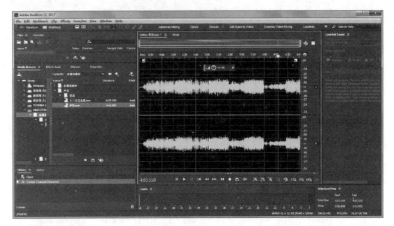

图 4.84　Karaoke(Drop Vocals 20dB)消除人声后的效果

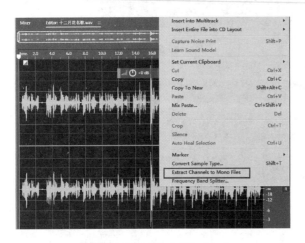

图 4.85　提取声道为单声道文件

图 4.86　提取的文件出现在文件面板中

4.5.6　常用多轨混合操作

在 Audition 的多轨模式中可以对音频进行混音操作,其目的是要整体协调不同音频波形之间的关系,最后在听觉上达到最佳效果。

1. 添加音轨

Audition CC 的多轨会话文件,默认建立一个主控音轨和六个音轨,如果还需要更多的音轨,可以自己添加。

根据需要添加的音轨效果的不同,可以在"Multitrack"菜单中的 Track 选项下选择合适的音轨类型即可,如图4.87 所示。

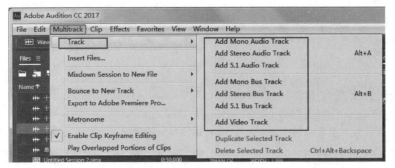

图 4.87　添加音轨

2. 调整音量和声像

在音轨的设置面板上，可以通过音量图标和声像图标调整音量和声像。

音量图标为 ，可以拖动来改变音量的大小，也可以直接输入数值来精确控制音量的大小；声像也即左右声道，图标为 ，调整方法与音量类似。

3. 使音轨独奏或者静音

在混音之前，用户需要确定每条音轨上的声音是否已经达到最好的效果，这时用户需要单独试听这一音轨上的声音。通过单击音轨设置面板上的 S（Solo）按钮，可以让该音轨处于独奏状态，此时其他音轨自动变为灰色，不能播放。如果需要停止个别音轨上的声音的播放，可以单击音轨设置面板上的 M（Mute）按钮，让该音轨静音，不再播放该音轨的声音，如图 4.88 所示。

图 4.88　独奏和静音

4. 音轨混音器

更复杂的音轨控制可以通过"混音器"完成，选择"Window"→"Mixer"命令，即可打开 Mixer 面板，如图 4.89 所示。

混音器控制着每条音轨的音量、声像、均衡、效果器等，都可以在混音器面板中方便地进行调整，如图 4.90 所示。

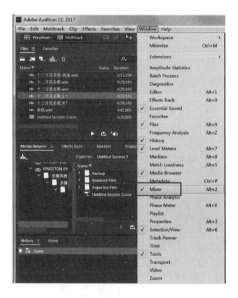

图 4.89　打开 Mixer 面板

图 4.90　Mixer 面板

4.5.7　均衡操作

均衡器可以对音频中各个频率段的波形进行加强或者衰减，例如，如果要加强音乐中的低音效果，可以通过均衡操作提升音乐中的低频部分。

在 Audition 中可以通过 Effects 菜单中的 Filter and EQ 的不同子菜单选项，打开不同的调节器，如图 4.91 所示。例如，Graphic Equalizer（10Bands）是 10 段图示均衡器，每个频段的电平分别被 10 个推子控制，如图 4.92 所示。

要使均衡器起作用，需要打开均衡开关 ，然后进行调整。

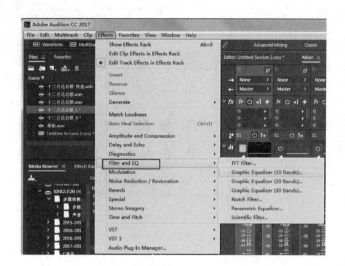

图 4.91　均衡器菜单选项

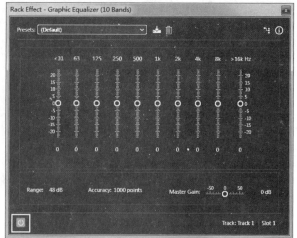

图 4.92　10 段图示均衡器

在均衡器窗口中可以有两种方式调节：图示均衡器调节和参量均衡器调节（图 4.93），实际上就是图示调节和数值调节，不过两者是联动的，调整一种，另一种也会随着变化。

也可以在音轨设置面板中切换到均衡调节模式 ▐▐▐，打开均衡开关 ⏻，然后选择 ✎ 打开当前音轨的均衡器进行调整。打开均衡开关后音轨设置面板改变为如图 4.94 所示的样子。

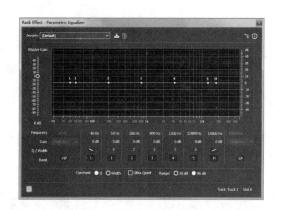

图 4.93　参量均衡器调节

图 4.94　打开均衡开关后的音轨设置面板

4.5.8　加载效果器

通过在音频里加入效果器，可以得到各种特殊的声音效果，如混响、回声等。

可以选择 Window 菜单中的"Effects Rack"命令，在弹出的面板中，单击效果器右面的黑色三角，选择要添加的声音效果。例如，选择 Delay 延迟效果，或者 Echo 回声效果等，如图 4.95 所示。这些效果也可以在 Effects 菜单中找到。

要去除某个效果则应单击效果器上该效果右侧的三角按钮，选择"Remove Effect"命令。

效果器的作用范围可以为一条音轨，也可以是选中的部分波形，可以通过单击"Effects Rack"面板上方的"Track Effects"和"Clip Effects"按钮进行切换。

另外，Audition 具有很强的扩展功能，可以插入外加的各种 vst 插件。下载 vst 插件后，通过"Effects"菜单中的"Audio Plug-In Manager"选项打开音频插件管理器添加管理插件即可，如图 4.96 所示。

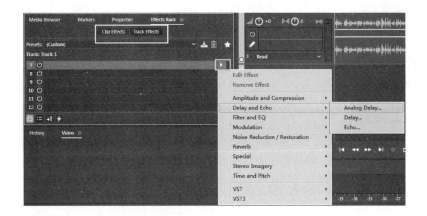

图 4.95　在声音效果器中添加声音效果

图 4.96　音频插件管理器

本章小结

　　本章对数字音频进行了简要的介绍，主要包括了声音的参数、音频信号数字化的过程、声道的三种制式以及音响设备的分类。重点介绍了音频处理软件 Audition 的使用方法，包括 Audition 的操作环境、编辑音频文件的基本步骤、录音的方法、音频和波形的各种编辑处理方法等。希望通过本章的学习，能够了解 Audition 的主要功能，掌握 Audition 的基本操作，能够利用 Audition 创作出自己满意的音频作品。

复习思考题

　　1. 声音的基本参数有哪些？

　　2. 什么是音频信号数字化？音频信号数字化有哪几个步骤？

　　3. 音频产品有哪几种声道制式，简述它们的不同。

　　4. 制作配乐诗朗诵的音频文件。选择一首诗歌，自己进行录制，并为其添加音乐背景。

　　5. 对上题中的配乐诗朗诵音频文件进行波形修改，获得多种不同的声音效果。

第 5 章
计算机动画

5.1 动画基础

本节简要讲述动画的定义、原理、分类以及常用计算机动画制作软件。

5.1.1 动画的定义

动画的概念不同于一般意义上的动画片，动画是一种综合艺术，它是集合了绘画、漫画、电影、数字媒体、摄影、音乐、文学等众多艺术门类于一身的艺术表现形式。最早发源于 19 世纪上半叶的英国，兴盛于美国，中国动画起源于 20 世纪 20 年代。动画是一门年青的艺术，它是唯一有确定诞生日期的一门艺术，1892 年 10 月 28 日埃米尔·雷诺首次在巴黎著名的葛莱凡蜡像馆向观众放映光学影戏，标志着动画的正式诞生，同时埃米尔·雷诺也被誉为"动画之父"。动画艺术经过了 100 多年的发展，已经有了较为完善的理论体系和产业体系，并以其独特的艺术魅力深受人们的喜爱。

5.1.2 动画的原理

动画是通过人眼视觉暂留原理，快速地播放连续、具有细微差别的静止图像内容，让原本固定不动的图像变得生动起来。人眼所看到的影像大约可以在脑海中暂存 1/16 秒，如果在暂存的影像消失之前，观看另一张连续动作的影像，便能产生活动画面的幻觉。实验证明，如果动画的画面刷新率为每秒 24 帧左右，也即每秒放映 24 幅画面，则人眼看到的是连续的画面效果。

视觉暂留现象即视觉暂停现象，又称"余晖效应"，1824 年由英国伦敦大学教授皮特·马克·罗葛特在他的研究报告《移动物体的视觉暂留现象》中最先提出。人眼在观察景物时，光信号传入大脑神经，需经过一段短暂的时间，光的作用结束后，视觉形象并不立即消失，这种残留的视觉称为"后像"，视觉的这一现象则被称为"视觉暂留"。视觉暂留现象是光对视网膜所产生的视觉在光停止作用后，仍保留一段时间的现象，其具体应用是电影的拍摄和放映。原因是由视神经的反应速度造成的。是动画、电影等视觉媒体形成和传播的根据。视觉实际上是靠眼睛的晶状体成像，感光细胞感光，并且将光信号转换为神经电流，传回大脑引起人体视觉。感光细胞的感光是靠一些感光色素，感光色素的形成是需要一定时间的，这就形成了视觉暂停的机理。

动画与运动是分不开的，可以说运动是动画的本质，动画是运动的艺术。从传统意义上说，动画是一门通过在连续多格的胶片上拍摄一系列单个画面，从而产生动态视觉的技术和艺术，这种视觉是通过将胶片以一定的速率放映的形式体现出来的。一般来说，动画是一种动态生成一系列相关画面的处理方法，其中的每一幅与前一幅略有不同。

5.1.3 动画的分类

动画按照形式类型可以分为平面动画、立体动画、电脑动画，其中按照艺术表现形式可以分为水彩画动画片、水墨画动画片、剪纸动画片、木偶动画片、泥偶动画片等。按照文学体裁可分为叙事拟人、幽默讽刺、科幻教育等类型的动画片。按照传播途径可以分为影院动画片、电视动画片、实验动画片。另外根据播放时间可以分为长片动画片、短片动画片、单部动画片和系列动画片。

5.1.4　计算机动画

计算机动画是借助计算机来制作动画的技术。计算机的普及和强大的功能革新了动画的制作和表现方式。由于计算机动画可以完成一些简单的中间帧，使得动画的制作得到了简化。计算机动画也有非常多的形式，但大致可以分为二维动画和三维动画两种。

二维动画也称为 2D 动画，借助计算机 2D 位图或者是矢量图形来创建修改或者编辑动画。制作上和传统动画比较类似，许多传统动画的制作技术被移植到计算机上。二维电影动画在影像效果上有非常巨大的改进，制作时间上却相对以前有所缩短。现在的 2D 动画在前期上往往仍然使用手绘然后扫描至计算机或者是用数位板直接绘制作在计算机上。然后在计算机上对作品进行上色的工作，而特效、音响音乐效果、渲染等后期制作则几乎完全使用计算机来完成。一些可以制作二维动画的软件有 Flash、AfterEffects、Premiere 等。

三维动画也称为 3D 动画，基于 3D 计算机图形来表现，有别于二维动画，三维动画提供三维数字空间利用数字模型来制作动画。这个技术有别于以前所有的动画技术，给予动画者更大的创作空间。精度的模型和照片质量的渲染使动画的各方面水平都有了新的提高，也使其被大量的用于现代电影之中。3D 动画可以通过计算机渲染来实现各种不同的最终影像效果，包括逼真的图片效果，以及 2D 动画的手绘效果。三维动画主要的制作技术有建模、渲染、灯光阴影、纹理材质、动力学、粒子效果、布料效果和毛发效果等。软件则包括 3ds max，Maya、LightWave 3D、Softimage XSI 等。

5.1.5　常用动画制作软件

1. Maya

Maya 是美国 Autodesk 公司出品的世界顶级的三维动画软件，应用对象是专业的影视广告、角色动画、电影特技等。Maya 功能完善，工作灵活，易学易用，制作效率极高，渲染真实感极强，是电影级别的高端制作软件。

2. 3D Studio Max

3D Studio Max 简称为 3ds max，是 Discreet 公司（后被 Autodesk 公司合并）开发的，与 Maya 软件的性质相同。在应用范围方面，广泛应用于广告、影视、工业设计、建筑设计、三维动画、多媒体制作、游戏、辅助教学以及工程可视化等领域。

3. Flash

Flash 是美国的 Macromedia 公司于 1999 年 6 月推出的网页动画设计软件。它是一种交互式动画设计工具，可以将音乐、声效、动画以及富有新意的界面融合在一起，以制作出高品质的网页动态效果。各种脚本语言可满足网页设计的多样化。Flash 现更名为 Animate CC。

5.2　从 Flash 到 Animate CC

当计算机网络刚开始兴起的时候，由于 HTML（标准通用标记语言下的一个应用）的功能十分有限，无法达到人们的预期设计，以实现令人耳目一新的动态效果，在这种情况下，各种脚本语言应运而生，使得网页设计更加多样化。然而，程序设计总是不能很好地普及，因为它要求一定的编程能力，而人们更需要一种既简单直观又有强大功能的动画设计工具，而 Flash 的出现正好满足了这种需求。

Flash 是一个非常优秀的矢量动画制作软件，它以流式控制技术和矢量技术为核心，制作的动画具有短小精悍的特点，所以被广泛应用于网页动画的设计中，成为网页动画设计最为流行的软件之一。

HTML5 是用于取代 1999 年所制定的 HTML4.01 和 XHTML1.0 标准的 HTML 标准版本。与 HTML4.01 和 XHTML1.0 相比，HTML5 可以实现更强的页面表现性能，同时充分调用本地资源，实现不输于 APP 的功能效果，且其本身十分轻量化。随着 HTML5 技术的发展，浏览器可以摆脱对操作系统的依赖，实现跨平台、跨终端体验。

作为具有革命性的新型互联网编程语言，HTML5 是公认的下一代 Web 语言。它极大地提升了 Web 在富媒体、富内容和富应用等方面的能力，被喻为终将改变移动互联网的重要推手。HTML5 正不断推进移动互联网向更加开放融合的 Web 云服务模式转变，将深刻改变当前的应用服务模式及整个互联网生态环境。HTML5 标准目前已经被 IE、Chrome、Firefox、Safari、Opera 等各大主流浏览器所支持，支持 HTML5 终端及基于 HTML5 的 Web 应用数量快速增长，HTML5 的发展前景被各方面普遍看好。

2015 年 12 月 2 日，Adobe 宣布 Flash Professional 更名为 Animate CC，缩写为 An CC。在支持 Flash SWF 文件的基础上，加入了对 HTML5 的支持。除了维持原有 Flash 开发工具支持外，还新增了 HTML5 创作工具，可以为网页开发者提供更适应现有网页应用的音频、图片、视频、动画等创作支持。Animate CC 拥有大量的新特性，在继续支持 Flash SWF、AIR 格式的同时，还会支持 HTML5 Canvas、WebGL，并能通过可扩展架构去支持包括 SVG 在内的几乎任何动画格式。Adobe 还将推出适用于桌面浏览器的 HTML5 播放器插件，作为其现有移动端 HTML5 视频播放器的延续。此外，根据 Adobe 官方原文的描述，公司将继续与业界伙伴如微软、Google 等合作加强现有 Flash 内容的兼容性和安全性。

5.3　Animate CC 2017 的工作环境

本节主要介绍 Animate CC 2017 的工作环境和常用术语。

5.3.1　Animate CC 2017 的工作界面

启动 Animate CC 2017，进入欢迎界面，如图 5.1 所示。

图 5.1　Animate 欢迎界面

在新建栏有如下选项可选：

- HTML5 Canvas：创建用于 HTML5 Canvas 的动画资源。通过使用帧脚本中的 JavaScript，为您的资源添加交互性。
- WebGL（预览）：创建 WebGL 动画资源。通过使用帧脚本中的 JavaScript，为您的资源添加交互性。
- ActionScript 3.0：在 Animate 文档窗口中创建一个新的 FLA 文件（＊.fla）。系统会设置 ActionScript 3.0 发

布设置。使用 FLA 文件可以设置为 Adobe Flash Player 发布的 SWF 文件的媒体和结构。

- AIR for Desktop：在 Animate 文档窗口中创建一个新的 Animate 文档（∗.fla）。系统会设置 AIR 发布设置。使用 Animate AIR 文档可以开发在 AIR 跨平台桌面运行时上部署的应用程序。

- AIR for Android：在 Animate 文档窗口中创建一个新的 Animate 文档（∗.fla）。系统会设置 AIR for Android 发布设置。使用 AIR for Android 文档可以创建适用于 Android 设备的应用程序。

- AIR for IOS：在 Animate 文档窗口中创建一个新的 Animate 文档（∗.fla）。系统会设置 AIR for IOS 发布设置。使用 AIR for IOS 文档可以创建适用于 Apple IOS 设备的应用程序。

- ActionScript 3.0 类：创建新的 AS 文件（∗.as）来定义 ActionScript 3.0 类。

- ActionScript 3.0 接口：创建新的 AS 文件（∗.as）来定义 ActionScript 3.0 接口。

- ActionScript 文件：创建一个新的外部 ActionScript 文件（∗.as）并在"脚本"窗口中进行编辑。ActionScript 是 Flash 脚本语言，用于控制影片和应用程序中的动作、运算符、对象、类以及其他元素。您可以使用代码提示和其他脚本编辑工具来帮助创建脚本。您可以在多个应用程序中重复使用外部脚本。

- JSFL 脚本文件：创建一个新的外部 JavaScript 文件（∗.jsfl）并在"脚本"窗口中进行编辑。Animate JavaScript 应用程序编程接口（API）是内置于 Animate 中的自定义 JavaScript 功能。Animate JavaScript API 通过"历史记录"面板和"命令"菜单用于 Animate 中。您可以使用其他脚本编辑工具来帮助创建脚本，并可以在多个应用程序中重复使用外部脚本。

在"欢迎页"选择"新建"→HTML5 Canvas 命令，这样就可以启动 Animate 的工作窗口并新建一个影片文档，如图 5.2 所示。

Animate 的工作窗口由菜单栏、文档选项卡、编辑栏、时间轴、工作区和舞台、工具箱以及各种面板组成。

窗口最上方是"菜单栏"，在其下拉菜单中提供了几乎所有的 Animate 命令项，通过执行它们可以满足用户的不同需求。

"菜单栏"下方是"文档选项卡"，主要用于切换当前要编辑的文档。

"文档选项卡"下方是"编辑栏"，可以用于"编辑场景"或"编辑元件"的切换、舞台显示比例设置等。

"编辑栏"下方是"工作区"和"舞台"。

Animate 为用户提供了动画、传统、调试、设计人员、开发人员、基本功能、小屏幕 7 种不同的工作区界面，如图 5.3 所示。默认是基本功能工作区。

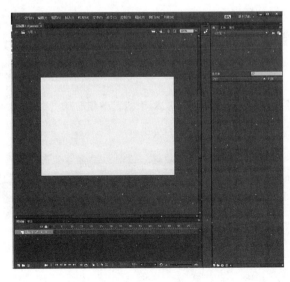

图 5.2　Animate 的工作窗口　　　　　　　图 5.3　工作区界面

Animate 扩展了舞台的工作区，可以在上面存储更多的项目。舞台是放置动画内容的矩形区域，这些内容可以是矢量插图、文本框、按钮、导入的位图图形或视频剪辑等。

工作时根据需要可以改变"舞台"显示的比例大小，可以在"时间轴"右上角的"显示比例"中设置显示比例，最小比例为 25%，最大比例为 800%，在下拉菜单中有 3 个选项，符合窗口大小选项用来自动调节到最合适的舞台比例大小；"显示帧"选项可以显示当前帧的内容；"显示全部"选项能显示整个工作区中包括在"舞台"之外的元素，如图 5.4 所示。

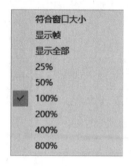

图 5.4　舞台显示比例

"舞台"下方是"时间轴"，用于组织和控制文档内容在一定时间内播放的图层数和帧数。

时间轴左侧是图层，图层就像堆叠在一起的多张幻灯胶片一样，在舞台上一层层地向上叠加。如果上面一个图层上没有内容，那么就可以透过它看到下面的图层。

图层中有普通层、引导层、遮罩层和被遮罩层 4 种图层类型，为了便于图层的管理，用户还可以使用图层文件夹。

整个窗口右侧由工具以及库面板和"属性"面板组成。面板是 Animate 工作窗口中最重要的操作对象。

功能强大的"工具"是 Animate 中最常用到的一个面板，由"工具""查看""颜色"和"选项" 4 部分组成。

用"属性"面板可以很容易地设置舞台或时间轴上当前选定对象的最常用属性，从而加快了动画文档的创建过程。当选定对象不同时，"属性"面板中会出现不同的设置参数。

5.3.2　工具箱

工具箱提供了图形绘制和编辑的各种工具。由于工具很多，一些工具被隐藏起来。在工具箱中如果工具按钮右下角带有黑色小箭头，则表示该工具还有其他被隐藏的工具，用鼠标按住此工具按钮不动会显示出来。

使用工具箱中的工具可以绘制、涂色、选择和修改插图，并可以更改舞台的视图。把鼠标指针指向某个选项，会出现选项名称。工具箱如图 5.5 所示，它分为 4 个部分：

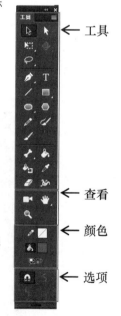

- 工具区域：包含绘画、涂色和选择工具。
- 查看区域：包含在应用程序窗口内进行缩放和移动的工具。
- 颜色区域：包含用于笔触颜色和填充颜色的功能键。
- 区域选项：显示选定工具的组合键，这些组合键会影响工具的涂色或编辑操作。

1. 工具区域

"工具"箱中各工具的功能介绍如下：

- 选择工具 ：使用此工具可以选择和移动舞台中的对象、改变对象的大小和形状。
- 部分选取工具 ：使用此工具可以从已选中的对象中再选择部分内容。
- 任意变形工具 ：主要用于对选中的对象进行缩放、旋转、倾斜、扭曲、封套等变形处理。
- 3D 旋转工具 ：在 3D 空间中旋转影片剪辑实例。
- 套索工具 ：使用此工具可以选择舞台中不规则区域或多个对象。
- 钢笔工具 ：使用此工具可以绘制更加精确、光滑的贝塞尔曲线，并且可以调整曲线的曲率等参数。

图 5.5　工具箱

- 文本工具 **T**：使用此工具可以建立文本或文本表单，并对它们进行编辑。

- 线条工具 ：使用此工具可以绘制各种长度和角度的直线。

- 矩形工具 ：使用此工具可以绘制矩形或正方形矢量图。

- 椭圆工具 ：使用此工具可以绘制椭圆形或圆形矢量图。

- 多角星形工具 ：使用此工具可以绘制多边形或星形。

- 铅笔工具 ：使用此工具可以绘制任意形状的曲线矢量图。

- 画笔工具 ：使用此工具可以绘制任意形状的色块矢量图。

- 骨骼工具 ：使用此工具可以把图像连接到骨架上，可以很简单地运用骨骼做出动画。

- 颜料桶工具 ：使用此工具可以为图形填充颜色，或者改变填充色块的各种属性。

- 墨水瓶工具 ：使用此工具可以改变矢量线段、曲线以及图形线条的各种属性，如线条粗细、填充颜色等。

- 吸管工具 ：将图形的填充颜色或线条属性复制到别的图形线条上，还可以采集位图作为填充内容。

- 橡皮擦工具 ：用于擦除舞台中的图形或对象。

- 宽度工具 ：使用此工具可让使用者针对"舞台"上的绘图加入不同形式和粗细的宽度。通过加入调节宽度，使用者可以轻松地将简单的笔画转变为丰富的图案。

2．查看区域

- 摄像头 ：允许动画制作人员模拟真实的摄像机。在摄像头视图下查看作品时，看到的图层会像正透过摄像头来看一样。可以对摄像头图层添加补间或关键帧。摄像头工具适用于 Animate CC 中的所有内置文档类型：HTML5 Canvas、WebGL 和 ActionScript。

- 手形工具 ：单击此工具，在舞台中拖动鼠标可以改变舞台画面的显示位置，以便更好地显示或观察。

- 缩放工具 ：选用此工具，在舞台中单击可以改变舞台画面的显示比例。也可以在舞台右上角的比例框中选择需要的显示比例。如果想缩小舞台的显示比例，可以使用此工具在按住键的同时单击画面。

3．颜色区域

颜色区用于设置图形或对象的线条颜色和填充颜色。

- 笔触颜色 ：单击其中的线条颜色块将打开颜色面板，在其中可以选择图形线条的颜色。

- 填充颜色 ：单击其中的填充颜色块，可以在打开的颜色面板中选择图形的填充颜色。

- 基本配置 ：其中的 2 个按钮分别用于设置默认颜色（黑色和白色）、变换颜色。

4．选项区域

选项区中显示的是当前绘图工具的各种属性选项。例如，当选中箭头工具时，其中包括贴紧至对象、平滑和伸直 3 个按钮。此区域中的内容会随着选择的工具不同而变化。每个工具都有相应的属性选项，只有当用户选中某工具后，才会激活选项区中的内容，然后使用它们进行各种设置，完成需要的操作。

5.3.3 "时间轴"面板

时间轴用于组织和控制文档内容在一定时间内播放的层数和帧数。与胶片一样，Animate 文档也将时长分为帧。层就像堆叠在一起的多张幻灯胶片一样，每个层都包含一个显示在舞台中的不同图像。时间轴的主要组件是层、帧和播放头，如图 5.6 所示。

时间轴是进行作品创作的核心部分，主要用于组织动画各帧中的内容，并可以控制动画在某一段时间内显示的内容。时间轴左边为图层区，右边为帧区，动画从左向右逐帧进行播放。"时间轴"面板位于场景的上侧或下侧，同样

图 5.6 时间轴

是默认显示在工作界面中的面板。该面板主要用于放置帧中的内容和播放帧，由图层区、帧控制区、帧和时间轴标尺等组成。

在时间轴帧控制区的帧频率也称为 FPS，即 Frame Per Second 是指每秒钟刷新的次数。对于动画而言，帧频率表示动画的播放速度。帧频率数字越大播放速度越快。

单击"窗口"→"时间轴"命令可以显示和隐含时间轴。

时间轴中有图层区。每帧都可以包含若干图层。

图层就像透明的纸，每个图层可以存放不同的内容，播放时各个图层的内容就会叠加显示。作为初学者，为避免编辑时互相影响，不同的内容最好放在不同的图层，不需要编辑的图层最好加锁。

下面介绍时间轴中各按钮的功能。

- 新建图层按钮：单击此按钮，可以新建一个图层，并显示在当前图层的上方。双击图层列表区中的图层名称，可以修改图层名称。
- 新建文件夹按钮：单击此按钮可以建立一个图层文件夹，它用于组织和管理图层，使时间轴窗口更加简洁。
- 删除按钮：单击此按钮可以将选定的（或当前所在的）图层删除。
- 添加摄像头：Animate CC 中的摄像头允许动画制作人员模拟真实的摄像机。在摄像头视图下查看作品时，看到的图层会像正透过摄像头来看一样。还可以对摄像头图层添加补间或关键帧。摄像头工具适用于 Animate CC 中的所有内置文档类型：HTML Canvas、WebGL 和 ActionScript。

文档中的层列在时间轴左侧的列中。每个层中包含的帧显示在该层名右侧的一行中。时间轴顶部的时间轴标题指示帧编号。播放头指示在舞台中当前显示的帧。时间轴状态显示在时间轴的底部，它指示所选的帧编号、当前帧频以及到当前帧为止的运行时间。

绘画纸是一个帮助定位和编辑动画的辅助功能，这个功能对制作逐帧动画特别有用。通常情况下，Animate 在舞台中一次只能显示动画序列的单个帧。使用绘画纸功能后，就可以在舞台中一次查看两个或多个帧了。

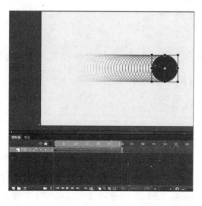

图 5.7 同时显示多帧内容的变化

如图 5.7 所示，这是使用绘画纸功能后的场景，可以看出，当前帧中的内容用全彩色显示，其他帧的内容以半透明显示，它使我们看起来好像所有帧内容是画在一张半透明的绘图纸上，这些内容相互层叠在一起。当然，这时只能编辑当前帧的内容。

绘画纸各个按钮的功能如下：

- 绘图纸外观按钮：按下此按钮后，在时间帧的上方，出现绘图纸外观标记。拉动外观标记的两端，可以扩大或缩小显示范围。
- 绘图纸外观轮廓按钮：按下此按钮后，场景中显示各帧内容的轮廓线，填充色消失，特别适合观察对象轮廓。另外还可以节省系统资源，加快显示过程。

- 编辑多个帧按钮：按下此按钮后可以显示全部帧内容，并且可以进行"多帧同时编辑"。
- 修改绘图纸标记按钮：按下此按钮后会弹出菜单，菜单中有以下选项：

- 总是显示标记选项：会在时间轴标题中显示绘图纸外观标记，无论绘图纸外观是否打开。
- 锚定绘图纸选项：会将绘图纸外观标记锁定在它们在时间轴标题中的当前位置。通常情况下，绘图纸外观范围是和当前帧的指针以及绘图纸外观标记相关的。通过锚定绘图纸外观标记，可以防止它们随当前帧的指针移动。
- 绘图纸 2 选项：会在当前帧的两边显示 2 个帧。
- 绘图纸 5 选项：会在当前帧的两边显示 5 个帧。
- 绘制全部选项：会在当前帧的两边显示全部帧。

在 Animate 中，帧是指"时间轴"面板中窗格内的小格子，由左至右编号。每帧内包含图像信息，在播放时，每帧内容会随时间轴放映而改变，最后形成连续的动画效果。帧又分为关键帧和过渡帧，过渡帧又称为普通帧。过渡帧中不可以添加新的内容。有内容的帧呈灰色，空的帧显示为白色。

关键帧是定义了动画变化的帧，也可以是包含了帧动作的帧。默认情况下，每一层的第一帧是关键帧，在时间轴上关键帧以黑点表示。关键帧可以是空的，可以使用空的关键帧作为停止显示指定图层中的已有内容。时间轴上的空白关键帧以空心小圆圈表示。

在时间轴上右击即可添加帧、关键帧、空白关键帧等。

5.3.4　舞台

舞台是放置图形内容的矩形区域，这些图形内容包括矢量插图、文本框、按钮、导入的位图图形或视频剪辑，诸如此类，如图 5.8 所示。Animate 创作环境中的舞台相当于影片中在回放期间文档的矩形空间。可以在"属性"面板中设置和改变"舞台"的大小，默认状态下，"舞台"的宽为 550 像素，高为 400 像素。

图 5.8　舞台

场景就好比是一个工作台，所有要素都需要在场景中制作出来。场景的舞台是设计者直接绘制帧或者从外部导入图形之后进行编辑处理，再将单独的帧合成为动画的场所。

一个文件可以包含多个场景，就像生活中故事也在多个地点的场景中发生，具体场景的设置可以使用"场景"面板进行。

可以在工作时放大和缩小以更改舞台的视图。

要在屏幕上查看整个舞台，或要在高缩放比率情况下查看绘画的特定区域，可以更改缩放比率。

要放大或缩小整个舞台，可以选择"视图"→"放大"命令或"视图"→"缩小"命令。

要放大或缩小特定的百分比，可以选择"视图"→"缩放比率"命令，然后从子菜单中选择一个百分比，或者从应用程序窗口右上角的"缩放"控件中选择一个百分比。

要缩放舞台以完全适合给定的窗口空间，可以选择"视图"→"缩放比率"→"符合窗口大小"命令。

5.3.5　"属性"面板

使用面板可以处理对象、颜色、文本、实例、帧、场景和整个文档。例如，可以使用"颜色"面板创建颜色，并使用"对齐"面板来将对象彼此对齐或与舞台对齐。大多数面板都包括一个带有附加选项的弹出菜单。该选项菜单由面板标题栏中的一个控件指示（如果没有出现选项菜单控件，该面板就没有选项菜单）。

（1）要打开面板，可以从"窗口"菜单中选择所需的面板。

（2）要关闭面板，可执行以下操作之一：①从"窗口"菜单中选择所需的面板；②右击面板标题栏，然后从上下文菜单中选择"关闭面板"命令。

（3）要使用面板的选项菜单：可以单击面板标题栏中最右边的控件以查看选项菜单，然后单击该菜单中的一个

图 5.9 "属性"面板

项目。

(4) 要调整面板大小，可以直接拖动面板的边框。

(5) 要展开面板或将面板折叠为其标题栏，可单击标题栏上的折叠箭头。再次单击折叠箭头会将面板展开到它以前的大小。

(6) 要关闭所有面板，可以选择"窗口"→"隐藏面板"命令。

使用"属性"面板可以很容易地访问舞台或时间轴上当前选定项的最常用属性，从而简化文档的创建过程。可以在"属性"面板中更改对象或文档的属性，而不用访问包含这些功能的菜单或面板。"属性"面板如图 5.9 所示。

"属性"面板上显示的内容取决于当前选定的内容，"属性"面板可以显示当前文档、文本、元件、形状、位图、视频、组、帧或工具的信息和设置。当选定了两个或多个不同类型的对象时，"属性"面板会显示选定对象的总数。

5.3.6 "动作"面板和其他浮动面板

"动作"面板可以创建和编辑对象或帧的动作。

要创建在 Animate 文件中嵌入的脚本，可以将 ActionScript 直接输入到"动作"面板（选择"窗口"→"动作"命令或按 F9 键）。"动作"面板如图 5.10 所示。

"动作"面板包含两个窗格：

● "脚本"窗格：用于键入与当前所选帧相关联的 Action-Script 代码。

● 脚本导航器：列出 Animate 文档中的脚本，可以快速查看这些脚本。在脚本导航器中单击一个项目，就可以在脚本窗格中查看脚本。

使用"动作"面板可以访问代码帮助功能，这些功能有助于简化 ActionScript 中的编码工作。可以添加并非特定于帧的全局和第三方脚本，这些脚本可以应用于 Animate 中的整个动画。

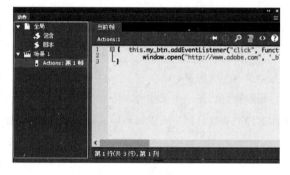

图 5.10 "动作"面板

● 运行脚本：运行脚本。

● 固定脚本：将脚本固定到脚本窗格中各个脚本的固定标签，然后相应移动它们。此功能在还没有将 FLA 文件中的代码组织到一个集中的位置或者在使用多个脚本时非常有用。可以将脚本固定，以保留代码在"动作"面板中的打开位置，然后在各个打开着的不同脚本中切换。这在调试时特别有用。

● 插入实例路径和名称：帮助设置脚本中某个动作的绝对或相对目标路径。

● 查找：查找并替换脚本中的文本。

● 设置代码格式：帮助设置代码格式。

● 代码片段：打开"代码片段"面板，其中显示代码片段示例。

● 帮助：显示"脚本"窗格中所选 ActionScript 元素的参考信息。例如，如果单击 import 语句，再单击"帮助"，"帮助"面板中将显示 import 的参考信息。

● 脚本窗口：使用"脚本"窗口可以创建要导入应用程序的外部脚本文件。这些脚本可以是 ActionScript 文件，也可以是 Animate JavaScript 文件。脚本窗口如图 5.11 所示。

还可以在 HTML5 Canvas 文档中添加全局脚本和第三方脚本。

图 5.11　脚本窗口

如果同时打开多个外部文件，文件名将显示在沿"脚本"窗口顶部排列的选项卡上。

在"脚本"窗口中，可以使用以下功能：PinScript、查找和替换、语法着色、设置代码格式、代码提示、代码注释、代码折叠、调试选项（仅限 ActionScript 文件）以及自动换行。使用"脚本"窗口还可以显示行号和隐藏字符。

5.3.7　"设计"面板

"设计"面板包括对齐面板、颜色面板、信息面板、样本面板和变形 5 个面板。

1. "对齐"面板

"对齐"面板可以重新调整选定对象的对齐方式和分布。"对齐"面板分为如下 5 个区域：

- 相对于舞台：按下此按钮后可以调整选定对象相对于舞台尺寸的对齐方式和分布；如果没有按下此按钮则是两个以上对象之间的相互对齐和分布。
- 对齐：用于调整选定对象的左对齐、水平中齐、右对齐、上对齐、垂直中齐和底对齐。
- 分布：用于调整选定对象的顶部、水平居中和底部分布，以及左侧、垂直居中和右侧分布。
- 匹配大小：用于调整选定对象的匹配宽度、匹配高度或匹配宽和高。
- 间隔：用于调整选定对象的水平间隔和垂直间隔。

图 5.12　"对齐"面板

使用"对齐"面板，可以对编辑区中的多个对象进行排列、分布、匹配大小、调整间隔等操作，使布局整齐美观，如图 5.12 所示。

"对齐"面板由排列对齐、分布对齐、匹配大小、间隔以及相对舞台几部分组成。

（1）排列对齐（水平排列和垂直排列）。

1）水平排列 ：从左到右分别是水平方向的左对齐、左右居中对齐、右对齐。

2）垂直排列 ：从左到右分别是垂直方向的上对齐、上下居中对齐、下对齐。

（2）分布对齐（水平分布和垂直分布）。

1）水平分布 ：从左到右分别为垂直方向基于上边缘的分布、基于中心的分布、基于下边缘的分布。

2）垂直分布 ：从左到右分别为水平方向基于左边缘的分布、基于中心的分布、基于右边缘的分布。

（3）匹配大小 ：将一组对象的宽度、高度或两者调整为对象的最大尺寸。从左到右分别为水平对齐、垂直对齐、水平垂直对齐。

（4）间隔 ：将一组对象在水平或垂直方向上按照等间距的方式排列。从左到右分别为水平间距的调整、垂直间距的调整。

（5）与舞台对齐 ：在默认状态时上述按钮的操作是对于对象本身的，单击此按钮后，则所做的操作是相对于舞台的。

2．"颜色"面板

用"颜色"面板可以创建和编辑"笔触颜色"和"填充颜色"的颜色。有 HSB 和 RGB 模式，显示红、绿和蓝的颜色值，"A"用来指定颜色的透明度，其范围在 0%～100%，0 为完全透明，100% 为完全不透明。"十六进制编辑文本框"显示的是以"#"开头的十六进制模式的颜色代码，可直接输入。可以在面板的"颜色空间"单击，选择一种颜色，上下拖动右边的"亮度控件"可调整颜色的亮度，如图 5.13 所示。在后面的章节中，将会具体应用它。

3．"场景"面板

一个动画可以由多个场景组成，"场景"面板中显示了当前动画的场景数量和播放的先后顺序。当动画包含多个场景时，将按照它们在"场景"面板中的先后顺序进行播放，动画中的"帧"是按"场景"顺序连续编号的，例如：如果影片中包含两个场景，每个场景有 10 帧，则场景 2 中的帧的编号为 11～20。单击"场景"面板下方的 3 个按钮可以执行"添加场景""重制场景"和"删除场景"的操作。双击"场景名称"可以重新命名，上下拖动"场景名称"可以调整"场景"的先后顺序，如图 5.14 所示。

4．"变形"面板

"变形"面板可以对选定对象执行缩放、旋转、倾斜和创建副本的操作。"变形"面板分为 3 个区域：最上面的是缩放区，可以输入"垂直"和"水平"缩放的百分比值，选中约束复选框，可以使对象按原来的长宽比例进行缩放；选中旋转，可输入旋转角度，使对象旋转；选中倾斜，可输入"水平"和"垂直"角度来倾斜对象；单击面板下方的重置选区和变形按钮，可执行变形操作并且复制对象的副本；单击"取消变形"按钮，可恢复上一步的变形操作。"变形"面板如图 5.15 所示。

若一些面板找不到，可以单击"窗口"菜单，在其中找到相应的面板即可调出。

5．"库"面板

"库"面板是存储和组织在 Animate 中创建的各种元件的地方，它还用于存储和组织导入的文件，包括位图图形、声音文件和视频剪辑。利用"库"面板，可以在文件夹中组织库项目、查看项目在文档中的使用频率以及按照名称、类型、日期、使用次数或 ActionScript 链接标识符对项目进行排序。"库"面板如图 5.16 所示。

图 5.13　"颜色"面板　　　图 5.14　"场景"面板　　　图 5.15　"变形"面板　　图 5.16　"库"面板

5.3.8　动画的类型

Animate 提供了多种方法用来创建动画和特殊效果。各种方法为创作精彩的动画内容提供了多种可能。

Animate 支持以下类型的动画：

- 补间动画：使用补间动画可以设置对象的属性，如一个帧中以及另一个帧中的位置和 Alpha 透明度。然后 Animate 在中间插入帧的属性值。对于由对象的连续运动或变形构成的动画，补间动画很有用。补间动画在时间轴中显示为连续的帧范围，默认情况下可以作为单个对象进行选择。补间动画功能强大，易于创建。

- 传统补间：传统补间与补间动画类似，但是创建起来更复杂。传统补间允许一些特定的动画效果，使用基于范围的补间不能实现这些效果。

- 反向运动姿势：用于伸展和弯曲形状对象以及链接元件实例组，使它们以自然方式一起移动。在将骨骼添加到形状或一组元件之后，可以在不同的关键帧中更改骨骼或符号的位置。Animate 将这些位置内插到中间的帧中。

- 补间形状：在形状补间中，可在时间轴中的特定帧绘制一个形状，然后更改该形状或在另一个特定帧绘制另一个形状。然后，Animate 为这两帧之间的帧内插这些中间形状，创建出从一个形状变形为另一个形状的动画效果。

- 逐帧动画：使用此动画技术，可以为时间轴中的每个帧指定不同的艺术作品。使用此技术可创建与快速连续播放的影片帧类似的效果。对于每个帧的图形元素必须不同的复杂动画而言，此技术非常有用。

帧频是动画播放的速度，以每秒播放的帧数（fps）为度量单位。帧频太慢会使动画看起来一顿一顿的，帧频太快会使动画的细节变得模糊。24fps 的帧速率是新 Animate 文档的默认设置，通常在 Web 上提供最佳效果。标准的动画速率也是 24fps。

动画的复杂程度和播放动画的计算机的速度会影响播放的流畅程度。若要确定最佳帧速率，可在各种不同的计算机上测试动画。

5.3.9　元件

元件是指在 Animate CC 创作环境中或使用 SimpleButton（AS 3.0）和 MovieClip 类一次性创建的图形、按钮或影片剪辑。然后可在整个文档或其他文档中重复使用该元件。元件可以包含从其他应用程序中导入的插图。创建的任何元件都会自动成为当前文档的库的一部分。实例是指位于舞台上或嵌套在另一个元件内的元件副本。实例可以与其父元件在颜色、大小和功能方面有差别。编辑元件会更新它的所有实例，但对元件的一个实例应用效果则只更新该实例。

在文档中使用元件可以显著减小文件的大小；保存一个元件的几个实例比保存该元件内容的多个副本占用的存储空间小。例如，通过将诸如背景图像这样的静态图形转换为元件然后重新使用它们，可以减小文档的文件大小。使用元件还可以加快 SWF 文件的播放速度，因为元件只需下载到 Flash Player 中一次。在创作时或在运行时，可以将元件作为共享库资源在文档之间共享。对于运行时共享资源，可以把源文档中的资源链接到任意数量的目标文档中，而无需将这些资源导入目标文档。对于创作时共享的资源，可以用本地网络上可用的其他任何元件更新或替换一个元件。如果导入的库资源和库中已有的资源同名，可以解决命名冲突，而不会意外地覆盖现有的资源。

每个元件都有一个唯一的时间轴和舞台，以及几个图层。可以将帧、关键帧和图层添加至元件时间轴，就像可以将它们添加至主时间轴一样。创建元件时有 3 种元件类型：

（1）图形元件：可用于静态图像，并可用来创建连接到主时间轴的可重用动画片段。图形元件与主时间轴同步运行。交互式控件和声音在图形元件的动画序列中不起作用。由于没有时间轴，图形元件在 FLA 文件中的尺寸小于按钮或影片剪辑。

（2）按钮元件：可以创建用于响应鼠标单击、滑过或其他动作的交互式按钮。可以定义与各种按钮状态关联的图形，然后将动作指定给按钮实例。按钮元件包含专门的内部时间轴用于按钮状态。可以轻松创建视觉效果不同的"弹起""按下"和"滑过"状态。按钮元件还可以回应用户的操作，自动更改其状态。

（3）影片剪辑元件：可以创建可重用的动画片段。影片剪辑拥有各自独立于主时间轴的多帧时间轴。可以将多帧时间轴看作是嵌套在主时间轴内，它们可以包含交互式控件、声音甚至其他影片剪辑实例。也可以将影片剪辑实例放在按钮元件的时间轴内，以创建动画按钮。此外，可以使用 ActionScript 对影片剪辑进行脚本编写。

5.3.10 发布

1. HTML5 Canvas 文档发布

Canvas 是 HTML5 中的一个新元素，它提供了多个 API，可以动态生成及渲染图形、图表、图像及动画。HTML5 的 Canvas API 提供二维绘制能力，它的出现使得 HTML5 平台更为强大。如今的大多数操作系统和浏览器都支持这些功能。

Canvas 本质上是一个位图渲染引擎，其最终结果是生成绘图，且绘图大小不可调整。另外，在 Canvas 上绘制的对象并不属于网页 DOM 的一部分。

在网页中，可以使用 Canvas 标签添加 Canvas 元素。然后便可以使用 JavaScript 来增强这些元素以便构建交互性。Animate CC 允许创建具有图稿、图形及动画等丰富内容的 HTML5 Canvas 文档。Animate 中新增了一种文档类型 HTML5 Canvas，它对创建丰富的交互性 HTML5 内容提供本地支持。这意味着可以使用传统的 Animate 时间轴、工作区及工具来创建内容，而生成的是 HTML5 输出。只需单击几次鼠标，即可创建 HTML5 Canvas 文档并生成功能完善的输出。粗略地讲，在 Animate 中，文档和发布选项会经过预设以便生成 HTML5 输出。

Animate CC 集成了 CreateJS，后者支持通过 HTML5 开放的 Web 技术创建丰富的交互性内容。Animate CC 可以为舞台上创建的内容（包括位图、矢量图、形状、声音、补间等）生成 HTML 和 JavaScript。其输出可以在支持 HTML5 Canvas 的任何设备或浏览器上运行。

创建 HTML5 Canvas 文档，就可以将动画发布到 HTML5，要将舞台上的内容发布到 HTML5，可执行以下操作：选择"文件"→"发布设置"命令。发布界面包括基本设置、高级、将位图导出为 Sprite 表、Web 字体。发布设置如图 5.17 所示。

图 5.17 "发布设置"对话框

(1) 基本设置。输出将 FLA 发布到此目录：默认为 FLA 所在的目录，但可通过单击浏览按钮"..."进行更改。

- 循环时间轴：如果选中，则时间轴循环；如果未选中，则在播放到结尾时时间轴停止。
- 包括隐藏图层：如果未选中，则不会将隐藏图层包含在输出中。
- 舞台居中：允许用户选择是将舞台"水平居中""垂直居中"或"同时居中"。默认情况下，HTML 画布/舞台显示在浏览器窗口的中间。
- 做出响应：允许用户选择动画是否响应高度、宽度或这两者的变化，并根据不同的比例因子调整所发布输出的大小。结果将是遵从 HIDPI 的更为清晰鲜明的响应式输出。
- 输出还会拉伸，不带边框覆盖整个屏幕区域，不过会保持原高宽比不变，尽管画布的某些部分可能不适合视图。

宽度、高度或两者选项确保整个内容会根据画布大小按比例缩小，因此即使是在小屏幕上查看（如移动设备或平板电脑），内容也都可见。如果屏幕大小大于创作的舞台大小，画布将以原始大小显示。

启用缩放以填充可见区域：允许用户选择是在全屏模式下查看动画输出，还是应拉伸以适合屏幕。默认情况下，此选项为禁用状态。

- 符合视图大小：全屏模式下以整个屏幕空间显示输出，同时保持长宽比。
- 拉伸以适合：拉伸动画以便输出中不带边框。
- 包括预加载器：允许用户选择是使用默认的预加载器还是从文档库中自行选择预加载器。预加载器是在加载呈现动画所需的脚本和资源时以动画 GIF 格式显示的一个可视指示符。资源加载之后，预加载器即隐藏，而显示真正的动画。默认情况下，预加载器选项为未选中状态。

- 默认选项：使用默认的预加载器。"浏览"选项使用自行选择的预加载器 GIF。预加载器 GIF 将复制到在"导出图像资源"中配置的图像文件夹中。使用"预览"选项可预览选定的 GIF。
- 导出图像资源：供放入和从中引用图像资源的文件夹。
- 合并到 Sprite 表中：选择该选项可将所有图像资源合并到一个 Sprite 表中。有关 Sprite 表选项的更多信息，请参阅"将位图导出为 Sprite 表"。
- 导出声音资源：供放入和从中引用文档中声音资源的文件夹。
- 导出 CreateJS 资源：供放入和从中引用 CreateJS 库的文件夹。

(2) 高级设置。

- 资源导出：相对 URL，将图像、声音及支持的 CreateJS JavaScript 库导出到此处。如果未选中右侧的复选框，则不会从 FLA 导出那些资源，但仍会使用指定路径作为其 URL。这会加快具有许多媒体资源的 FLA 发布的过程，因为不会覆盖修改过的 JavaScript 库。
- 将所有位图导出为 Sprite 表：允许将 Canvas 文档中的所有位图打包在一个 Sprite 表中，这将减少服务器请求的次数，从而提高性能。可以通过给定高度值和宽度值来指定 Sprite 表的最大大小。
- HTML 发布模板：使用默认模板发布 HTML5 输出。
- 导入新模板：为 HTML5 文档导入一个新模板。
- 导出：将 HTML5 文档导出为模板。
- 托管的库：如果选中，将使用在 CreateJS CDN（code. createjs. com）上托管的库的副本。这样允许对库进行缓存并在各个站点之间实现共享。
- 包括隐藏图层：如果未选中，则不会将隐藏图层包含在输出中。
- 压缩形状：如果选中，将以精简格式输出矢量说明；如果未选中，则导出可读的详细说明（用于学习目的）。
- 多帧边界：如果选中，则时间轴元件包括一个 frameBounds 属性，该属性包含一个对应于时间轴中每个帧的边界的 Rectangle 数组。多帧边界会大幅增加发布时间。
- "发布时覆盖 HTML 文件"和"在 HTML 中包含 JavaScript"：如果选中"在 HTML 中包含 JavaScript"，则"发布时覆盖 HTML 文件"复选框为选中并禁用状态；如果不选中"发布时覆盖 HTML 文件"复选框，则"在 HT-ML 中包含 JavaScript"为不选中并禁用状态。

(3) 将位图导出为 Sprite 表。将 HTML5 Canvas 文档中使用的大量位图导出为一个单独的 Sprite 表可减少服务器请求的次数、减小输出大小，从而提高性能。可以将 Sprite 表导出为 PNG（默认）或 JPEG，或是导出为这两者。

(4) Web 字体。通过 Animate 可以直接访问 Typekit 中的字体，Typekit 是一项针对高级商业字体的订阅服务。对于任一级别的 Creative Cloud 方案，都可以试用 Typekit 库中的部分字体；如果已订阅某一付费方案，则可以访问包含有数千种字体的完整库。

2. ActionScript 3.0 文档的发布

ActionScript 3.0 文档的"发布"命令会创建一个 SWF 文件和一个 HTML 文档，HTML 文档会将 Flash 内容插入浏览器窗口中。"发布"命令还为 Flash 4 及更高版本创建和复制检测文件。如果更改发布设置，Flash 将更改与该文档一并保存。在创建发布配置文件之后，将其导出以便在其他文档中使用，或供在同一项目上工作的其他人使用。ActionScript 3.0 的发布设置如图 5.18 所示。

当使用"发布""测试影片"或"调试影片"命令时，Animate 将从 FLA 文件中创建一个 SWF 文件。可以在文档的"属性"检查器中查看从当前 FLA 文件创建的所有 SWF 文件的大小。

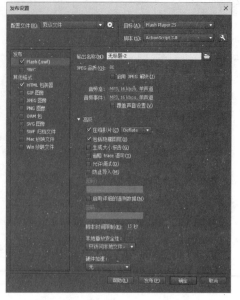

图 5.18　ActionScript 3.0 的发布设置

Flash Player 6 及更高版本都支持 Unicode 文本编码。使用 Unicode 支持，用户可以查看多语言文本，与运行播放器的操作系统使用的语言无关。可以用替代文件格式（GIF、JPEG 和 PNG）发布 FLA 文件，但需要使用 HTML 才能在浏览器窗口中显示这些文件。对于尚未安装目标 Adobe Flash Player 的用户，替代格式可使他们在浏览器中浏览 SWF 文件动画并进行交互。用替代文件格式发布 FLA 文件时，每种文件格式的设置都会与该 FLA 文件一并存储。

可以用多种格式导出 FLA 文件，与用替代文件格式发布 FLA 文件类似，只是每种文件格式的设置不会与该 FLA 文件一并存储。或者，使用任意 HTML 编辑器创建自定义的 HTML 文档，并在其中包括显示 SWF 文件所需的标签。

要在发布 SWF 文件之前测试 SWF 文件的效果，可以选择"控制"→"测试影片"→"测试"命令或"控制"→"测试场景"命令。

5.3.11　文档属性设置

选择"修改"菜单中的文档打开"文档设置"对话框，如图 5.19 所示。

"文档设置"对话框中各参数的含义如下：

- 单位：是显示在场景周围的辅助工具，以标尺为参照可以使绘制的图形更精确。在这里可以设置标尺的单位。系统默认的尺寸单位是 px（像素），可以自行输入"cm（厘米）""mm（毫米）"和"in（英寸）"等单位的数值，也可以在"单位"中选择。
- 舞台大小：舞台的尺寸最小可设定成宽 1px（像素）、高 1px（像素），最大可设定成宽 2880px（像素）、高 2880px（像素）。
- 匹配内容：将底稿缩放成和画面上的对象大小一样。
- 舞台颜色：设置舞台的背景颜色。
- 帧频：默认的是 24fps。这个速度很适合在网络上播放，一般情况下都默认使用这个帧频。在设计一些特殊效果的课件时，可以更改这个数值，数值越大动画的播放速度越快。

图 5.19　"文档设置"对话框

- 设为默认值：将所有设定保存成默认值，下次当再开启新的影片文档时，影片的舞台大小和背景颜色会自动调整成本次设定的值。

5.4　Animate 静态图像制作

做静态图像的目的是更好地熟悉 Animate 的操作环境和操作界面。

5.4.1　制作放大镜

放大镜的最终效果如图 5.20 所示。

(1) 启动 Animate CC，选择 HTML5 Canvas。

在当前工作区，用方形工具绘制一个圆角为 30 的弧角方形，并用褐色进行填充。用箭头工具拖拉弧角方形的两条长边，使其稍具弧形，如图 5.21 所示。

在处理矢量图形时，可以任意改变图像的大小与外观，其处理方法就是用箭头工具进行拉扯。

(2) 在当前层上新添加一个层，然后在工作区绘制一个轮廓为黑色，填充为白色的圆形，并将其移动到弧角方形上，如图 5.22 所示。

图 5.20　放大镜效果图

图 5.21　放大镜手柄

图 5.22　画圆

(3) 对圆形进行填充。打开"颜色"面板填充选择径向渐变，色块条设置 3 个色块，从左到右依次为白、白、灰。"颜色"面板设置如图 5.23 所示。

(4) 选择颜料筒工具对圆形进行填充。

此物件共由一个圆与一个弧角方形构成，弧角方形应用褐色的实心填充，圆则应用由白到灰的球形渐变填充。

(5) 选择"文件"→"保存"命令，将文件保存成源文件。选择"文件"→"导出"命令，将文件导出为 .swf 影片保存。

5.4.2　制作精美珠链

(1) 启动 Animate CC，选择 HTML5 Canvas，画一个圆，不带填充，只保留边界，笔触样式为细实线。回到选择工具，指向圆的边界，出现圆弧时拖动使圆变成一条闭合曲线，感觉要像一条链子，如图 5.24 所示。选中曲线，复制备用。

(2) 选中曲线，修改曲线的属性，在"属性"面板中把线条样式改成点状，笔触改为 10。修改曲线如图 5.25 所示。

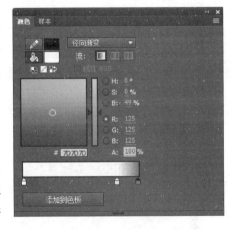
图 5.23　"颜色"面板设置

图 5.24　画曲线

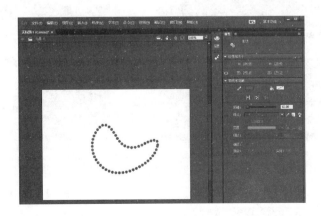
图 5.25　修改曲线

(3) 在曲线被选中的情况下，选择"修改"→"形状"→"将线条转换为填充"命令，填充曲线如图 5.26 所示。

111

（4）在曲线被选中的情况下，打开菜单窗口中的"颜色"面板，填充色选择"径向渐变"，在下面的渐变色块中左边设为白色，右边设为红色，颜色设置如图 5.27 所示，效果如图 5.28 所示。

图 5.26　填充曲线

图 5.27　颜色设置

图 5.28　效果图

图 5.29　最终效果图

（5）修饰。单击"图层"面板中的"增加图层"按钮新建图层 2，选择"编辑"→"粘贴"命令，将曲线粘贴到中心位置，在图层 2 中把备用曲线复制过来，拖动曲线放在同一位置，在"图层"面板中拖动图层 2 到图层 1 下方。最终效果如图 5.29 所示。

（6）选择"文件"→"保存"命令，将文件保存成源文件。选择"文件"→"导出"命令，将文件导出为 .swf 影片保存。

5.4.3　暗夜星光

暗夜星光最终效果如图 5.30 所示。

（1）启动 Animate CC，选择 HTML5 Canvas。

（2）打开"颜色"面板，填充选择线性渐变，在色块条上加成 5 个色块的渐变填充样式，两端两个黑色（RGB 值为 0，0，0），中间为灰色（RGB 值 125，125，125），灰色滑块两边是蓝色滑块（RGB 为 0，255，255），颜色设置如图 5.31 所示。

（3）在舞台上选择矩形工具绘制一个长方形，注意，长方形要尽量窄，如图 5.32 所示。

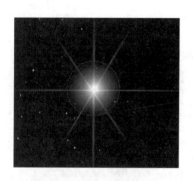

图 5.30　暗夜星光最终效果图

图 5.31　颜色设置

图 5.32　长方形

（4）回到选择工具状态，点选长条，打开窗口中的"变形"面板如图 5.33 所示。旋转输入 45°，点此面板下面的"重置选区"和"变形"按钮三下，如图 5.34 所示。

（5）下面绘制光晕。先对光晕进行分析：它的基本色应该是从白色到金黄色的过渡；到了光晕边缘，金黄色逐渐溶入黑色背景中，同时，金黄色中也透露出黑色的背景信息，这时，我们就要考虑使用 Alpha 透明属性进行设置了。

图 5.33　"变形"面板

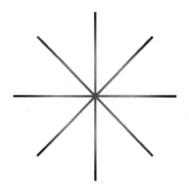

图 5.34　重置选区和变形

增加 1 个图层,打开"颜色"面板,填充选择径向渐变,左边色块设为白色 (RGB 值为 255,255,255),右边色块设为黄色 (RGB 值为 255,200,70),还要把右边色块的 Alpha 设为 0,如图 5.35 所示。在图层 2 绘制一个圆,如图 5.36 所示。

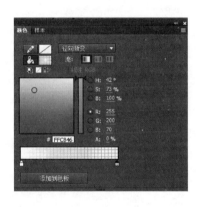

图 5.35　颜色设置

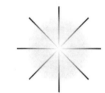

图 5.36　画渐变圆

(6) 选择"修改"→"文档"命令,将"舞台颜色"设为黑色,最终效果如图 5.31 所示。

本图像由 2 种物件组成:代表星光线的方形和代表光晕的球。星光线用比较复杂的线形渐变填充制成,光晕则是用带透明效果 (Alpha) 的圆形填充完成。

选择"文件"→"保存"命令,将文件保存成源文件。选择"文件"→"导出"命令,将文件导出为 .swf 影片保存。

5.4.4　画蝴蝶

启动 Animate CC,选择 HTML5 Canvas。

(1) 先画翅膀。选择"椭圆工具"绘制椭圆,利用"选择工具"变换椭圆,翅膀形状如图 5.37 所示。

(2) 选择"直线工具"绘制多条直线,通过"选择工具"将直线变为曲线。选择"颜料桶工具"为蝴蝶填充喜欢的颜色。填充颜色如图 5.38 所示。

(3) 选择"椭圆工具"绘制椭圆,完成蝴蝶左上翅膀的绘制。修饰翅膀如图 5.39 所示。

(4) 用同样的方法绘制蝴蝶左下翅膀,注意为了便于在后续课程制作飞舞的蝴蝶,建议用不同的图层放置蝴蝶的不同部分。左下翅膀如图 5.40 所示。

(5) 复制蝴蝶左侧的翅膀，选择"修改"→"变形"→"水平翻转"命令，把右翅膀移动到合适的位置，如图 5.41 所示。

图 5.37　画椭圆　　图 5.38　填充颜色　　图 5.39　修饰翅膀　　图 5.40　左下翅膀　　图 5.41　复制翅膀

(6) 画身体部分。新建图层，利用"椭圆工具"绘制椭圆，通过"指针工具"改变椭圆的形状，并通过"指针工具"将直线变为弧线，完成蝴蝶身体的绘制，如图 5.42 所示。

(7) 选择"文件"→"保存"命令，将文件保存成源文件。选择"文件"→"导出"命令，将文件导出为 .swf 影片保存。

图 5.42　画身体

5.5　逐　帧　动　画

逐帧动画是一种常见的动画形式 (Frame By Frame)，其原理是在连续的关键帧中分解动画动作，也就是在时间轴的每一帧上逐帧绘制不同的内容，使其连续播放而成为动画。

逐帧动画在每一帧中都会更改舞台内容，它最适合于图像在每一帧中都在变化而不仅是在舞台上移动的复杂动画。逐帧动画增加文件大小的速度比补间动画快得多。在逐帧动画中，Animate CC 会为每个完整的帧存储相应的值。若要创建逐帧动画，可将每个帧都定义为关键帧，然后为每个帧创建不同的图像。每个新关键帧最初包含的内容和它前面的关键帧是一样的，因此可以递增地修改动画中的帧。

因为逐帧动画的帧序列内容不一样，不但给制作增加了负担而且最终输出的文件量也很大，但它的优势也很明显：逐帧动画具有非常大的灵活性，几乎可以表现任何想表现的内容，而它类似于电影的播放模式，很适合于表演细腻的动画。例如：人物或动物急剧转身、头发及衣服的飘动、走路、说话以及精致的 3D 效果等等。

5.5.1　玫瑰花开

(1) 启动 Animate CC，选择 HTML5 Canvas。

(2) 选择"文件"→"导入"→"导入到库"命令，导入 4 张图片，如图 5.43 和图 5.44 所示。

图 5.43　导入图片　　　　　　　　　图 5.44　导入的图片

(3) 从库中把第 1 张图片托入场景，在第 3 帧、第 5 帧、第 8 帧右击，插入关键帧，在第 10 帧插入帧。

(4) 选中第 3 帧，在场景中的图 1 上右击，选择"交换位图"命令，如图 5.45 所示。选择第 2 张图。选中第 5 帧，在场景中的图 1 上右击，选择"交换位图"命令，选择第 3 张图。选中第 8 帧，在场景中的图 1 上右击，选择"交换位图"命令，选择第 4 张图。

(5) 按 Enter 键测试效果。如果播放速度太快可以在修改文档里把帧频调低到 10，或者把两个关键帧之间的间隔调大一些就可以了。

(6) 选择"文件"→"保存"命令，将文件保存成源文件。选择"文件"→"导出"命令，将文件导出为 . swf 影片保存。

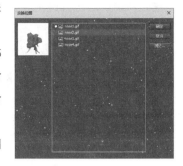

图 5.45　交换位图

5.6　运　　动

Animate 支持两种不同类型的补间用于创建动画。补间动画功能强大，易于创建。通过补间动画可对补间的动画进行最大程度的控制。传统补间（包括在早期版本的 Animate 中创建的所有补间）的创建过程更为复杂。尽管补间动画提供了更多对补间的控制，但传统补间提供了某些用户需要的特定功能。

5.6.1　运动小球

(1) 启动 Animate CC，选择 HTML5 Canvas。

(2) 选择"插入"→"新建元件"命令，"类型"选择"图形"，如图 5.46 所示。

图 5.46　创建新元件

(3) 单击"确定"按钮，进入元件编辑窗口。在这里进行的所有操作，只会对本元件起作用，而不会影响场景。菜单下的标示栏会变成如图 5.47 所示。

图 5.47　标示栏

单击标示栏中的选项，可以快速在各个场景中切换。如单击场景 1 就可以快速切换到场景 1 中。

(4) 找到工具栏上的椭圆工具，如图 5.48 所示。

(5) 设置圆形属性，即圆形的轮廓颜色、填充色、圆心位置等。

在工具栏里对轮廓、填充属性的设置，分别由图中标示出来的工具完成。铅笔下面设置笔触颜色，颜料桶下面设置填充色，最下面一排分别是"黑白色""交换颜色"，如图5.49所示。

（6）把笔触色设置为禁用，填充色设置为蓝色。然后按住 Shift 键，用椭圆工具画一个圆形，如图5.50所示。一般要把圆中心和元件的中心点重合，即拖动圆时加号和空心圆圈重合。在圆上右击，选择"变形"中的任意变形就会出现空心圆圈。可以使用键盘的上下左右按键移动也可以实现。

图5.48　椭圆工具　　　　图5.49　工具栏颜色设置　　　　图5.50　画圆形

在图像处理软件中，几乎都有这一相同的功能，即按住 Shift 键时可画出正方形与圆，不按时画出的常常是长方形与椭圆。

（7）单击标示栏上的场景1回到场景1。

这时，会发现刚才画的球不见了，这是因为刚才的操作只是针对元件1所作的，场景里面当然看不到。要看见刚才创建的元件，如果在右面的"库"面板中没有，只需选择"窗口"→"图"命令，或按 Ctrl＋L 组合键，就可以调出"库"面板并对元件进行查看了，如图5.51所示。

（8）确定当前帧在时间轴上是第1帧，如图5.52所示。

图5.51　"库"面板　　　　　　　　　　　图5.52　时间轴

（9）用鼠标将元件1拖到场景1中，位置稍微偏左。

将元件1拖入场景后，会发现时间轴第1帧中多了个黑色的小点。其实，这个小黑点代表本帧已有内容（即那个元件1），没有小黑点的帧是空帧（Blank Frame）。

（10）单击一下时间轴第10帧处，选中此帧，右击，选择"插入关键帧"命令，然后再将本帧中的圆向右拖动。

（11）单击第1帧，右击，选择"创建传统补间"命令，现在的时间轴窗口变成如图5.53所示的样式。

（12）按住 Ctrl 键的同时再按 Enter 键，就可以预览最终效果了。

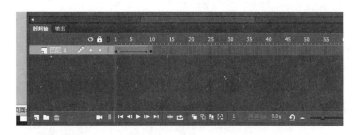

图 5.53 创建传统补间

(13) 返回 Animate CC，在时间轴第 20 帧鼠标右击，选择"插入关键帧"命令，在元件 1 上右击，选择"变形"中的任意变形，如图 5.54 所示。按住 Shift 键拖动变形角使元件 1 同比例变大（变小也可），在时间轴单击第 10 帧，右击，选择"创建传统补间"命令。

(14) 在时间轴第 30 帧右击，选择"插入关键帧"命令，单击元件 1，在"属性"面板中选择色彩效果中的样式，选择色调，修改颜色，如图 5.55 所示。在时间轴单击第 20 帧，右击，选择"创建传统补间"命令。

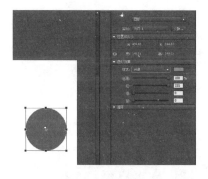

图 5.54 任意变形　　　　　　　　　　　图 5.55 修改颜色

(15) 在时间轴第 40 帧右击，选择"插入关键帧"命令，单击元件 1，在"属性"面板中选择色彩效果中的样式，选择 Alpha，修改为 0，如图 5.56 所示。在时间轴单击第 30 帧，右击，选择"创建传统补间"命令。

(16) 在运动中可以设置位置、大小、颜色和透明度变化。旋转变化在后面的风车实例里应用。做运动要把对象做成图形元件或者影片剪辑，直接在场景里做的话会在库中自动产生 2 个补间。

(17) 选择"文件"→"保存"命令，将文件保存成源文件。选择"文件"→"导出"命令，将文件导出为 .swf 影片保存。

5.6.2 风车制作

风车制作的步骤如下：

(1) 启动 Animate CC，选择 HTML5 Canvas。

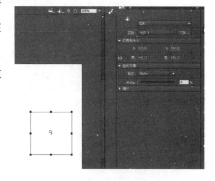

图 5.56 修改 Alpha 值

(2) 先来画风车的一个叶片。选择"菜单"中的"插入新建元件"命令，"类型"选择"图形元件"，单击"确定"按钮，进入元件编辑状态。选择绘图工具栏中的矩形工具，不带边界，填充色选蓝色，在工作区中间画出一个矩形，如图 5.57（a）所示。选择工具（点工具上黑箭头），将矩形左上角的顶点向右拖动直到与右上角的顶点重合，如图 5.57（b）所示。下面将对三角形作进一步的加工。用鼠标分别指向三角形的两条直角边出现圆弧向外拖出一个弧形，调整使弧形连续，然后再对三角形的斜边加工，使它也呈现一定的弧形，如图 5.57（c）所示。

（3）拖动叶片。为了使叶片旋转时不致发生偏离的情况，把叶片调整到合适的位置，拖动叶片使尖角对准加号，如图 5.58 所示。

（4）利用这个叶片做出风车其余的叶片。

选择"窗口"→"变形"命令，打开"变形"面板，如图 5.59 所示。

"变形"面板可以帮助精确地定义对象以及精确地旋转放缩对象。选中已经做好的叶片，在叶片上右击，选择"变形"中的任意变形，拖动空心小圆圈到加号上，鼠标不要乱动，保证圆圈和加号重合，在"变形"面板的"旋转"项下输入 60，表示将复制的叶片顺时针旋转 60°。单击"变形"面板中第一个按钮重制选区和变形，发现新的叶片出现在原有叶片顺时针 60°的位置。

继续单击按钮再复制出 5 个叶片，组成 6 个叶片的风车，如图 5.60 所示。注意，复制其他叶片时，每单击一次按钮后将"变形"面板中的旋转角度值多加 60°并选中此对象。

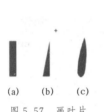

图 5.57　画叶片　　　　图 5.58　拖动叶片　　图 5.59　"变形"面板　　　　图 5.60　画风车

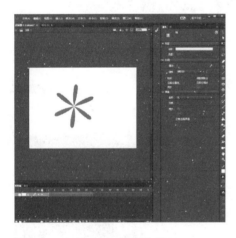

图 5.61　设置旋转

（5）运动旋转。回到场景 1 中，从右边的库中（如果未打开可以选择"窗口"→"库"命令）把元件 1 拖入场景。在第 30 帧右击，插入一个关键帧。在第 1 帧上右击，选择"创建传统补间"命令，在时间轴上出现一个 1～30 帧的箭头，在默认的"属性"面板中，在旋转项目中选择"顺时针"，并将"旋转圈数"设为 1。这样，风车将在第 1～30 帧之间顺时针旋转 1 圈，如图 5.61 所示。

（6）现在按 Ctrl＋Enter 组合键（或 Enter 键）来看一看效果吧。选择"文件"→"保存"命令，将文件保存成源文件。选择"文件"→"导出"命令，将文件导出为 .swf 影片保存。

5.6.3　流星制作

（1）启动 Animate CC，选择 HTML5 Canvas。背景用天蓝色。

（2）做图形元件 1，画一个红色的小星星。选择矩形工具中的多角星型工具，按住矩形工具不动就会出现，在"属性"面板的"工具设置"里单击选项，"样式"选择"星形"，在编辑环境中画出一红色五星，如图 5.62 所示。

（3）选择"插入"→"新建元件"命令，新建一个影片剪辑元件 2；打开库，把刚才做好的元件 1 星星拖放到工作区中心，就是和那个十字重合就行了。再在第 20 帧右击，插入一个关键帧，把第 20 帧的那个星星拖到离加号 2～3 厘米的位置，单击第 20 帧的星星，在"属性"面板的色彩效果里的"样式"中把星星的 Alpha（透明度）设为 40%，如图 5.63 所示。返回第 1 帧创建传统补间。

图 5.62　画星星　　　　　　　　　　　图 5.63　设置 Alpha 值

（4）按照第 1 层的做法再做 4 层，第 1 帧元件 1 都在中心，第 20 帧运动到外围，跑成一环状。时间轴和第 20 帧的效果如图 5.64 所示。

（5）选择"插入"→"新建元件"命令，新建一个影片剪辑元件 3，现在是做流星的运动路径。把刚才做好的那个影片剪辑元件 2 拖到第 1 帧，放在左下方，再在第 20 帧插入帧，这样元件 2 做完了 20 帧的运动就会停下来。

（6）再新建一个图层，在第 2 帧插入关键帧或者空白关键帧，然后把元件 2 拖到第 2 帧，这个元件 2 一定要放到第 1 层元件 2 的后面稍向上点，再在第 21 帧插入帧。

（7）再新建一个图层，在第 3 帧插入关键帧然后把元件 2 拖到第 3 帧，这个元件 2 放在第二层元件 2 的后面稍向上点，然后在第 22 帧插入帧。依照这样的方法再做 10 几个图层。时间轴如图 5.65 所示。每一层放置的元件 2 都在前一层的后面稍向上点。图中每一个星星单独占一层。

（8）回到场景 1，把影片剪辑元件 3 拖进来。选择"控制"→"测试"命令，最终如图 5.66 所示。

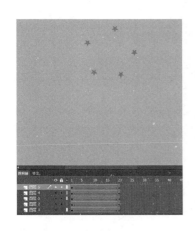
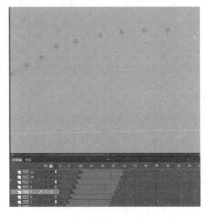
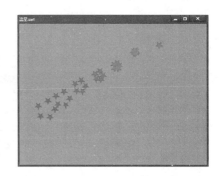

图 5.64　时间轴和效果图　　　　　　图 5.65　时间轴　　　　　　　图 5.66　最终效果图

另外一种做法是做影片剪辑元件 4，把元件 2 都放在第 1 层中间的加号上，第 50 帧插入帧。增加一个图层，第 10 帧插入空白关键帧，把元件 2 放在中间加号上，第 50 帧插入帧。以此类推，做很多层。上下两层的间距为 10 帧。最后把影片剪辑元件 4 拖放到主场景就可以了。时间轴如图 5.67 所示，效果如图 5.68 所示。元件 3 和元件 4 都是引用元件 2，位置和间距不一，效果就不一样。

选择"控制"→"测试"命令，观看效果。选择"文件"→"保存"命令，将文件保存成源文件。选择"文件"→"导出"命令，将文件导出为 .swf 影片保存。

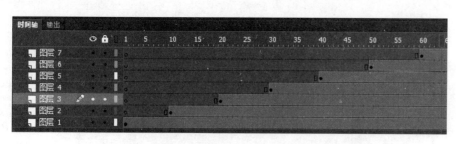

图 5.67　时间轴

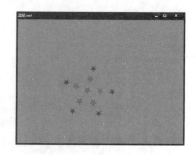

图 5.68　最终效果图

5.7　变　形

在形状补间中，用户在时间轴中的一个特定帧上绘制一个矢量形状，并更改该形状或在另一个特定帧上绘制另一个形状。然后，为这两帧之间的帧内插这些中间形状，创建出从一个形状变形为另一个形状的动画效果。在 Animate 中，可以对均匀的实心笔触添加补间形状，也可以对不均匀的花式笔触添加补间形状。还可以对使用可变宽度工具增强的笔触添加补间形状。可以对要使用的形状进行试验来确定结果。可以使用形状提示来告诉 Animate 起始形状上的哪些点应与结束形状上的特定点对应。也可以对补间形状内的形状的位置和颜色进行补间。若要对组、实例或位图图像应用形状补间，可分离这些元素。要对文本应用形状补间，可将文本分离两次，从而将文本转换为对象。

5.7.1　画矩形

(1) 启动 Animate CC，选择 HTML5 Canvas，将背景色设为蓝色。为了使线条笔直，选择"视图"→"网格"→"显示网格"命令，打开网格，如图 5.69 所示。

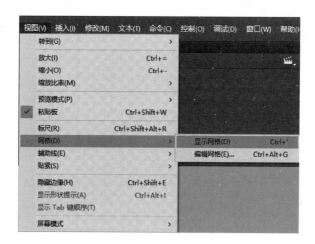

图 5.69　打开网格

(2) 用直线工具在场景左上方画一条横向的短线，注意要画一条笔直的横线，可以按住 Shift 键，再用直线工具横向拖动鼠标即可，因为按住 Shift 键以后，线条只能沿水平、竖直及 45°角方向变化。

(3) 在第 40 帧上按 F6 键插入 1 个关键帧，或按 F7 键插入 1 个空白帧（当在这一帧上绘制图形后，该帧会成为关键帧）。确定这一帧为当前帧，在这一帧上绘制一条更长的直线，有两种方法可以实现这一点。

1) 按 F7 键插入空白帧后，单击时间轴窗口下方洋葱皮按钮的左边第一个。这时发现第 1 帧的短横线以灰色显示出来。以它为基准，用直线工具绘制一条长直线，直线左端与短横线左端对齐。

2）该方法要简单一些，在第 40 帧按 F6 键插入 1 个关键帧后，第 40 帧会具有和第 1 帧相同的内容，即一条短横线，只需要对它加工一下就可以了。选中绘图工具栏中的箭头工具，移动鼠标到短横线的右端，按住鼠标左键并向右拖动直到直线足够长为止。

（4）选用这两种方法之一做好第 40 帧的直线。右击时间轴上的第 1 帧，选择"创建补间形状"命令。这时在第 1帧和第 40 帧之间出现一个实箭头，背景变为淡绿色，表明是形体渐变动画，如图 5.70 所示。

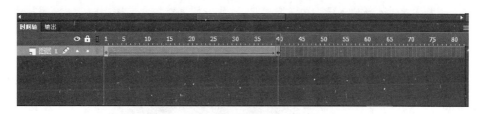

图 5.70　时间轴

按 Enter 键看一下效果。

（5）新建一个图层，在新图层的第 41 帧按 F6 键插入 1 个关键帧。从图层 1 长线的最右端开始向下画一条短竖线。

在图层 2 的第 60 帧按 F6 键插入 1 个关键帧，该帧具有和第 41 帧相同的内容。用上面讲过的方法画一条竖长线。在图层 2 上用右击时间轴上的第 40 帧，选择"创建补间形状"命令。在图层 1 的第 60 帧插入帧，按 Enter 键看一下效果。

（6）现在再做其他两条边的直线延伸就变得很简单了。再新建两个图层，一条边一个，方法和上面讲过的一样。做好后的时间轴如图 5.71 所示，最后每一层都延长了 10 帧。

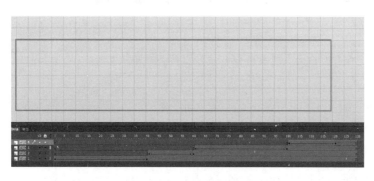

图 5.71　效果图

（7）选择"文件"→"保存"命令，将文件保存成源文件。选择"文件"→"导出"命令，将文件导出为 .swf影片保存。

5.7.2　蜡烛

利用"箭头"工具、颜色的填充、变形动画等技巧可以做出惟妙惟肖的烛焰，以满足我们制作作品的需要。下面就具体介绍制作烛焰的步骤：

（1）启动 Animate CC，选择 HTML5 Canvas，选择"修改"→"文档"命令，将舞台颜色设为黑色。

（2）选择工具箱中的圆形工具，在"属性"面板中禁用笔触颜色，把填充颜色设为红色，其他默认，如图 5.72 所示。

（3）在舞台上画一大小合适的无边框圆形。单击选择工具，回到黑箭头状态，指针指向圆形上面的边界，出现圆弧拖动鼠标改变圆形的形状，使其像火焰，如图 5.73 所示。

（4）用鼠标选择时间轴的第 10 帧、第 20 帧、第 30 帧和第 40 帧，右击，选择"插入关键帧"命　图 5.72　画圆

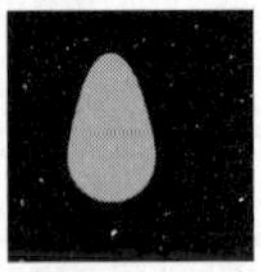

令。选择时间轴第10帧，在舞台空白处单击一下，指针指向圆形上面左边的边界，出现圆弧拖动鼠标改变圆形的形状。选择时间轴第30帧，在舞台空白处单击一下，指针指向圆形上面右边的边界，出现圆弧拖动鼠标改变圆形的形状，如图5.74所示。

（5）分别选择时间轴的第1帧、第10帧、第20帧和第30帧，右击，选择"创建补间形状"命令。

图5.73　修改圆

（6）在"图层"面板中单击"新建图层"按钮增加图层2，开始画蜡烛。选择矩形工具，去掉边框。画一矩形，颜色设置中间为白色，两边为灰色，如图5.75所示。单击选择工具，回到黑箭头状态，指针指向上边界出现圆弧向下拉，弯曲上边界，如图5.76所示。

（7）在"图层"面板中单击"新建图层"按钮增加图层3，用刷子工具画一黑色烛芯，最终效果如图5.77所示。

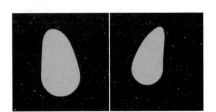

图5.74　修改火焰形状

图5.75　颜色设置

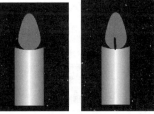

图5.76　画蜡烛　图5.77　画烛芯

（8）选择"文件"→"保存"命令，将文件保存成源文件。选择"文件"→"导出"命令，将文件导出为.swf影片保存。

5.8 引 导 线

Animate CC中的动画引导可以为要实现动画的对象定义一个路径，从而增强所创建动画的效果。这对于所处理的动画遵循的路径不是直线时比较有用。该过程需要两个图层来实施动画：一个图层包含要实现动画的对象；一个图层定义对象在动画期间应遵循的路径，动画引导仅适用于传统补间。

5.8.1　万花丛中蝴蝶飞

（1）启动Animate CC，选择HTML5 Canvas。

（2）新建一图形元件hd，画一蝴蝶，中心点和加号对齐，如图5.78所示。

（3）新建一影片剪辑元件hdf，打开库，把刚才做好的图形元件hd拖进来，在时间轴上连续插入3个关键帧，共4帧。每一帧上都是那个图形元件蝴蝶。选中第2帧，在蝴蝶上右击，选择"变形"中的任意变形，拖动左右边界使其变窄。第4帧做同样的效果。做这个影片剪辑元件的目的是翅膀扇动模拟蝴蝶飞。保证这4帧的中心点都在加号上，如图5.79所示。

（4）新建一影片剪辑元件ydf，在库中把刚才做好的影片剪辑元件hdf拖进来，在第30帧插入关键帧。在第1帧上右击，选择"创建传统补间"命令。在图层1上右击，选择"添加传统运

图5.78　画蝴蝶图形

动引导层"增加一引导层，如图 5.80 所示。

（5）在引导层使用铅笔工具画一圆滑曲线。图层 1 第 1 帧自动吸附在曲线上了，在时间轴上选中图层 1 最后一帧，把影片剪辑 hdf 拖到曲线上，使其中心点（右键任意变形出现的小圆圈就是）在曲线上，如图 5.81 所示。

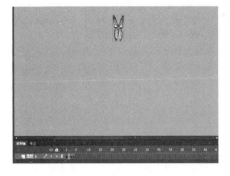

图 5.79　做扇动翅膀的蝴蝶

图 5.80　增加引导层

图 5.81　定位影片剪辑

（6）细节调整，选中图层 1 第 1 帧，在蝴蝶上右击，选择"变形"中的任意变形，在角上旋转角度，使其顺着曲线飞，如图 5.82 所示。在图层 1 时间轴上，如有不合适的地方可以右击，选择"插入关键帧"命令，在元件上右击，选择"变形"中的任意变形，调整角度，如图 5.83 所示。

（7）多次调整，时间轴如图 5.84 所示。

图 5.82　调整角度（1）　　　图 5.83　调整角度（2）

图 5.84　时间轴

（8）按照影片剪辑元件 ydf 的做法，再做几个。引导路径不一样，蝴蝶飞行路线不一样。

（9）回到场景 1，把做好的和影片剪辑元件 ydf 一样的元件拖进来。随机拖入，调整角度，改变大小。在第 30 帧插入帧。增加 1 个图层，在第 5 帧插入空间关键帧，和图层 1 一样拖入和影片剪辑元件 ydf 一样的元件。增加 1 个图层，在第 10 帧插入关键帧，同样拖入影片剪辑元件 ydf 元件。

（10）增加 1 个图层，拖动图层到最下面，导入一个有花的图片，时间轴如图 5.85 所示。

（11）按 Ctrl＋Enter 组合键测试影片。选择"文件"→"保存"命令，将文件保存成源文件。选择"文件"→"导出"命令，将文件导出为 .swf 影片保存。

5.8.2　雪花

（1）启动 Animate CC，选择 HTML5 Canvas。背景设置为黑色。

（2）选择"插入"→"新建元件"命令，在弹出的窗口中选择"类型"为"图形"，单击"确定"按钮进入元件 1

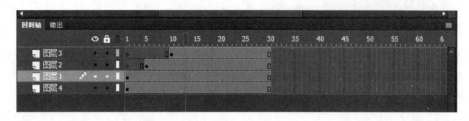

图 5.85　时间轴

编辑模式。选择刷子工具，把填充颜色设置为白色，选好刷子的形状和大小，在舞台中心的十字号那里画一个小小的白点作为雪花，如图 5.86 所示。

图 5.86　放大 800 倍的效果

（3）创建雪花影片剪辑元件。

选择"插入"→"新建元件"命令，在弹出的窗口中选择"类型"为"影片剪辑"，单击"确定"按钮进入元件 2 编辑模式。

从库中把元件 1 拖到舞台上，位置稍向上，因为它要飘落下来，在当前层上右击创建传统运动引导层，用铅笔工具画出一条曲线，这个线条就是雪花飘落的过程，让雪花怎么飘就怎么画。

在图层 1 的第 1 帧把雪花的中心对准引导线的开端，再在第 60 帧插入关键帧，在引导层第 60 帧插入帧，这里单击图层 1 第 60 帧，把这一帧的雪花往下移，移到引导层的最下端，同样把元件 1 的中心放在曲线上。这时在图层 1 第 1～60 帧间任意一帧中右击，选择"创建补间动画"命令。在图层 1 第 45 帧右击，插入关键帧，单击图层 1 第 60 帧，再单击该帧中的雪花，在"属性"面板中选择颜色里的 Alpha，把它设置为 0%，如图 5.87 所示。

（4）用同样的方法再多创建几个雪花的影片剪辑，在不同的影片剪辑中所要的引导线要不同，雪花也要适当调整大小。

（5）场景设置。回到场景中，从库中把刚才做好的元件 2 雪花影片拖到场景中，拖的时候分别把多个不同的影片拖到场景中，要放多少在场景中就看个人喜好了，可以边放边测试，如图 5.88 所示。

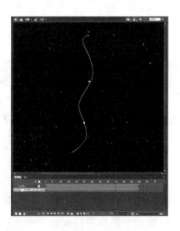

图 5.87　做引导线

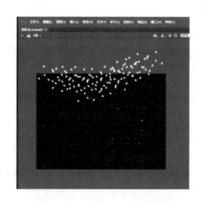

图 5.88　将雪花拖入场景

（6）新建图层 2，在图层 2 第 5 帧插入关键帧，按图层 1 的方法往场景中拖放雪花。再新建图层 3，在图层 3 第 10 帧插入关键帧，用同样的方法往场景中拖放雪花。最后在图层 1 第 20 帧插入帧，在图层 2 第 20 帧也插入帧，然后在图层 3 第 20 帧也插入帧。

（7）导入背景图。再新建一个图层，把图层拖到所有图层下面，也就是最下面，然后选择"文件"→"导入"→"导入到舞台"命令，导入一张雪景图 2。把图片的大小改为 550×400，X 轴和 Y 轴的位置都为 0。然后在第 20 帧插入帧，如图 5.89 所示。

（8）按 Ctrl＋Enter 组合键测试。选择"文件"→"保存"命令，将文件保存成源文件。选择"文件"→"导出"

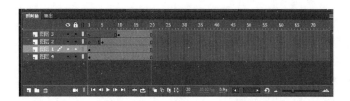

图 5.89 效果图

命令，将文件导出为 .swf 影片保存。

5.9 遮 罩

从前面学到的知识我们知道：层是透明的，最上面层的空白处可以透露出下面层的内容，动画的遮罩跟这个原理正好相反，遮罩层的内容完全覆盖在被遮罩的层上面，显示的是被遮罩层的内容。就像探照灯，在黑色的背景上只有一个探照灯，灯光打到什么地方就显示出该处的内容。而这种技术的制作思路正是脱胎于遮罩的。探照灯与灯光是遮罩层，要显示的信息是被遮罩层，当遮罩层的内容即灯光打到某个位置，被遮罩的下层信息则显示出来。

5.9.1 飘动的旗帜

飘动的旗帜动画的制作很简单，就是使用了动画遮罩的功能。具体操作步骤如下：

（1）启动 Animate CC，选择 HTML5 Canvas。

（2）在"绘图"工具栏中选择矩形工具，将场景全部覆盖。在"颜色"面板中选择天蓝色，填充色彩设置为线性渐变，将 RGB 值设为 191，255，255，并且制作 3 个滑块将天空设置为渐变色，如图 5.90 所示。

（3）在菜单中修改变形为顺时针旋转 90°，如图 5.91 所示。选中矩形，在"属性"面板中设置好矩形的 X 和 Y 坐标以及高度和宽度，让矩形和场景大小一致，如图 5.92 所示。

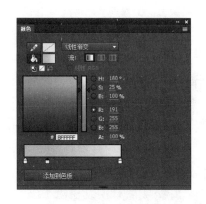

图 5.90 设置天空的渐变色

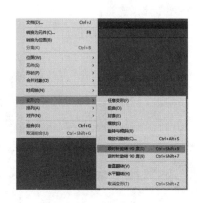

图 5.91 顺时针旋转

图 5.92 设置大小

（4）锁住当前层，选择"插入"→"新建元件"命令，在弹出的窗口中选择"类型"为"图形"，单击"确定"按钮进入元件 1 编辑模式，如图 5.93 所示。

（5）使用矩形工具在舞台中绘制一个长方形，再选择箭头工具修改长方形的上下边，如图 5.94 所示。

（6）选中修改后的长方形，按 Ctrl＋C 和 Ctrl＋V 组合键，在舞台中复制粘贴一个同样的长方形。选取复制后的那个长方形，选择"修改"→"变形"→"垂直翻转"命令，将复制后的长方形反转，如图 5.95 所示。然后将两个长方形对齐，这样一面旗帜就制作成功了。

图 5.93　创建新元件

图 5.94　绘制一个长方形　　　　　　　　图 5.95　创建旗帜

（7）按照上面的方法再复制一遍绘制好的旗帜，然后将两面旗帜对接使旗帜加长，右击，选择"变形"中的任意变形，移动旗帜使圆圈和加号重叠，如图 5.96 所示。

（8）选择"插入"→"新建元件"命令，在弹出的窗口中选择"类型"为"影片剪辑"，单击"确定"按钮进入元件 2 编辑模式。

（9）从"库"面板将元件 1 拖入到舞台中间。新建图层 2，在该层中选择矩形工具将填充色设为黑色，返回到舞台绘制一个长方形将旗帜的右边一半遮盖，如图 5.97 所示。

（10）在图层 1、图层 2 的第 20 帧处各插入 1 个关键帧，单击图层 1 的第 20 帧，选中旗帜，用键盘中的右移箭头向右侧移动，一直到黑色的矩形将旗帜的左边遮盖为止，如图 5.98 所示。

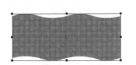

图 5.96　加长的旗帜

图 5.97　遮盖旗帜的右侧

图 5.98　遮盖旗帜的左侧

（11）在图层 1 第 1 帧右击，选择"创建传统补间"命令。

（12）右击图层 2，选择"遮罩层"命令，如图 5.99 所示。

（13）返回场景。在"库"面板中右击元件 2，选择"直接复制"命令，复制出 3 个元件 2。

（14）按照上面所述，将元件 1 也同样复制 3 个，如图 5.100 所示。

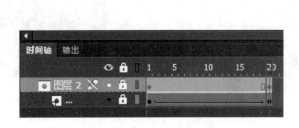

图 5.99　做遮罩

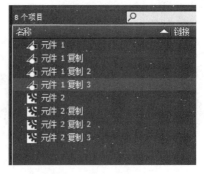

图 5.100　复制元件 1

（15）双击"元件 1 复制"符号进入编辑模式，在调色板内选取红色，选择油漆桶工具填充旗帜。双击"元件 2 复制"符号进入编辑模式，把锁解开，在图层 1 时间轴的第 1 帧单击舞台中的旗帜，右击，选择"交换元件面板"命令。选择"元件 1 复制"符号，单击"确定"按钮将旗帜替换为红色，如图 5.101 所示。单击图层 1 时间轴的第 20 帧，同样进行更换。锁住图层 1 和图层 5。

(16) 按照第 (15) 步的操作方法，将"元件 1 复制 2"和"元件 1 复制 3"符号分别设置为粉红色和蓝色。

(17) 返回场景，在"图层"面板中新建 5 层。

(18) 从"库"面板中将 4 个影片剪辑元件分别拖入到 4 个不同的层中。单击最后 1 层第 1 帧，选择矩形工具，在舞台中绘制一个旗杆。然后再复制 3 个分别放置在对应的旗帜前面，如图 5.102 所示。

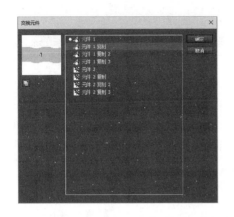

图 5.101　更改"旗帜飘动 2"符号内旗帜的颜色

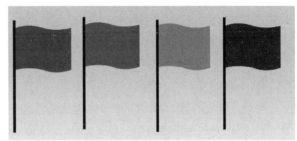

图 5.102　绘制旗杆

(19) 选择"文件"→"保存"命令，将文件保存成源文件。选择"文件"→"导出"命令，将文件导出为 .swf 影片保存。

5.9.2　万花筒

(1) 启动 Animate CC，选择 HTML5 Canvas。

(2) 选择"文件"→"导入"→"导入到库"命令，导入两张颜色鲜艳的花朵图片。

(3) 选择"插入"→"新建元件"命令，"类型"选择"影片剪辑"，单击"确定"按钮进入元件编辑环境。选择第 1 帧，选择"窗口"→"库"命令，打开"库"面板，从库中把一张图片拖入到编辑区中间。在第 30 帧右击，选择"插入关键帧"命令。回到第 1 帧右击，选择"创建传统补间"命令，并在"属性"面板中选择顺时针旋转 1 次。

(4) 新建图层 2，单击第 1 帧，选择"窗口"→"库"命令，从库中把第二张图片拖入到编辑区居中。在第 50 帧处右击，选择"插入关键帧"命令，回到第 1 帧右击，选择"创建传统补间"命令，并在"属性"面板中选择顺时针旋转 1 次。

(5) 做一个 45°的扇形。选择"插入"→"新建元件"命令，选择"图形"，单击第 1 帧，选择工具栏里的椭圆工具，按 Shift 键画一个无边框带填充色的正圆，并对齐居中 (在圆上右击，选择任意变形，移动键盘的上下左右键使圆圈和加号重合)。选择直线工具，在圆外画一条和圆颜色不一样长的线条，选中直线并移动到加号上，在空白处单击一下，选中直线在圆内的部分，正好是圆的直径。选择"窗口"→"变形"命令，打开"变形"面板，设置旋转角度为 45°，单击"重制选区和变形"按钮多次。这样两线把圆分出多个 45°的扇形，用鼠标把一个扇形拖出，并复制，如图 5.103 所示。

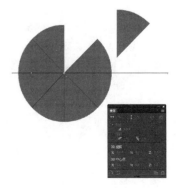

图 5.103　做扇形

(6) 回到影片剪辑元件，插入图层 3，在第 1 帧把刚做的扇形粘贴过来，拖动扇形使尖角对准在加号上，在第 50 帧处右击，选择"插入普通帧"命令。右击图层 3，选择"遮罩层"命令，此时图层 3 就遮罩图层 2 了，然后用鼠标按住图层 1 向上一层向右略移一点后松手，图层 1 也自动被缩进遮罩了，锁住这 3 个图层。影片剪辑完成后的"时间轴"面板如图 5.104 所示。

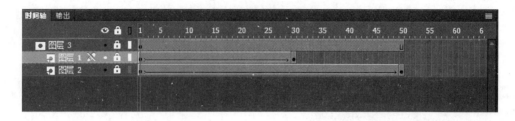

图 5.104 "时间轴"面板

(7) 返回主场景,从库中把影片剪辑元件拖到场景中,选择"窗口"→"变形"命令,打开"变形"面板,旋转输入 90°、单击"重制选区和变形"按钮 3 次,效果如图 5.105 所示。选择图层 1 第 1 帧,选中场景中的 4 个元件,复制粘贴此 4 个元件,复制后的 4 个元件处于被选中状态,用鼠标拖动离开另 4 个元件,然后选择"修改"→"变形"→"水平翻转"命令,拖动这 4 个元件到另外 4 个上使 8 个元件组成圆形。选择图层 1 第 1 帧,然后再选择"修改"→"组合"命令,得到了一个封闭的圆形,如图 5.106 所示的效果。

(8) 选择"控制"→"测试"命令,查看效果。选择"文件"→"保存"命令,将文件保存成源文件。选择"文件"→"导出"命令,将文件导出为 .swf 影片保存。

5.9.3 水波动画制作

(1) 启动 Animate CC,选择 HTML5 Canvas。

(2) 选择"插入"→"新建元件"命令,在弹出的窗口中选择"类型"为"影片剪辑",单击"确定"按钮进入元件 1 编辑模式。导入一张有水的图片。

(3) 回到主场景,将元件 1 拖到工作区,然后调整元件 1 的大小,使之和场景大小一致。

(4) 增加 1 个图层,将元件 1 拖到工作区。调整当前图层上图片的位置,和图层 1 上的图片位置稍微错开一些。

(5) 增加 1 层,使用椭圆工具画同心圆,如图 5.107 所示。在第 36 帧插入关键帧,使同心圆变大。选择第 1 帧,右击,选择"创建补间形状"命令。另外 2 个图层在 36 帧插入帧。在当前层上右击,选择"遮罩层"命令。

图 5.105 重制选区和变形 　　　图 5.106 组合 　　　图 5.107 画同心圆

(6) 选择"文件"→"保存"命令,将文件保存成源文件。选择"文件"→"导出"命令,将文件导出为 .swf 影片保存。

说明:最上一层设置成创建传统补间也可以。

5.10　ActionScript

ActionScript 是 Flash 或者 Animate 中内嵌的脚本程序,使用 ActionScript 可以实现对动画流程以及动画中的元件的控制,从而制作出非常丰富的交互效果以及动画特效。

Flash CS3 以后出现的 ActionScript 3.0 是一个完全基本 OOP 的标准化面向对象语言。ActionScript 3.0 全面采用了面向对象的思想。ActionScript 3.0 现在为基于 Web 的应用程序提供了更多的可能性，它进一步增强了这种语言，提供了出色的性能，简化了开发的过程，因此更适合高度复杂的 Web 应用程序和大数据集。

ActionScript 3.0 是为面向对象编程而准备的一种脚本语言。面向对象编程（Object Oriented Programming），简写为 OOP，它是一种计算机编程架构。

程序（Program）是为实现特定目标或者解决特定问题而用计算机语言编写的命令序列的集合。它可以是一些高级程序语言开发出来的可以运行的可执行文件，也可以是一些应用软件制作出的可执行文件，比如 Flash 编译之后的 SWF 文件。编程是指为了实现某种目的或需求，使用各种不同的程序语言进行设计，编写能够实现这些需求的可执行文件。

5.10.1　数据类型

数据类型包括简单数据类型和复杂数据类型。简单数据类型包括：

- string：文本值，例如，一个名称或书中某一章的文字。
- numeric：对于 numeric 型数据，ActionScript 3.0 包含 3 种特定的数据类型：
  - ➢ number：任何数值，包括有小数部分或没有小数部分的值。
  - ➢ int：一个整数（不带小数部分的整数）。
  - ➢ uint：一个"无符号"整数，即不能为负数的整数。
- boolean：一个 true 或 false 值，例如开关是否开启或两个值是否相等。

简单数据类型表示单条信息：例如，单个数字或单个文本序列。

复杂数据类型包括：

- movieClip：影片剪辑元件。
- textField：动态文本字段或输入文本字段。
- simpleButton：按钮元件。
- date：有关时间中的某个片刻的信息（日期和时间）。

5.10.2　ActionScript 的符号和保留字

Flash 中使用点（.）运算符来访问对象的属性和方法，点运算符主要用于下面的几个方面。可以采用对象后面跟点运算符的属性名称（方法名称）来引用对象的属性（方法）。可以采用点运算符表示包路径，如 import flash.events.MouseEvent（导入鼠标事件包中的鼠标事件）。可以使用点运算符描述显示对象的路径，如有一个实例名称为 mc1 的影片剪辑，可以通过代码 mc1.x＝100 来设置其 x 坐标。

注释是使用一些简单易懂的语言对代码进行简单的解释的方法。注释语句在编译过程中并不会进行求值运算。可以用注释来描述代码的作用，或者返回到文档中的数据。注释也可以帮助记忆编程的原理，并有助于其他人的阅读。若代码中有些内容阅读起来含义不太明显，应该对其添加注释。ActionScript 3.0 中的注释语句有两种：单行注释和多行注释。

单行注释以两个单斜杠（//）开始，之后的该行内容均为注释。比如下面的代码：

```
trace("1234")//输出:1234
```

多行注释以一个正斜杠和一个星号（/*）开头，以一个星号和一个正斜杠（*/）结尾。

在 Flash 中有多种标点符号都很常用，分别为分号（;）、逗号（,）、冒号（:）、小括号（()）、中括号（[]）和大括号（{}）。这些标点符号在 Flash 中都有各自不同的作用，可以帮助定义数据类型，终止语句或者构建 ActionScript

代码块。

(1) 分号（;）：ActionScript 语句用分号（;）字符表示语句结束。

(2) 逗号（,）：逗号的作用主要用于分割参数，比如函数的参数、方法的参数等。

(3) 冒号（:）：冒号的作用主要用于为变量指定数据类型。要为一个变量指明数据类型，需要使用 var 关键字和后冒号法为其指定。

(4) 小括号（()）：小括号在 ActionScript 3.0 中有两种用途。①在数学运算方面，可以用来改变表达式的运算顺序。小括号内的数学表达式优先运算；②在表达式运算方面，可以结合使用小括号和逗号运算符，来优先计算一系列表达式的结果并返回最后一个表达式的结果。

(5) 中括号（[]）：中括号主要用于数组的定义和访问。

(6) 大括号（{}）：大括号主要用于编程语言程序控制、函数和类中。

在构成控制结构的每个语句前后添加大括号（例如 if..else 或 for），即使该控制结构只包含一个语句。

保留字，从字面上就很容易知道这是保留给 ActionScript 3.0 语言使用的英文单词。因而不能使用这些单词作为变量、实例、类名称等。如果在代码中使用了这些单词，编译器会报错。ActionScript 3.0 中的保留字分为 3 类：词汇关键字、语法关键字和供将来使用的保留字。

5.10.3 变量和常量

1. 变量

由于编程主要涉及更改计算机内存中的信息，因此在程序中需要一种方法来表示单条信息。变量是一个名称，表示计算机内存中的值。在编写语句来操作值时，编写变量名来代替值；只要计算机看到程序中的变量名，就会查看自己的内存并使用在内存中找到的值。例如，如果两个名为 value1 和 value2 的变量分别包含一个数字，则可以编写如下语句将这两个数字相加：

```
value1+ value2
```

在实际执行这些步骤时，计算机会查看每个变量中的值，并将这些值相加。

在 ActionScript 3.0 中，一个变量实际上包含 3 个不同的部分：

(1) 变量的名称。

(2) 可以存储在变量中的数据的类型。

(3) 存储在计算机内存中的实际值。

刚才讨论了计算机如何将名称用作值的占位符。数据类型也非常重要。在 ActionScript 中创建变量时，应指定该变量要保存的数据的特定类型；此后，程序的指令只能在该变量中存储该类型的数据，可以使用与该变量的数据类型关联的特定特性来操作值。在 ActionScript 中，若要创建一个变量（称为声明变量），应使用 var 语句：

```
var value1: number;
```

在本例中，指示计算机创建一个名为 value1 的变量，该变量仅保存 number 数据（"number" 是在 ActionScript 中定义的一种特定数据类型）。还可以立即在变量中存储一个值：

```
var value1: number= 10;
```

在 Animate 中，还有另外一种变量声明方法。在将一个影片剪辑元件、按钮元件或文本字段放置在舞台上时，可以在"属性"检查器中为它指定一个实例名称。在后台，Flash 将创建一个与该实例名称同名的变量，可以在 ActionScript 代码中使用该变量来引用该舞台项目。例如，如果将一个影片剪辑元件放在舞台上并为它指定了实例名称 rockSp，那么，只要在 ActionScript 代码中使用变量 rockSp，实际上就是在处理该影片剪辑。

变量的命名首先要遵循下面的几条原则：

（1）它必须是一个标识符。它的第一个字符必须是字母、下划线（＿）或美元记号（＄）。其后的字符必须是字母、数字、下划线或美元记号。注意：不能使用数字作为变量名称的第一个字母。

（2）它不能是关键字或动作脚本文本，例如 true、false、null 或 undefined。特别不能使用 ActionScript 的保留字，否则编译器会报错。

（3）它在其范围内必须是唯一的，不能重复定义变量。

变量的默认值是指变量在没有赋值之前的值。对于 ActionScript 3.0 的数据类型来说，都有各自的默认值，下面使用代码来测试一下。

通过上面的代码输出，已经可以得到这些数据类型变量的默认值，分别为：

- boolean 型变量的默认值是 false。
- int 型变量的默认值是 0。
- number 型变量的默认值是 NaN。
- object 型变量的默认值是 null。
- string 型变量的默认值是 null。
- uint 型变量的默认值是 0。
- ＊型变量的默认值是 undefined。

变量的作用域指可以使用或者引用该变量的范围，通常变量按照其作用域的不同可以分为全局变量和局部变量。全局变量指在函数或者类之外定义的变量，而在类或者函数之内定义的变量为局部变量。

2. 常量

常量也是一个名称，表示计算机内存中具有指定数据类型的值，就这一点而言，常量与变量极为相似。不同之处在于，在 ActionScript 应用程序运行期间只能为常量赋值一次。一旦为某个常量赋值之后，该常量的值在整个应用程序运行期间都保持不变。常量声明语法与变量声明语法相同，只不过是使用 const 关键字而不使用 var 关键字：

```
const a1:number = 7;
```

常量可用于定义在项目内多个位置使用的值，并且此值在正常情况下不会更改。使用常量而不使用字面值能让代码更加便于理解。此外，如果确实需要更改通过常量定义的值，如果在整个项目中使用常量表示该值，则只需在一个位置（常量声明）更改该值，不需像使用硬编码字面值那样在不同位置更改该值。

5.10.4　运算符

运算符是指定如何组合、比较或修改表达式值的字符。运算符对其执行运算的元素称为操作数。例如，在语句"foo＋3"中，"＋"运算符会将数值文本的值添加到变量 foo 的值中；foo 和 3 就是操作数。

用运算符连接变量或者常量得到的式子称为"表达式"。各种表达式用运算符连接在一起还称为表达式，例如：圆柱体表面积计算公式为 2*Math. PI*r*r＋2Math. PI*r*h。

其中"2"和"Math. Pi"（表示圆周率 π）都是常数，而"r"和"h"分别表示半径和高，是变量。"＋"和"＊"分别表示加法运算和乘法运算，是运算符，这个式子就是表达式。

在同一语句中使用两个或多个运算符时，各运算符会遵循一定的优先顺序进行运算，例如加（＋）、减（－）的优先顺序最低，乘（*）、除（/）的优先顺序较高，而括号具有最高的优先顺序，当一个表达式中只包含有相同优先级的运算符时，动作脚本将按照从左到右的顺序依次进行计算；而当表达式中包含有较高优先级的运算符时，动作脚本将按照从左到右的顺序，先计算优先级高的运算符，然后再计算优先级较低的运算符；当表达式中包含括号时，则先对括号中的内容进行计算，然后按照优先级顺序依次进行计算。

1. 算术运算符

算术运算符可以执行加法、减法、乘法、除法运算，也可以执行其他算术运算。Animate 中的算术运算符见表 5.1。

表 5.1 算 术 运 算 符

运算符	执行的运算	运算符	执行的运算
+	加法运算	—	减法运算
*	乘法运算	++	递增
/	除法运算	——	递减
%	取余		

在执行加法运算时，如果操作数是数字类型，那么执行的加法就是数字相加，如果操作数是字符串类型，那么这里的加法就是合并字符串；如果操作数中有字符串，有数字，那么程序就会把其中的数字当成字符串；动态文本和输入文本中的变量值，程序都把它看成字符串类型，要执行数字相加时，要转化成数字类型。

2. 赋值运算符

Animate 用了大量的赋值运算符，可以使设计的动作脚本更简洁，表 5.2 列出了 Animate 中使用的赋值运算符。

表 5.2 赋 值 运 算 符

运算符	执行的运算	运算符	执行的运算
=	赋值	<<=	按位左移并赋值
+=	相加并赋值	>>=	按位右移并赋值
—=	相减并赋值	>>>=	按无符号右移并赋值
*=	相乘并赋值	^=	按位异或并赋值
/=	相除并赋值	!=	按位或并赋值
%=	取余并赋值	&=	按位与并赋值

3. 比较运算符

用于比较表达式的值，然后返回一个布尔值（true 或 false）。这些运算符最常用于循环语句和条件语句中。比较运算符见表 5.3。

表 5.3 比 较 运 算 符

运算符	执行的运算	运算符	执行的运算
>	大于	>=	大于等于
<	小于	instanceif	检查原乔链
<=	小于等于	In	检查对象属性

4. 条件运算符

条件运算符?：

格式：(条件表达式 1)? 表达式 2：表达式 3。

参数：表达式 1 的计算结果为布尔值的表达式，通常为像 x < 5 这样的比较表达式。表达式 2、表达式 3 可以是任何类型的值。

说明：计算表达式 1，如果表达式 1 的值为 true，则返回表达式 2 的值；否则，返回表达式 3 的值。

5. 逻辑运算符

逻辑运算符对布尔值（true 和 false）进行比较，然后返回第 3 个布尔值。在表达式中，用户可以使用逻辑运算符来判断某个条件是否存在。逻辑运算符主要用在 if 和 do while 动作中。有关逻辑运算符及其功能见表 5.4。

表 5.4	逻 辑 运 算 符		
运算符	执行的运算	运算符	执行的运算
&&	逻辑与	‖	逻辑或
!	逻辑或		

6. 其他运算符

在 ActionScript 3.0 中还有几个常见的运算符，如 typeof、is、as。下面对这几个运算符进行简单的说明。

(1) typeof 运算符：typeof 用于测试对象的的类型，使用的方法如下：

```
typeof(对象);
```

(2) is 运算符：is 运算符用于判断一个对象是不是属于一种数据类型，返回 boolean 型变量。如果对象属于同一类型，则返回 true，否则返回 false。

(3) as 运算符：as 运算符和 is 运算符的使用格式相同，但是返回的值不同。如果对象的类型相同，返回对象的值；若不同，则返回 null。

5.10.5 ActionScript 3.0 程序设计

在程序设计的过程中，如果控制程序，如何安排每句代码执行的先后次序，这个先后执行的次序称为"结构"。常见的程序结构有 3 种：顺序结构、选择结构和循环结构。

(1) 顺序结构：顺序结构最简单，就是按照代码的顺序一句一句地执行操作。

(2) 选择结构：当程序有多种可能的选择时，就要使用选择结构。选择哪一个，要根据条件表达式的计算结果而定。

ActionScript 3.0 有 3 个可用来控制程序流的基本条件语句。其分别为 if..else 条件语句、if..else if 条件语句、switch 条件语句。

(3) 循环结构：循环结构就是多次执行同一组代码，重复的次数由一个数值或条件来决定。

for 循环语句是 ActionScript 编程语言中最灵活、应用最为广泛的语句。for 循环语句的语法格式如下：

```
for (初始化;循环条件;步进语句) {
    循环执行的语句;
}
```

在 ActionScript 3.0 中可以使用 break 和 continue 来控制循环流程。break 语句的结果是直接跳出循环，不再执行后面的语句；continue 语句的结果是停止当前这一轮的循环，直接跳到下一轮的循环，而当前轮次中 continue 后面的语句也不再执行。

下面的两个例子分别执行循环变量从 0 递增到 10 的过程，如果 i 等于 4，分别执行 break 和 continue 语句，看发生的情况。代码如下所示：

```
//使用 break 控制循环
for (var i:int= 0; i< 10; i++ ) {
    if (i= = 3) {
        break;
    }
    trace("当前数字是:"+ i);
}
```

5.10.6 函数

函数（Function）的准确定义为：执行特定任务，并可以在程序中重用的代码块。ActionScript 3.0 中有两类函数：方法和函数闭包。具体是将函数称为方法还是函数闭包，取决于定义函数的上下文。

在 ActionScript 3.0 中有两种定义函数的方法：一种是常用的函数语句定义法；另一种是 ActionScript 中独有的函数表达式定义法。具体使用哪一种方法来定义，要根据编程习惯来选择。一般的编程人员使用函数语句定义法，对于有特殊需求的编程人员，则使用函数表达式定义法。

1. 函数语句定义法

函数语句定义法是程序语言中基本类似的定义方法，使用 function 关键字来定义，其格式如下所示：

```
function 函数名(参数1:参数类型,参数2:参数类型,…):返回类型{
//函数体
}
```

代码格式说明如下：

- function：定义函数使用的关键字。注意 function 关键字要以小写字母开头。
- 函数名：定义函数的名称。函数名要符合变量命名的规则，最好给函数取一个与其功能一致的名字。
- 小括号：定义函数的必需的格式，小括号内的参数和参数类型都可选。
- 返回类型：定义函数的返回类型，也是可选的，要设置返回类型，冒号和返回类型必须成对出现，而且返回类型必须是存在的类型。
- 大括号：定义函数的必需的格式，需要成对出现。括起来的是函数定义的程序内容，是调用函数时执行的代码。

2. 函数表达式定义法

函数表达式定义法有时也称为函数字面值或匿名函数。这是一种较为繁杂的方法，在早期的 ActionScript 版本中广为使用。其格式如下所示：

```
var 函数名:Function= function(参数1:参数类型,参数2:参数类型,…):返回类型{
//函数体
}
```

代码格式说明如下：

- var：定义函数名的关键字，var 关键字要以小写字母开头。
- 函数名：定义的函数名称。
- function：指示定义数据类型是 Function 类。注意 Function 为数据类型，需大写字母开头。
- ＝：赋值运算符，把匿名函数赋值给定义的函数名。
- function：定义函数的关键字，指明定义的是函数。
- 小括号：定义函数的必需的格式，小括号内的参数和参数类型都可选。
- 返回类型：定义函数的返回类型，可选参数。
- 大括号：其中为函数要执行的代码。

在两种定义方法的选择上，一般使用函数语句定义法。函数表达式定义函数主要用于：一是适合关注运行时行为或动态行为的编程；二是用于那些使用一次后便丢弃的函数或者向原型属性附加的函数。函数表达式更多地用在动态编程或标准模式编程中。

下面定义一个不带参数的函数 HelloAS()，并在定义之后直接调用，其代码如下：

```
function HelloAS() {

trace("AS3.0 世界欢迎你！");

}

HelloAS();
```

代码运行后的输出结果，如下所示：

/输出：AS3.0 世界欢迎你！

下面定义一个求圆形面积的函数，并返回圆面积的值，其代码如下：

```
function 圆面积(r:Number):Number{

var s:Number= Math.PI* r* r

return s

}

trace(圆面积(5))
```

5.10.7　事件处理系统

事件处理系统是交互式程序设计的重要基础。利用事件处理机制，可以方便地响应用户输入和系统事件。Action-Script 3.0 的事件机制基于文档对象模型（DOM3），是业界标准的事件处理体系结构。使用机制不仅方便，而且符合标准。ActionScript 3.0 全新的事件处理机制是 ActionScript 编程语言中的重大改进，对 ActionScript 程序设计人员来说，在使用上也更加的方便和直观。

在 ActionScript 3.0 引入了基于文档对象模型（DOM3）唯一的一种事件处理模式，取代了以前各版本中存在的众多的事件处理机制。在 ActionScript3.0 中只存在一种事件处理模型，虽然会对一些老版本的用户和一些非开发者造成一定的麻烦，但更加清晰，更加标准，更符合面向对象开发的需要。

在 ActionScript 3.0 中，只能使用 addEventListener（）注册侦听器。

在 ActionScript 3.0 中，可以对属于事件流一部分的任何对象调用 addEventListener（）方法。

在 ActionScript 3.0 中，只有函数或方法可以是事件侦听器。

在 ActionScript 3.0 的事件处理系统中，事件对象主要有两个作用：一是将事件信息储存在一组属性中，来代表具体事件；二是包含一组方法，用于操作事件对象和影响事件处理系统的行为。

在 ActionScript 3.0 中，在动画播放器的应用程序接口中有一个 Event 类，作为所有事件对象的基类，也就是说，程序中所发生的事件都必须是 Event 类或者其子类的实例。

ActionScript 3.0 的应用程序接口特意为这些具有显特征的事件准备了 Event 类的几个子类。这些子类主要包括：

- 鼠标类：MouseEvent。
- 键盘类：KeyBoardEvent。
- 时间类：TimerEvent。
- 文本类：TextEvent。

1. 事件侦听器

事件侦听器也就是以前版本中的事件处理函数，是事件的处理者，负责接受事件携带的信息，并在接受到该事件之后执行事件处理函数体内的代码。

添加事件侦听的过程有两步：第一步是创建一个事件侦听函数；第二步是使用 addEventListener（）方法在事件目标或者任何的显示对象上注册侦听器函数。

事件侦听器必须是函数类型，可以是一个自定义的函数，也可以是实例的一个方法。创建侦听器的语法格式如下：

```
function 侦听器名称(evt:事件类型): void{… }
```

语法格式说明如下：

- 侦听器名称：要定义的事件侦听器的名称，命名需符合变量命名规则。
- evt：事件侦听器参数，必需。
- 事件类型：event 类实例或其子类的实例。
- void：返回值必须为空，不可省略。

2. 事件处理类型

ActionScript 3.0 使用单一事件模式来管理事件，所有的事件都位于 flash. events 包内，其中构建了 20 多个 Event 类的子类，用来管理相关的事件类型。常用的事件处理类型有鼠标事件（MouseEvent）类型、键盘事件（Keyboard-Event）类型和事件事件（TimerEvent）类型和帧循环（ENTER_FRAME）事件。

ActionScript 3.0 中，统一使用 MouseEvent 类来管理鼠标事件。在使用过程中，无论是按钮还是影片事件，统一使用 addEventListener 注册鼠标事件。此外，若在类中定义鼠标事件，则需要先引入（import）flash. events. MouseEvent 类。

MouseEvent 类定义了 10 中常见的鼠标事件，具体如下：

- CLICK：定义鼠标单击事件。
- DOUBLE_CLICK：定义鼠标双击事件。
- MOUSE_DOWN：定义鼠标按下事件。
- MOUSE_MOVE：定义鼠标移动事件。
- MOUSE_OUT：定义鼠标移出事件。
- MOUSE_OVER：定义鼠标移过事件。
- MOUSE_UP：定义鼠标提起事件。
- MOUSE_WHEEL：定鼠标滚轴滚动触发事件。
- ROLL_OUT：定义鼠标滑入事件。
- ROLL_OVER：定义鼠标滑出事件。

键盘操作也是 Flash 用户交互操作的重要事件。在 ActionScript 3.0 中使用 KeyboardEvent 类来处理键盘操作事件。它有两种类型的键盘事件：KeyboardEvent. KEY_DOWN 和 KeyboardEvent. KEY_UP。

- KeyboardEvent. KEY_DOWN：定义按下键盘时的事件。
- KeyboardEvent. KEY_UP：定义松开键盘时的事件。

注意：在使用键盘事件时，要先获得它的焦点，如果不想指定焦点，可以直接把 stage 作为侦听的目标。

在 ActionScript 3.0 中使用 Timer 类来取代 ActionScript 之前版本中的 setinterval () 函数。而执行对 Timer 类调用的事件进行管理的是 TimerEvent 事件类。要注意的是，Timer 类建立的事件间隔要受到 SWF 文件的帧频和 Flash Player 的工作环境（比如计算机的内存的大小）的影响，会造成计算的不准确。

Timer 类有两个事件，分别为：

- TimerEvent. TIMER：计时事件，按照设定的事件发出。
- TimerEvent. TIMER_COMPLETE：计时结束事件，当计时结束时发出。

帧循环 ENTER_FRAME 事件是 ActionScript 3.0 中动画编程的核心事件。该事件能够控制代码跟随 Flash 的帧频播放，在每次刷新屏幕时改变显示对象。

使用该事件时，需要把该事件代码写入事件侦听函数中，然后在每次刷新屏幕时，都会调用 Event. ENTER_FRAME 事件，从而实现动画效果。

5.10.8　面向对象程序设计的基本概念

1. 类（Class）

对象是抽象的概念，要想把抽象的对象变为具体可用的实例，则必须使用类。使用类来存储对象可保存的数据类型，及对象可表现的行为信息。要在应用程序开发中使用对象，就必须要准备好一个类，这个过程就好像制作好一个元件并把它放在库中一样，随时可以拿出来使用。类就是一群对象所共有的特性和行为。

类可以简单理解为一种对象，MovieClip 就是影片剪辑的类，而文本框、影片剪辑、按钮、字符串和数值等都有它们自己的类。

一个类包括最基本的两个部分：属性（数据或信息）和行为（动作或它能做的事）。属性（Property）指用于保存与该类有关的信息变量，行为（Behavior）就是指函数，如果一个函数是这个类中的一部分，那么就称它为方法（Method）。

我们可以在库中创建一个元件，用这个元件可以在舞台上创建出很多的实例。与元件和实例的关系相同，类就是一个模板，而对象（如同实例）就是类的一个特殊表现形式。

下面来看一个类的例子：

```
package {
  public class Mylei {
   public var myshx:Number = 100;
   public function myff() {
     trace("I am a lei");
   }
  }
}
```

包的声明。包（Package）作用就是把相关的类进行分组。Package 这个关键字和一对大括号是必需有的，我们理解为默认包，紧随其后的就是类的定义。

ActionScript 3.0 中的类拥有了访问关键字。访问关键字是指：一个用来指定其他代码是否可访问该代码的关键字。public（公有类）关键字指该类可被外部任何类的代码访问。

本例中可以看到，这个类的名字为 Mylei，后面跟一对大括号。在这个类中有两种要素：一个是名为 myshx 的变量，另一个是名为 myff 的函数。

2. 包（Package）

包主要用于组织管理类。包是根据类所在的目录路径所构成的，并可以嵌套多层。包名所指的是一个真正存在的文件夹，用"."进行分隔。

在 ActionScript 3.0 中，要使用某一个类文件，就需要先导入（Import）这个类文件所在的包，也就是要先指明要使用的类所在的位置。

3. 构造函数

构造函数是一个特殊的函数，其创建的目的是为了在创建对象的同时初始化对象，即为对象中的变量赋初始值。

在 ActionScript 3.0 编程中，创建的类可以定义构造函数，也可以不定义构造函数。如果没有在类中定义构造函数，那么编译时编译器会自动生成一个默认的构造函数，这个默认的构造函数为空。构造函数可以有参数，通过参数传递实现初始化对象操作。

在 ActionScript 3.0 中，创建好的类一般有 3 种使用方法：作为文档类进行文档类绑定；作为库中元件的类进行绑定；作为外部类使用 import 关键字导入。

4. 继承

继承（Inheritance）是面向对象技术的一个重要的概念，也是面向对象技术的一个显著特点。继承是指一个对象通过继承可以使用另一个对象的属性和方法。准确地说，继承的类具有被继承类的属性和方法。被继承的类称为基类或者超类，也可以称为父类；继承出来的类称为扩展类或者子类。

5. 封装

封装就是把过程和数据包围起来，对数据的访问只能通过已定义的界面。在程序设计中，封装是指将数据及与这些数据有关的操作放在一起。封装的好处就是保证了模块具有较高的独立性，使得程序的维护和修改更加容易。对应程序的修改仅限于类的内部，将程序修改带来的影响减少到最低。封装的目的有：①隐藏类的实现细节；②迫使用户通过接口去访问数据；③增强代码的可维护性。

6. 命名空间

在 ActionScript 3.0 中引入了命名空间的概念，使用命名空间，可以控制标识符的可见性，可以管理各个属性和方法的可见性。不管命名空间是在内部还是外部，都可以应用于代码。ActionScript 3.0 中有 4 个访问控制符：public、private、internal 和 protected。这 4 个访问控制符就是一种命名空间，同样，也可以定义自己的命名空间。

7. 显示对象的属性

ActionScript 3.0 显示编程的内容主要是关于如何使用 ActionScript 来生成和控制各种图形、动画等显示对象。显示对象通常指的是显示在 Flash Player 舞台上的可视化的对象。在 ActionScript 3.0 中，所有的显示对象都属于同一个类——DisplayObject 类。该类总结了大部分显示对象的共有的特征和行为。特征对应于显示对象的属性，行为对应于显示对象的方法。所有的显示对象都是其子类。

显示对象的属性共有 25 个，以下是常用的一些基本属性：

(1) x 属性。x 主要用于设置对象在舞台中的水平坐标。例如：如要将动画中的 mc 影片剪辑放置到舞台中水平坐标为 100 的位置，只需在关键帧中添加如下语句：

mc.x= 100。

(2) y 属性。y 主要用于设置对象在舞台中的垂直坐标。例如：如要将动画中的 mc 影片剪辑放置到舞台中垂直坐标为 50 的位置，只需在关键帧中添加如下语句：

mc.y= 50;

(3) scaleX 属性。scaleX 用于设置对象的水平缩放比例，其默认值为 1，表示按 100% 缩放。例如：若要将动画中的 mc 影片剪辑的水平缩放比例放大 1 倍显示，只需在关键帧中添加如下语句：

mc.scaleX= 2;

(4) scaleY 属性。scaleY 用于设置对象的垂直缩放比例，其默认值为 1，表示按 100% 缩放。例如：若要将动画中的 mc 影片剪辑的垂直缩放比例缩小 1 倍显示，只需在关键帧中添加如下语句：

mc.scaleY= 0.5;

(5) alpha 属性。alpha 用于设置对象的透明度。其有效值为 0（完全透明）～1（完全不透明），默认值为 1。例如：要将 mc 影片剪辑的透明度设为 50%，只需在关键帧中添加如下语句：

mc.alpha= 0.5;

(6) rotation 属性。rotation 用于设置对象的旋转角度，其取值以（°）为单位。例如：要将 mc 影片剪辑的顺时针旋转 60°，只需在关键帧中添加如下语句：

mc.rotation= 60;

(7) visible 属性。visible 用于设置对象的可见属性，该属性有两个值：true 和 false。例如：要将 mc 影片剪辑设置为不可见，只需在关键帧中添加如下语句：

```
mc.visible= false;
```

（8）height 属性。height 用于设置对象的高度，以像素为单位。这里的高度是根据显示对象内容的范围来计算的。如果设置了 height 属性，则 scaleY 属性会自动做相应的调整。例如：要将 mc 影片剪辑的高度设置为 200 像素，只需在关键帧中添加如下语句：

```
mc.height= 200;
```

（9）width 属性。width 用于设置对象的宽度，以像素为单位。这里的宽度是根据显示对象内容的范围来计算的。如果设置了 width 属性，则 scaleX 属性会自动做相应的调整。例如：要将 mc 影片剪辑的宽度设置为 300 像素，只需在关键帧中添加如下语句：

```
mc.width= 300;
```

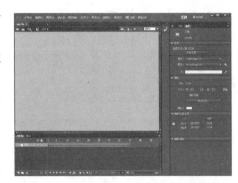

图 5.108　影片剪辑——雨

5.10.9　简单 ActionScript 实例

1. 下雨

（1）新建一个影片剪辑。在里面做出来一滴雨落下的效果，如图 5.108 所示。

（2）设置元件属性-高级 ActionScript 链接类为 rain。在第 2、3 帧上插入关键帧。在第 1 帧写如下动作代码：

```
var i;
i= 1;
```

在第 2 帧写如下动作代码，"动作"面板如图 5.109 所示。

图 5.109　"动作"面板

```
var mc:MovieClip = new rain();
if(i< 50)
{
mc.x= 550* Math.random ();
mc.y= 450* Math.random ();
mc.alpha= Math.random ()* 1;
addChild(mc);
```

```
i= i+ 1;
}
```

(3) 第 3 帧写如下代码：

```
gotoAndPlay(2);
```

图 5.110　效果图

(4) 最终效果如图 5.110 所示。

2. 转动的风扇

(1) 新建一个 Flash 文档，因为本书主要是突出动作代码，所以有关绘制风扇的过程就省略了。设置舞台大小为 500×850，背景颜色为浅蓝色，然后导入一张图片。

(2) 新建图层 2，画一组扇叶，如图 5.111 所示。

(3) 把扇叶图片转换成影片剪辑元件，实例名称为 mc，如图 5.112 所示。记住，转换元件时，出现的对话框中有一个注册点的选择，记住要选择到中间位置，不然转动起来就不会围绕中心点旋转，如图 5.113 所示。

图 5.111　风车扇叶

图 5.112　"属性"面板

图 5.113　转换元件

(4) 将图层 1、图层 2 上锁。新建图层 3，在图层 3 第 1 帧打开"动作"面板，输入如下动作代码，如图 5.114 所示。

```
mc.addEventListener(Event.ENTER_FRAME, fs);
function fs (event: Event) {
mc.rotation + = 200;
}
```

(5) 如果想把风扇的速度放慢，可以把代码中的 200 调小一些；如果想速度快，那就调大一些。最终效果如图 5.115 所示。

图 5.114　"动作"面板

图 5.115　效果图

5.10.10　复杂的 ActionScript 实例

1. 雪花飘飘

(1) 制作雪花元件，新建 Animate 文档选择 ActionScript 3.0。背景色为深蓝，舞台大小为 550×400。然后按 Ctrl+F8 组合键，新建一个影片剪辑元件"雪花"，进入到"雪花"元件编辑状态后，图层 1 改为"雪花层"。用椭圆工具在舞台上拖曳出一个大约 2×2 像素无笔触纯白色的圆来，然后放大到 800%。用选择工具在边缘处随便拉动，使其变成不规则的形状，最后选中这个图形，选择"修改"→"形状"→"柔化填充边缘"命令，调出"柔化填充边缘"对话框，在"距离"项中填入 5px，"步骤数"为 5，"方向"为"扩展"，完成后尺寸大约为 7.5×7 像素，全选图形，右击，转为影片剪辑元件"静态雪花"。

(2) 在影片剪辑"雪花"元件"雪花"图层的第 80 帧上插入关键帧，然后在第 2 层"添加运动引导层"，舞台缩小到 50%，用铅笔画从上至下画一条运动线，在第 80 帧处插入帧，上锁。选中"雪花"图层第 80 帧上的"静态雪花"元件拖曳到运动线的下端，选中"雪花"层创建补间动画，如图 5.116 所示。

(3) 在库中用右击"雪花"元件，选择"链接"项，为其添加标识符为 xh_mc。

(4) 回到场景 1 中，单击第 1 帧，打开"动作"面板，添加下列代码，如图 5.117 所示。

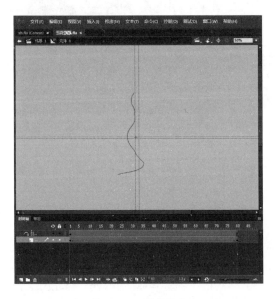

图 5.116　引导路径

图 5.117　"动作"面板

Var sj:Timer= new Timer(Math. random()* 300+ 100,100);
//声明一个时间变量，类型为 Timer，随机设置时间间隔和控制雪花的数量；
sj. addEventListener(TimerEvent. TIMER ,sjcd);//用 sj 来侦听时间事件；
function sjcd(event:TimerEvent) {//声明一个 sjcd 函数
var xh:xh_mc= new xh_mc (); //先声明一个对象 xh，类型为 xh_mc，等于一种新类型 xh_mc；
addChild (xh); //把新声明的 xh 对象显示到舞台上；
xh. x= Math. random () * 550; //雪花 x 坐标在 550 舞台上随机出现；
xh. y= Math. random () * 200; //雪花 y 坐标控制在舞台上的 0- 200 处随机出现；
xh. alpha= Math. random () * 1+ 0.2; //雪花的随机透明度；
xh. scaleX= Math. random () * 0.5+ 0.5; //随机控制雪花在 x 轴的宽度；
xh. scaleY= Math. random () * 0.5+ 0.5; //随机控制雪花在 y 轴的宽度；
}

```
sj.start (); //时间开始;
```

（5）关闭动作窗口测试保存，最终效果如图 5.118 所示。

2. 下雪

（1）选择新建文件（ActionScript 3.0）。

（2）导入一张背景图片，在场景中放好。

（3）新建一个影片剪辑元件，将舞台放大到 800%，用椭圆工具画一个无笔触，填充色为放射，将白色左色标透明度为 100%，右色标透明度 0% 的椭圆，大小为 4×3，用选择工具调整一下，使其不太规则。在第 30 帧插入关键帧。插入引导层，画一条由上向下的弯曲引导线。回到第一层，在第 1 帧和第 30 帧，分别将椭圆放到引导线的两端，建立补间动画，如图 5.119 所示。

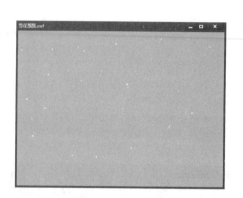

图 5.118　效果图

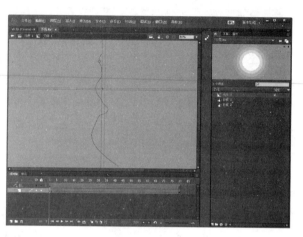

图 5.119　引导路径

（4）打开库，在元件上右击，打开元件"属性"面板，选择高级在类文本框中输入：xl，单击"确定"按钮，如图 5.120 所示。

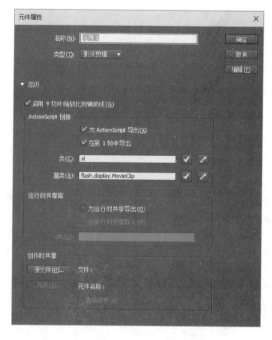

图 5.120　元件属性

（6）测试影片效果，如图 5.122 所示。

（5）回到主场景，新插入一图层，命名为 action，打开"动作"面板，输入下列代码，如图 5.121 所示。

```
var i:Number = 1;
addEventListener(Event.ENTER_FRAME, xx);
function xx (event: Event): void {
var x_mc: xl = new xl ();
addChild (x_mc);
x_mc. x = Math. random () * 550;
x_mc. scaleX = 0.2 + Math. random ();
x_mc. scaleY = 0.2 + Math. random ();
i+ + ;
if (i> 100) {
  this. removeChildAt (1);
  i= 100;
  }
}
```

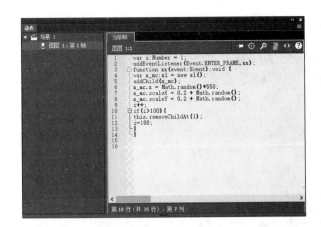

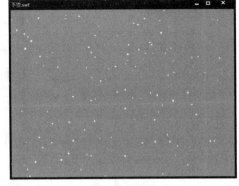

图 5.121　"动作"面板　　　　　　　　　　　图 5.122　效果图

0.2＋Math. random ();；会产生 0.2～1.2 间的随机数，这就让雪花缩小到 20％到放大到 120％间，落下来的雪花大小不一，显得更加真实一些。

removeChildAt (n);；删除已加载的显式对象，其中的 n 是已加载的对象的索引号。从 addEventListener (Event. ENTER_FRAME, xx);这一句可以看出，运行一帧，就会从库中加载一个雪花，同时 i 加 1，这样当 i 等于 100 时，场景中就已有 100 个雪花了。这个时候我们用 this. removeChildAt (1);将最先加载的雪花删除。然后将 i 设为 100，到下一帧，i 就又大于 100 了，那么要加载 1 个雪花，同时又删除 1 个雪花，这就达到了一个动态平衡，场景中始终只有 100 个雪花。要不然，就会雪越下越多，造成雪灾就不好了。

3. 鼠标事件之泡泡

(1) 启动 Animate CC，选择 HTML5 Canvas。

(2) 选择"修改"→"文档"命令，弹出电影属性对话框，背景颜色为深蓝色，设置如图 5.123 所示。

(3) 创建 1 个新图形元件 1，绘制 1 个黄色小圆形，如图 5.124 所示。

(4) 创建 1 个新按钮元件 2，用右击图层 1 的"单击"帧，选择"插入关键帧"命令，即在"单击"处插入 1 个关键帧。选择工具栏中的矩形工具，并在工作区中绘制 1 个矩形，颜色和元件 1 有所区别就可以，如图 5.125 所示。

(5) 创建 1 个新影片剪辑元件 3，在库中单击并拖动到元件 2 工作区中。颜色不是原来的红色，显示为浅蓝色，是因为元件 2 的前 3 帧是空的，只是第 4 帧是矩形，如图 5.126 所示。

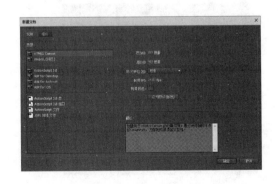

图 5.123　文档属性修改　　　　图 5.124　画圆　　　　图 5.125　制作按钮　　　图 5.126　拖入元件 2

(6) 单击"增加图层"按钮增加图层 2，在图层 2 的第 2 帧插入 1 个关键帧，选中它，从库中拉入元件 1 放在中间。

(7) 在图层 2 的第 14 帧处右击插入 1 个关键帧，在元件 1 上右击，选择"变形"中的任意变形。拖动元件放大，并在"属性"面板的色彩效果里设置它的 Apha 值为 9％，如图 5.127 所示。

（8）右击图层 2 的第 2 帧，选择"创建传统补间"命令。

（9）单击图层 2 的第 1 帧，右击打开"动作"面板，添加如下代码，如图 5.128 所示。

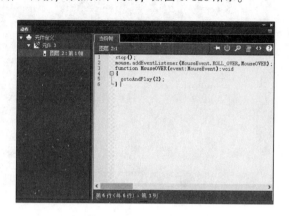

图 5.127　修改 Alpha 值　　　　　　　　　　　图 5.128　"动作"面板

```
stop();
mouse.addEventListener(MouseEvent.ROLL_OVER, MouseOVER);
function MouseOVER (event: MouseEvent): void
{
  gotoAndPlay (2);
}
```

这里需要说明的是后面的渐变动画是由鼠标来控制的，如没有响应鼠标事件，该影片剪辑永远停留在第 1 帧。

（10）回到场景 1。从库中拉入元件 3，连续复制它至布满整个工作区，如图 5.129 所示。

（11）选择"控制"→"测试"命令，即可测试所制作的电影效果，如图 5.130 所示。选择"文件"→"保存"命令，将文件保存成源文件。选择"文件"→"导出"命令，将文件导出为 .swf 影片保存。

4. 鼠标事件之制作烟花

（1）启动 Animate CC，选择 HTML5 Canvas，修改背景为黑色。

（2）制作 1 个类图形元件，同前面制作流星效果一样。画一个小星星，每一个元件里的星星颜色不一样即可，如图 5.131 所示。

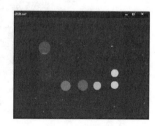

图 5.129　布满场景　　　　　图 5.130　效果图　　　　　图 5.131　制作图形元件

（3）制作 1 个按钮元件，在第 4 帧右击，插入 1 个关键帧，然后在工作区中用矩形工具画 1 个矩形，把边缘删除，如图 5.132 所示。

（4）制作 1 个影片剪辑元件，从库中把那个按钮元件拉到工作区中心。选中按钮，在"属性"面板的实例名称中输入 btn，如图 5.133 所示。

图 5.132　制作按钮　　　　　　　图 5.133　修改实例名称

（5）单击"图层"面板新建图层 2，在第 2 帧右击插入 1 个空白关键帧。

（6）在图层 2 的第 2 帧里，把做好的 1 个图形元件星星拖到工作区中心，就是把 2 个十字对齐，在第 5 帧右击插入关键帧，把这个星星拖离加号，然后把第 2 帧那个星星的 Alpha 值设为 50%；设好后，右击第 2 帧，创建传统补间。

选择第 5 帧的星星，在第 20 帧处右击插入关键帧，然后把这个星星拉到下方，把它的 Alpha 值设为 0；右击第 5 帧，创建传统补间。

（7）按照上述图层 2 的操作方式，再做很多层。只是每一层的星星飞出的方向和图层 2 不同，就这样，每一种颜色的星星都做几个不同运动方向的运动。为了做得更真实一些，再在工作区中心拖入一些经过缩小的星星。第 5 帧的效果如图 5.134 所示。

（8）在图层 2 第 1 帧右击，打开"动作"面板，在当前帧添加下列代码，如图 5.135 所示。

```
stop();
btn.addEventListener(MouseEvent.ROLL_OVER, MouseOVER);
function MouseOVER (event: MouseEvent): void
{
  gotoAndPlay (2);
}
```

图 5.134　效果图　　　　　　　　图 5.135　"动作"面板

（9）锁好第 1 层，再在动画中加入声音，单击"文件"→"导入"命令，选择要加入的声音，选择第 2 层的第 2

帧，把声音拖入工作区中，声音不作为主关键帧存在，播放时间只在第 2～5 帧。时间轴如图 5.136 所示。

图 5.136　时间轴

(10) 回到场景 1，把库中的影片剪辑元件拖到工作区中，布满工作区。选择"控制"→"测试"命令查看效果，如图 5.137 所示。

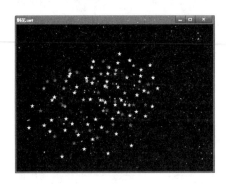

图 5.137　效果图

(11) 选择"文件"→"保存"命令，将文件保存成源文件。选择"文件"→"导出"命令，将文件导出为 .swf 影片保存。

本章小结

　　本章对动画进行了简要的介绍，主要包括动画的定义、动画的原理和分类以及常用的动画软件。重点介绍了动画软件 Animate CC 的使用，包括 Animate CC 的操作环境、常用术语、静态图像制作、运动、变形、引导线、遮罩以及交互 ActionScript 3.0 使用等。希望通过本章的学习，能够了解 Animate CC 的主要功能，掌握 Animate CC 的基本操作，能够利用 Animate CC 创作出自己满意的动画作品。

复习思考题

1. 简述动画原理。
2. 使用 Animate 做一个静态图像。
3. 使用 Animate 做一个运动实例。
4. 使用 Animate 做一个变形实例。
5. 使用 Animate 做一个引导线实例。
6. 使用 Animate 做一个遮罩实例。
7. 使用 Animate 做一个 ActionScript 实例。

视频是利用人眼的视觉特性，通过连续多幅图像的快速播放产生动态的画面效果，因此视频又称为运动图像或活动图像。视频处理技术是多媒体应用的一个核心技术，本章主要介绍视频基础知识、视频文件格式、视频信息的处理和数字视频处理软件 Premiere Pro CC 的使用。

6.1 视频基础知识

视觉是人类感知外部世界的一个最重要途径。有关研究表明，人类获取有效信息的 70% 左右都依赖于面对面的视觉效果。视频是由于视觉的时间域响应特性而产生的，在多媒体技术中，视频已成为多媒体系统的重要组成要素之一，与其相关的多媒体视频处理技术在目前乃至将来都是多媒体应用的一个核心技术。一般来说，视频（Video）是由一幅幅内容连续的图像所组成的，每一幅单独的图像就是视频的一帧。当连续的视频帧按照一定的速度播放时（25 帧 /s 或 30 帧 /s），由于人眼的视觉暂留效应，就会产生连续的动态画面效果，也就是视频。视频信号的内容会随时间变化，除画面动作外还有与之同步的声音或伴音。

按照处理方式的不同，视频信号分为模拟视频和数字视频。

6.1.1 模拟视频与数字视频

模拟视频以模拟电信号的形式来记录信息，依靠模拟调幅的手段在空间传播，使用盒式磁带录像机将视频作为模拟信号存放在磁带上。采用电子学的方法来传送和显示活动景物或静止图像，也就是通过在电磁信号上建立变化来支持图像和声音信息的传播和显示，视频图像的摄取、传播和显示是基于光和电的转换原理实现的。典型的代表是模拟电视和电影，比如 20 世纪常用胶片拍摄的电影，它是通过在一条醋酸盐胶片上建立颜料的色彩变化来支持图像信息的传送和播映。由于记录方式的限制，模拟视频在经过长时间的存放或多次复制以后，视频质量将大为降低，图像也会出现失真。

数字视频就是以数字方式记录的视频信号。根据来源不同可以分为两种：一种是将模拟视频数字化以后得到的数字视频，这种数字视频不采用电流变化或波形变化的模拟量来记录视频，而是把模拟视频采样、量化和编码进行数字化后变换为一系列由 0 和 1 组成的二进制数。每一个像素由一个二进制数字代表，每一幅画面由一系列的二进制数字表示，这样就把视频变成了一串串经过编码的数据流。在重放视频信号时，再经过解码处理变换还原为原来的模拟波形重新播放出来。另一种是由数字摄录设备直接获得或由计算机软件生成的数字视频。

数字视频克服了模拟视频的局限性，这是因为数字视频可以大大降低视频的传输和存储费用、增加交互性（数字视频可高速随机读取）及精确再现真实情景的稳定图像。与模拟视频相比，数字视频便于创造性地编辑与合成，可不失真地进行多次复制，在网络环境下容易实现资源共享，可与其他媒体组合使用。

数字视频的缺陷是处理速度慢，所需的数据存储空间大，从而使处理成本增高。通过对数字视频的压缩，可以节省大量的存储空间，光盘技术的应用也使得大量视频信息的存储成为可能。

数字视频的应用已经非常广泛，并带来一个全新的应用局面，直接广播卫星（DBS）、有线电视、数字电视等各种通信应用均需要采用数字视频。

6.1.2 电视信号与电视制式

电视是常见的视频形式，电视的工作原理、电视信号的参数、电视制式等是视频技术的基本内容。

1. 电视原理

电视摄像机的作用就是将视频图像转换为电信号，基本原理为逐行扫描和传输图像信号，然后在接收端同步再现。任何时刻，电信号只有1个值（一维）。但视频图像通常是二维的，将二维视频图像转换为一维电信号是通过光栅扫描实现的。

在水平方向上以逐个像素和在垂直方向上以逐行的顺序规律进行周期性的传送或接收称为扫描。光栅扫描方式主要有隔行扫描和逐行扫描两种。

隔行扫描是指扫描一幅完整的画面分为两场，即奇数场和偶数场，每帧画面需要扫描两次，一次奇数场和一次偶数场，如图6.1所示。目前的电视系统大都采用隔行扫描，因为隔行扫描能节省频带，且硬件实现简单。

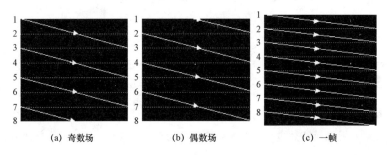

(a) 奇数场   (b) 偶数场   (c) 一帧

图6.1 场和帧

逐行扫描是指电子束从显示屏的左上角一行接一行地扫到右下角，在显示屏上扫一遍就显示一幅完整的图像，逐行扫描一次为一帧。逐行扫描图像垂直清晰度高，空间处理效果好，有利于电视转换和制式转换，能改善视频压缩效率。但逐行扫描数码率高，行扫描频率增高，硬件实现难度加大。计算机显示图像时一般都采用逐行扫描，以增加带宽和成本为代价获得更好的图像质量和更高的清晰度。

2. 模拟视频信号的重要参数

模拟视频信号的重要参数主要包括分辨率、垂直清晰度、宽高比、场频和帧频。

分辨率（又称解析度）是指单位长度内包含的像素点的数量，它的单位通常为像素或英寸。分辨率决定了位图图像细节的精细程度。通常情况下，图像的分辨率越高，所包含的像素就越多，图像就越清晰，它是衡量图像细节表现力的重要技术参数。分辨率在视频应用中可分为垂直分辨率和水平分辨率。

垂直清晰度是指眼睛可分辨的水平线数目，与扫描行数密切相关。

宽高比是指扫描行的长度与在图像垂直方向上的所有扫描行所跨过的距离之比。

像素的宽高比是指图像中的一个像素的宽度和高度之比，一帧图像的画面可以理解为由许多个像素横竖排列而成，一个像素的宽可以理解为同一行中的两个像素点之间的距离，像素的高可以理解为同一列两个像素点之间的距离。

视频信号是由一系列的图像构成的，每一幅图像称为一帧，在电视信号中每一帧又分为奇数行组成的奇数场和偶数行组成的偶数场。每秒扫描的帧数称为帧频，每秒扫描的场数称为场频，所以场频值为帧频值的2倍。

SMPTE即电影和电视工程师协会，它主要推动电影和电视领域技术与相关标准的发展。SMPTE协会提出的时间码概念已得到广泛应用，其格式为时：分：秒：帧。例如一段长度为 00：02：30：25 的视频片段的播放时间为 2 分钟 30 秒 25 帧。

3. 电视制式

电视是最常见的视频形式之一，现有视频技术的一些方法、标准都源于电视技术。早期是黑白电视的无线广播，后来发展为模拟彩色电视的无线广播、卫星广播和有线电视广播，当前正处于高清晰数字电视广播的发展阶段。

电视信号的标准也称为电视的制式，目前各国的电视制式不尽相同，不同制式之间的主要区别在于不同的刷新速度、颜色编码系统和传送频率等，互相并不通用，因此电视设备和节目需要遵循相应的电视标准。目前世界上主要有 PAL 制、NTSC 制、SECAM 制三种彩色电视制式，这三种制式分别被不同的国家选用为自己的视频标准，见表 6.1。

表 6.1　　　　　　　　　电视制式参数

制式	国　　家	水平线数（分辨率）	帧数/(frame/s)	像素数/行	画面宽高比	调制方式
NTSC	韩国、美国、加拿大、日本、墨西哥	525 线	30	700	4：3	AM
PAL	澳大利亚、中国、欧洲大多数国家等	625 线	25	864	4：3	AM
SECAM	法国、中东地区国家、非洲大多数国家	625 线	25	864	4：3	FM

NTSC（National Television Standard Committe）是美国国家电视系统委员会在 1952 年制定的一种兼容的彩色电视制式，在美国、日本等国家广为使用。它定义了彩色电视机对电视信号的解码方式、色彩的处理方式、屏幕的扫描频率等内容。NTSC 制规定水平扫描线有 525 行，以每秒 30 帧速率传送。采用隔行扫描方式，每一帧画面由两次扫描完成，每一次扫描画出一个场需要 1/60 秒，两个场构成一帧，262.5 行/场。采用 YIQ 颜色模型，宽高比为 4：3，帧大小为 352×240。

PAL（Phase Alternate Lock）是联邦德国 1962 年制定的一种兼容电视制式。PAL 意指"相位逐行交变"，中国和大部分西欧国家都使用这种制式。PAL 制规定水平扫描 625 行、每秒 25 帧。采用隔行扫描方式，每一帧画面由两次扫描完成，每一次扫描画出一个场需要 1/50 秒，两个场构成一帧，312.5 行/场。采用 YUV 颜色模型，宽高比为 4：3，帧大小为 352×288。

SECAM（SEquential Color And Memory）称为顺序传送彩色与存储，1966 年由法国制定，是法国、俄罗斯及几个东欧国家的彩色电视制式。基本技术及广播方式与 NTSC 和 PAL 有较大的区别。

不同制式的电视机只能接收和处理其对应制式的电视信号。多制式或全制式的电视机，为处理和转换不同制式的电视信号提供了极大的方便。全制式电视机可在各国各地区使用，而多制式电视机一般为指定范围的国家生产。

4. 彩色电视信号

如何实现彩色与黑白电视机的兼容？在 PAL 彩色电视制式中采用 YUV 模型来表示彩色图像。其中 Y 表示亮度，U、V 用来表示色差，是构成彩色的两个分量。YUV 空间表示法使亮度和色度信号分开传送。

YUV 表示法的重要之处在于亮度信号 Y 和色度信号 U、V 是相互独立的，即 Y 信号分量构成的黑白灰度图与用 U、V 信号构成的另外两幅单色图是相互独立的，所以可以对这些单色图分别进行编码。亮度信号和色差信号分离使彩色电视系统与黑白电视机亮度信号兼容。

而在 NTSC 彩色电视制式中使用 YIQ 模型，其中的 Y 表示亮度，I、Q 是两个彩色分量。

(1) 计算机的色彩模型。

计算机的色彩模型是 RGB 模型，RGB 分别代表红（Red）、绿（Green）、蓝（Blue）三种基本颜色。电视机和计算机显示器使用的阴极射线管（Cathode Ray Tube，CRT）是一个有源物体。CRT 使用 3 个电子枪分别产生红、绿和蓝三种波长的光（电子束），并以各种不同的相对强度轰击 CRT 的荧光涂层屏幕以产生颜色。组合这三种光波以产生特定颜色称为相加混色，或称为 RGB 相加模型。相加混色是计算机应用中定义颜色的基本方法。

根据三基色原理，用基色光单位来表示光的量，任意色光都可以用 R、G、B 三色不同分量的相加混合而成：颜色＝R（红色的百分比）＋G（绿色的百分比）＋B（蓝色的百分比）。

计算机彩色视频信号发送与接收的原理如图 6.2 所示。

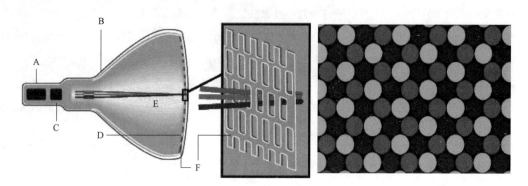

图 6.2　CRT 显示器采用 RGB 彩色模型

A—阴极；B—导电涂层；C—阳极；D—荧光屏；E—电子束；F—荫罩板

（2）YUV 与 RGB 彩色空间变换。

由于所有的显示器都采用 RGB 值来驱动，这就要求在显示每个像素之前，需要把 YUV 彩色分量值转换成 RGB 值。

这种转换需要花费一定的计算时间，设计软硬件视频处理系统时要综合考虑。

在考虑人的视觉系统和阴极射线管 CRT 的非线性特性之后，RGB 和 YUV 的对应关系可以近似地用下面的方程式表示：

- $Y=0.299R+0.587G+0.114B$
- $U=-0.169R-0.331G+0.5B$
- $V=0.500R-0.419G-0.081B$

5. 全电视信号

模拟视频信号主要包括五种成分：亮度信号、色度信号、色同步信号、复合同步信号和伴音信号。根据不同的信号源，模拟视频标准有三种类型。复合视频包含亮度信号、色差信号和所有定时同步信号的单一电视信号，占用单倍带宽传输。分量视频每个分量都是一个单独的单色视频信号，3 个分量（R、G、B）完全同步。分离视频是复合视频和分量视频的折中，将色度信号组合后加上亮度信号共两个信号参与传输。

电视信号中除了图像信号即视频信号外，还包括复合校隐信号和复合同步信号。一帧电视信号称为一个全电视信号，它又由奇数场行信号和偶数场行信号顺序构成。

电视频道传送的电视信号主要包括亮度信号、色度信号、复合同步信号和伴音信号，这些信号可通过频率域或时间域相互分离出来。

为了使音频视频同步且不产生混叠，将伴音信号放置在视频信号频带之外的频率上传输。电视接收机能够将所接收到的高频电视信号还原成视频信号和低频伴音信号，并能够在其荧光屏上重现图像，在扬声器上重现伴音。

根据不同的信号源，电视接收机的输入、输出信号有三种类型。

（1）高频或射频信号。

为了能够在空中传播电视信号，必须把视频全电视信号调制成高频或射频（RF－Radio Frequency）信号，每个信号占用一个频道，这样才能在空中同时传播多路电视节目而不会导致混乱。

NTSC 制每个频道的带宽为 6MHz，PAL 制每个频道占用 8MHz 的带宽。有线电视 CATV（Cable Television）的工作方式类似，只是它通过电缆而不是通过空中传播电视信号。电视机在接收到某一频道的高频信号后，要把全电视信号从高频信号中解调出来，才能在屏幕上重现视频图像。

（2）复合视频信号。

为便于电视信号远距离传输，必须把 3 个分量信号以及同步信号复合成一个信号，然后才进行传输。

复合视频信号包括亮度和色度的单路模拟信号，即从全电视信号中分离出伴音后的视频信号，这时的色度信号是间插在亮度信号的高端，在信号重放时很难恢复完全一致的色彩。这种信号一般可通过电缆输入或输出到家用录像机上，其信号带宽较窄，一般只有 240 线左右的水平分解率。

早期的电视机都只有天线输入端口，较新型的电视机备有复合视频输入和输出端（Video In, Video Out），可以直接输入和输出解调后的视频信号。视频信号已不包含高频分量，处理起来相对简单一些，因此计算机的视频卡一般都采用复合视频输入端口获取视频信号。

由于视频信号中已不包含伴音，故一般与视频输入、输出端口配套的还有音频输入、输出端口，以便同步传输伴音。

（3）分量视频信号与 S‐Video。

为保证视频信号的质量，近距离时可用分量视频信号（Component Video Signal）传输，分量信号是指每个基色分量（R、G、B 或 Y、U、V）作为独立的电视信号传输，计算机输出的 VGA 视频信号就是分量形式的视频信号。

S‐Video 是一种两分量的视频信号，它把亮度和色度信号分成两路独立的模拟信号，用两路导线分别传输并可以分别记录在模拟磁带的两路磁轨上。这种信号不仅其亮度和色度都具有较宽的带宽，而且由于亮度和色度分开传输，可以减少其互相干扰，水平分解率可达 420 线。与复合视频信号相比，S‐Video 可以更好地重现色彩。

6.1.3　模拟视频的数字化

要让计算机处理视频信息，首先要解决的是视频数字化的问题。视频数字化是将模拟视频信号经模/数转换和彩色空间变换转为计算机可处理的数字信号。

模拟视频的数字化包括不少技术问题，如电视信号具有不同的制式而且采用复合的 YUV 信号方式，而计算机工作在 RGB 空间；电视机是隔行扫描，计算机显示器大多是逐行扫描；电视图像的分辨率与显示器的分辨率也不尽相同等等。因此，模拟视频的数字化主要包括色彩模型的转换、光栅扫描的转换及分辨率的统一。

模拟视频一般采用分量数字化方式，先把复合视频信号中的亮度和色度分离，得到 YUV 或 YIQ 分量，然后用 3 个模/数转换器对 3 个分量分别进行数字化，最后再转换成 RGB 空间。

与音频信号数字化类似，计算机也要对输入的模拟视频信息进行采样与量化，并经编码使其变成数字化图像。

1. 采样

为了在 PAL、NTSC 和 SECAM 电视制式之间确定共同的数字化参数，国家无线电咨询委员会（CCIR）制定了广播级质量的数字电视编码标准，称为 CCIR 601 标准（即现在的 ITU‐R 标准）。

对视频采样时要满足采样定理。对于 PAL 制电视信号，视频带宽为 6MHz，按照 CCIR601 建议，亮度信号的采样频率为 13.5MHz，色度信号为 6.75MHz。采样频率必须是行频的整数倍，这样可以保证每行有整数个取样点，同时要使得每行取样点数目一样多，便于数据处理，同时还要满足两种扫描制式。现行的扫描制式主要有 625 行/50 场和 525 行/60 场两种，它们的行频分别为 15625Hz 和 15734.265Hz。

ITU（国际电信联盟）建议的分量编码标准的亮度抽样频率为 13.5MHz，这正好是上述两种行频的整数倍。按照国际现行电视制式，亮度信号最大带宽是 6MHz。根据奈奎斯特抽样定理，抽样频率至少要大于 2×6＝12MHz，因此取 13.5MHz 也是合适的。

根据电视信号的特征，亮度信号的带宽是色度信号带宽的两倍，因此对信号的色差分量的采样率低于对亮度分量的采样率。如果用 Y：U：V 来表示 YUV 3 个分量的采样比例，数字视频的采样格式分别有 4：1：1、4：2：2 和 4：4：4 三种。

在 CCIR 601 标准中，对采样频率、采样结构、色彩空间转换等都作了严格的规定。根据实验，人眼对颜色的敏感程度远不如对亮度信号那么灵敏，所以色度信号的取样频率可以比亮度信号的取样频率低，以减少数字视频的数据量。ITU-R 建议使用了 4：2：2 采样结构。

4：2：2 是指色度信号取亮度信号取样频率的一半，每 4 个连续的采样点中取 4 个亮度 Y、2 个色差 U、2 个色差 V 的样本值，共 8 个样本值。

根据 ITU 推荐的采样率，可计算出在 4：2：2 采样格式下 PAL 制 SDTV 电视信号分辨率是 720×576，帧频为 25 帧/s，亮度和色差信号都采用 8 位的量化位数，可得到：

亮度信号每一行的数据比特数：720（点）×8（bit）＝5760bit。

亮度信号每一帧的数据比特数：5760bit×576（行）＝3317760bit。

亮度信号的码率为：3317760bit×25＝82944000bit＝82.944Mb/s。

两个色差的码率相加也是 82.944Mb/s，所以 4：2：2 采样格式下的视频信号码率为 82.944Mb/s×2＝165.888Mb/s。

电视图像既是空间的函数，也是时间的函数，而且又是隔行扫描，所以其采样方式比扫描仪扫描图像的方式要复杂得多。分量采样时采到的是隔行样本点，要把隔行样本组合成逐行样本，然后进行样本点的量化，YUV 到 RGB 色彩空间的转换等，最后才能得到数字视频数据。

2. 量化

采样是把模拟信号变成了时间上离散的脉冲信号，量化则是进行幅度上的离散化处理。

量化后的信号电平与原模拟信号电平之间在大多数情况下总是存在有一定的误差，量化所引入的误差是不可避免的，同时也是不可逆的。由于信号的随机性这种误差大小也是随机的，这种表现类似于随机噪声效果，具有相当宽度的频谱，因此我们又把量化误差称为量化噪声。

当两个原来不同的数值用同一个二进制值来表示时，实际数值与记录数值之差就成为量化噪声。所以，比特率决定了整个系统在理想状态下的最小噪声、动态范围和信噪比，模拟信号在理想状态是没有这种限制的。

量化比特率越高，层次就分得越细，但数据量也成倍上升。每增加一个比特，数据量就翻一番。量化的过程是不可逆的，这是因为量化本身给信号带来的损伤是不可弥补的。量化时比特数选取过小则不足以反映出图像的细节，比特数过大则会产生庞大的数码率，从而占用大量的频带，给传输带来困难。

降低量化误差最直接的方法就是增加量化级数减小最小量化间隔，但由此带来码率的增加从而要求更大的处理带宽，一般现在的视频信号均采用 8bit、10bit，在信号质量要求较高的情况下采用 12bit 量化。

与模拟音频信号类似，视频信号的量化过程中也可以采用不均匀量化方式，即将模拟信号先进行对数变换，其目的是让变化量大的地方变化小，让变化量小的地方变化大，然后再进行普通的 8bit 量化，经传输后再恢复出来的模拟信号可以通过指数变换予以还原，此时信号传输的效果类似于 12bit 量化的效果。

3. 编码

抽样、量化后的信号转换成数字符号才能进行传输，这一过程称为编码。视频压缩编码的理论基础是信息论。信息压缩就是从时间域、空间域两方面去除冗余信息，将可推知的确定信息去掉。

在通信理论中，编码分为信源编码和信道编码两大类。信源编码是指将信号源中多余的信息除去，形成一个适合传输的信号。为了抑制信道噪声对信号的干扰，往往还需要对信号进行再编码，使接收端能够检测或纠正数据在信道传输过程中引起的错误，这称为信道编码。

视频编码技术主要包括 MPEG 与 H.261 标准，编码技术主要分成帧内编码和帧间编码。前者用于去掉图像的空间冗余信息，后者用于去除图像的时间冗余信息。

数字视频 (Digital Video, DV) 是定义压缩图像和声音数据记录及回放过程的标准。DV 格式是一种国际通用的数字视频标准，是由 10 余家公司共同制定的标准。DV 格式清晰度高，水平分辨率可达 500 线，色度带宽较宽，可以还原色彩绚丽的图像。

当前有三种常用的 DV 格式：miniDV、DVCPro 和 DVCam。其中 miniDV 最常见，是家用摄像机使用的格式，后两种为专业格式。

DV 格式数字摄像机对视频采用 4：1：1 数字分量采样标准，8bit 量化，基于离散余弦变量 DCT 的 5：1 帧内压缩，数据传输率为 24.948Mb/s。

6.1.4　数字电视

数字电视是指从节目采集、编辑、制作到信号的发射、传输、接收的所有环节都使用数字处理的全新电视系统。数字电视利用了数字图像压缩技术、数字信号纠错编码技术、高效的数字信号调制技术等先进的数字技术，按电视接收器的清晰度等级可分标清、高清和全高清等。

1. 标清与高清电视

标清电视 (SDTV) 即标准清晰度，是指物理分辨率在 720p (Progressive, 逐行扫描) 以下的一种视频格式，具体指分辨率在 400 线左右的 VCD、DVD、电视节目等 "标清" 视频格式。

高清电视 (HDTV) 指物理分辨率达到 720p 及其以上，简称 HD。关于高清的标准，国际上公认的有两条：视频垂直分辨率超过 720p 或者 1280i (Interlace, 隔行扫描)，视频宽纵比为 16：9。隔行扫描和逐行扫描在画面的精细度上有很大的差别。

全高清 (Full HD) 是指物理分辨率达到 1920×1080 (分为 1080i 和 1080p)，1080p 的画质优于 1080i。

2. 新型电视

3D 是 three-dimensional 的缩写，就是三维立体图形。由于人的双眼观察物体的角度略有差异，因此能够辨别物体的远近，产生立体的视觉。三维立体影像电视正是利用这个原理，把左右眼所看到的影像分离。3D 液晶电视的立体显示效果是通过在液晶面板上加上特殊的精密柱面透镜屏，将经过编码处理的 3D 视频影像独立送入人的左右眼，从而令用户无需借助立体眼镜即可裸眼体验立体感觉，同时能兼容 2D 画面。

交互电视 (Interactive TV, ITV) 是近年来新出现的一种新的信息服务形式，为普通的电视机增加了交互能力，使人们可以按自己的需求获取各种网络服务。

视频点播 (Video on Command, VOD) 把用户选择的节目，通过通信网的传输，分发到用户终端设备上。VOD 系统由视频服务提供商、传送网络和用户终端构成，视频服务提供商提供视频资料源及其视频服务系统的管理，传送网络提供下行视频流、上行命令和选择请求的传送。

交互电视和视频点播都为用户提供视频交互服务，前者强调用户端，后者强调系统服务端。VOD/ITV 系统是包含媒体服务器和网络交换机的多层次、分布式的多媒体系统，多媒体数据要经过压缩、存储、检索，通过网络传送到目的地，解压缩后在接收设备上同步演播。

6.2　视 频 文 件 格 式

未压缩的数字视频数据量十分巨大，对于目前的计算机和网络存储或传输都是不现实的，因此在多媒体中应用数字视频的关键问题是数字视频的压缩技术。为了适应存储视频的需要，制定了不同的视频文件格式，来把视频和音频放在一个文件中。

6.2.1 视频压缩

数字视频的文件占用空间非常大，压缩存储时会节省空间，同时并不影响最终的呈现效果，因为只涉及人的视觉不能感受到的那部分视频，压缩过程实质上就是去掉我们感觉不到的那些数据。标准的数字摄像机的压缩率为 5∶1，但并不是压缩的越多越好，当丢弃的数据太多，会影响到画面质量。

数字视频的压缩标准主要由 MPEG 制定。MPEG（Moving Picture Experts Group，运动图像专家组）是在 1988 年由 ISO/IEC 联合成立的工作组制定的各种运动图像及其伴音信号的数字压缩国际标准。市面上的一些消费产品，如 VCD 和 DVD、数字式便携摄像机都是以 MPEG 视频压缩为基础的。

MPEG 标准主要分为 MPEG-1、MPEG-2、MPEG-4 和 MPEG-7 等常用标准。

- MPEG-1 标准：1992 年通过的用于 1.5Mb/s 速率的数字存储媒体运动图像及伴音编码标准，主要应用于光盘、数字录音带、磁盘、通信网络以及 VCD 等。

- MPEG-2 标准：1994 年通过的用于 4～15Mb/s 速率的广播级运动图像及伴音编码国际标准，主要应用于 DVD、HDTV（高清晰度电视）、视频会议以及多媒体邮件等。

- MPEG-4 标准：1998 年通过的用于低比特率（≤64kb/s）的视频压缩编码标准，主要应用于可视电话、交互式视听对象。

- MPEG-7 标准：称为"多媒体内容描述接口"，规定一套用于描述各种不同类型多媒体信息的描述符的标准集合，用于描述各种多媒体信息，以便更快、更有效地检索信息，主要应用于数字图书馆、广播媒体选择、多媒体编辑以及多媒体索引服务。

6.2.2 文件格式

数字视频的格式非常多，常用的格式主要有本地视频格式和网络流媒体格式两大类。

1. AVI（本地视频格式）

AVI 格式是微软于 1992 年推出的音频视频交叉记录的文件格式，最直接的优点就是兼容好、调用方便而且图像质量好，因此也常常与 DVD 相并称，但这种文件数据量过大。AVI 的分辨率可以随意调整。窗口越大，文件的数据量也就越大。降低分辨率可以大幅减小它的体积，但图像质量就必然受损。与 MPEG-2 格式文件体积差不多的情况下，AVI 格式的视频质量相对而言要差不少，但制作起来对电脑的配置要求不高，可以先录制好 AVI 格式的视频，再转换为其他格式。

2. MOV（本地视频格式）

MOV 即 QuickTime 影片格式，是 Apple 公司开发的一种音频、视频文件格式，用于存储常用的数字媒体类型。现在被包括 Apple MAC OS、Microsoft Windows 在内的所有主流电脑平台支持。在某些方面它甚至比 WMV 和 RM 更优秀，并能被众多的多媒体编辑及视频处理软件所支持，用 MOV 格式来保存影片是一个非常好的选择。可容纳多种压缩方式，有的适合高质量存储，有的适合远距离传输，有的适合网络流媒体播放，非常适合视频制作。

3. MPEG（本地视频格式）

MPEG 标准的视频压缩编码技术主要利用了具有运动补偿的帧间压缩编码技术以减小时间冗余度，即在一定的时间间隔内（通常为 5 帧）对首帧进行绘图，对后面的图像进行运动预测，只对发生变化的像素点通过运动补偿的方式重新绘图，未发生变化的像素点不进行处理的方式，所以大大增加了压缩比率。但由于压缩方式的限制，在画面物体作快速运动的时候，画质会有明显的降低。

4. WMV（网络流媒体格式）

WMV 是微软推出的一种流媒体格式。在同等视频质量下，WMV 格式的数据量非常小，因此很适合在网上播放和传输，其压缩率可高于 MPEG－2 标准。同样是 2 小时的 HDTV 节目，如果使用 MPEG－2 最多只能压缩至 30GB，而使用 WMV－HD 这样的高压缩率编码器，在画质不降低的前提下可压缩到 15GB 以下。WMV 格式的优点是对于帧速率、尺寸、比特率可以进行很好的控制，压缩比高，但在 MAC 系统中需要安装专门的播放器才能播放。

5．RM（网络流媒体格式）

RealNetworks 公司所制定的音频视频压缩规范称为 RealMedia，简称 RM。用户可以使用 RealPlayer 或 RealOnePlayer 对符合 RealMedia 技术规范的网络音频/视频资源进行实况转播。RM 格式可以根据不同的网络传输速率制定出不同的压缩比率，从而实现在低速率的网络上进行影像数据实时传送和播放。RM 格式一开始就定位在视频流应用方面，也可以说是视频流技术的创始者。RM 格式主要用于在低速率的网上实时传输视频的压缩格式，该格式的优点是压缩比率强劲，图像质量稳定，对播放机器性能要求低，缺点是属于终极格式，基本不能再用于视频编辑。由于 RM-VB 的诞生，现在基本濒临淘汰，但仍不失为一种很好的压缩方式，有其专门的用武之地。

6．RMVB（网络流媒体格式）

RMVB 中的 VB 指 VBR（Variable Bit Rate，可改变之比特率），较上一代 RM 格式画面要清晰了很多，因为采用了可变比特率，RMVB 打破了原先 RM 格式那种平均压缩采样的方式，在保证平均压缩比的基础上，设定了一般为平均采样率 2 倍的最大采样率值。该格式在压缩时默认为两次压缩，即先进行一次画面预扫描，对比特率进行合理分配，再进行文件压缩，将较高的比特率用于复杂的动态画面（歌舞、飞车、战争等）。而在静态画面中则灵活地转为较低的采样率，合理地利用了比特率资源，使 RMVB 在牺牲少部分用户察觉不到的影片质量的情况下最大限度地压缩了影片的大小，最终拥有了近乎完美的接近于 DVD 品质的视听效果。

7．VOB（网络流媒体格式）

VOB 是 DVD Video Object 的缩写，意思是 DVD 视频对象。它是 DVD 影碟上的关键文件，内含的是电影的实际数据。VOB 文件实际上等同于一个数据库文件，用来保存所有 MPEG－2 格式的音频和视频数据，这些数据不仅包含影片本身，而且还有供菜单和按钮用的画面以及多种字幕的子画面流。实际上可以简单地把 VOB 文件看作是一种基本的 MPEG－2 数据流来进行理解，比如将后缀改为 MPG 即可导入到部分编辑软件中进行制作。实际编码方式等同于 MPEG－2 格式，只不过比 MPEG－2 包含更多的信息（如菜单、字幕和章节信息等）。VOB 格式的分辨率为 720×576 或 720×480，即 PAL 和 NTSC 制式，受限于 DVD 本身的载体，所以在可控性方面不如真正的 MPEG － 2。

8．FLV（F4V）（网络流媒体格式）

FLV 是 Flash Video 的简称，FLV 流媒体格式是随着 Flash MX 的推出发展而来的视频格式。由于它形成的文件极小、加载速度极快，使得网络观看视频文件成为可能，它的出现有效地解决了视频文件导入 Flash 后，使导出的 SWF 文件体积庞大，不能在网络上很好的使用等缺点。FLV 目前被众多新一代视频分享网站所采用，是目前增长最快、最为广泛的视频传播格式。FLV 文件体积小巧，清晰的 FLV 视频 1 分钟在 1MB 左右，一部电影在 100MB 左右，是普通视频文件体积的 1/3。再加上 CPU 占有率低、视频质量良好等特点使其在网络上盛行，目前网上的视频共享网站几乎都采用 FLV 格式文件提供视频。

6.2.3　视频信息的处理

视频处理又称为视频编辑，从技术层面看，有线性编辑和非线性编辑两种工作方式；从艺术层面看，编辑的任务就是删除不合要求的部分，通过对内容的调整深化主题。视频处理的主要作用是形成一部完整的作品，向观众传达创作意图，形成艺术风格。

1．线性与非线性编辑

线性编辑是早期的一种基于磁带的编辑方式，视频素材的搜索和播放、录制都要在磁带上按时间顺序进行。在录制过程中必然要反复地前进、后倒以寻找素材，这一方式非常浪费时间，也对磁头、磁带造成相应的磨损。编辑工作只能按顺序一段一段进行，如果要在原来编辑好的节目中插入、修改、删除素材，就要严格受到预留时间、镜头长度等的限制，一旦转换完成记录成了磁迹，就无法再随意修改。录制在磁带上的节目中间插入新的素材或改变某个镜头的长度，整个后期的内容就得重新制作，这无形中给节目的编辑带来了许多麻烦，如果没有足够的工作时间，就难以创作出艺术性很强、加工精美的电视节目来。

非线性编辑不是数学上的"非线性"。非线性编辑借助计算机来进行数字化制作，不再需要那么多的外围设备。对素材的调用也是瞬间实现，突破了单一的时间顺序编辑限制，可以按各种顺序排列，具有快捷简便、随机的特性。非线性编辑在利用多媒体软件编辑过程中可以对节目素材进行随机存取，不按时间顺序记录或重放编辑，可随意完成A/B卷或多通道特技、动画制作、字幕叠加、配音、配乐、后期合成等功能。因此，非线性编辑可以概括为是利用计算机、视音频处理卡、视音频编辑软件所构成的系统对数字视频信号进行后期编辑和处理的过程。

非线性编辑的随机存取无论在制作效率还是在扩大创意空间方面，皆优于线性编辑。非线性编辑系统已经实现了数字化以及与模拟视频信号的高度兼容性，并广泛应用在电影、电视、广播、网络等传播领域。因此非线性编辑是数字视频处理的主要方式。

2. 基本流程

(1) 整理素材。首先了解素材的质量，激发创作灵感、调整构思。发现现有素材的不足，以便尽快组织补拍或进一步寻找相关视听材料，减少编辑操作时的设备损耗，降低制作成本。

(2) 常见的素材缺陷。常见的素材缺陷有：画面没有信息量，视觉造型形式的表现力太弱；镜头重复，没有给观众提供新的信息；镜头的技术质量差：拍摄角度选择有误、镜头缺乏稳定性、镜头运动与主体运动不协调、画面焦点不实等；镜头的艺术质量差：对场景不加安排或选择，主体不突出、陪体不典型、环境杂乱等。

(3) 编辑提纲。提纲可以保证片子在结构上的完整和节奏感，保证各部分内容在比例上的得当；保证选用最能表达意义的镜头；提高编辑工作的效率；保证节目长度上的精确性。

(4) 选择镜头。选择镜头时主要参照以下几点：画面内容是否符合主题的要求；构图是否有利于主题的表达；影像是否清晰、曝光是否准确、镜头是否稳定、运动是否顺畅、录音效果是否清晰；采光、构图、色彩搭配等艺术造型效果是否恰当；拍摄角度的选择是否多样；镜头运动方式是否合理。

(5) 视频特技。数字视频特技目前有很多，并且在不断地更新和扩充。归纳起来，主要可分为以下几类：转场特技；画面亮色参数变换；像素空间位置参数变换；画面序列的时间参数变换。

(6) 检查。主要检查逻辑叙述是否符合真实性原则，是否符合生活逻辑，条理是否清楚，内容之间的联系是否合理自然。

6.3　数字视频处理软件 Premiere Pro CC

Premiere Pro 软件是 Adobe 公司开发的一款优秀的专业视频编辑软件，它以简单直观的方式提供了采集、剪辑、调色、音频编辑、字幕添加等功能。视频编辑素材可以是文字、图像、声音、动画和视频片段，支持多种类型和格式的素材文件，被广泛地应用于电视台广告制作和电影剪辑等专业领域。

Premiere Pro 是目前最流行的非线性数字视频编辑软件。非线性编辑是针对传统的以时间顺序进行线性编辑而言的，应用计算机图形和图像技术在计算机中对各种影视素材进行编辑，并将最终结果输出到硬盘、光盘等存储设备中的一系列操作。本节以最新的 Premiere Pro CC 2017 版本为例，介绍非线性视频编辑软件的使用。

6.3.1　Premiere Pro CC 基础

本小节通过实例操作使读者掌握启动 Premiere Pro CC、新建项目、导入素材文件、管理素材文件和保存项目等基本操作。

1. 启动 Premiere Pro CC

选择"开始"→"所有程序"→Adobe Premiere Pro CC 2017 命令启动 Adobe Premiere Pro CC 2017，弹出开始界面如图 6.3 所示。

图 6.3　"开始"界面

开始界面中的"最近使用项"显示了最近使用过的项目文件。项目文件是一种包含了序列以及组成序列的素材如视频、音频、图像、字幕等的文件，文件扩展名为 .prproj。

2. 新建项目

(1) 单击图 6.3 中的"新建项目"，打开"新建项目"对话框，如图 6.4 所示。

(2) 在"名称"文本框中输入项目文件的名称"我的大学"。

(3) 单击"位置"下拉列表右侧的"浏览"按钮，打开"请选择新项目的目标路径"对话框，选择新建项目存放的位置"D：\ pr"。单击"确定"按钮，进入系统的主界面，如图 6.5 所示。

图 6.4　"新建项目"对话框

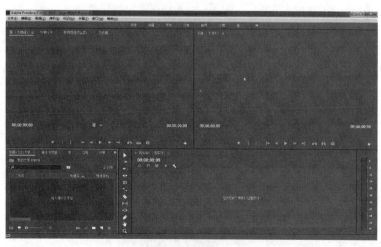

图 6.5　系统的主界面

Premiere Pro CC 2017 初始的工作界面包括标题栏、菜单栏和多个具有不同功能的面板组成。菜单栏中主要的菜单如下：

- "文件"菜单：主要用于对项目文件进行管理，包括新建项目、保存项目到素材和导出项目的操作。
- "编辑"菜单：包括整个程序中通用的标准编辑命令，比如复制、粘贴和撤销等命令。

- "剪辑"菜单：主要用于对素材的剪辑处理，包括重命名、插入和覆盖等命令。
- "序列"菜单：主要用于在"时间轴"面板上预渲染素材、改变轨道数量，包括序列设置、渲染入点到出点的效果、添加轨道和删除轨道等命令。
- "标记"菜单：主要用于对标记点进行选择、添加和删除等操作，包括标记剪辑、添加标记、转到下一标记、清除所选标记和编辑标记等命令。
- "字幕"菜单：主要用于对字幕相关操作的设置，包括新建字幕、字体、大小和位置等命令。
- "窗口"菜单：主要用于设置工作区显示或关闭各个功能面板。

Premiere Pro CC 2017 初始工作界面中的面板主要包括"源"面板、"效果控件"面板、"节目"面板、"项目"面板、"工具"面板和"时间轴"面板等，面板通过"窗口"菜单可以显示、隐藏或定制。各个面板的主要功能如下：

- "项目"面板：主要用于创建、存放和管理音频、视频素材，可以对素材进行分类、显示、管理和预览。
- "时间轴"面板：主要用于排放、剪辑和编辑音频、视频素材，是视频编辑的主要操作区域。
- "工具"面板：主要包含在时间轴中编辑素材的工具。
- "效果"面板：提供多个音视频特效和过渡特效，根据类型不同分别归纳在不同的文件夹中，方便选择操作使用。
- "效果控件"面板：显示素材固有的效果属性，并可以设置属性参数变化，从而产生动画效果，也可添加效果面板中的效果特效。
- "源"监视器面板：主要用于预览单个素材，设置素材的入点和出点，以方便剪辑。
- "节目"监视器面板：主要用于显示时间轴中的素材编辑效果。
- "音频剪辑混合器"面板：主要用于对素材的音频轨道进行听取和调整。
- "历史记录"面板：主要用于记录操作信息，可以删除一项或多项历史操作。
- "信息"面板：主要用于查看所选素材的详细信息。
- "标记"面板：主要用于查看素材的标记信息。
- "元数据"面板：主要用于显示所选素材的元数据。
- "参考"监视器面板：相当于另一个"节目"监视器面板，对于节目监视器面板比较查看序列的播放效果。
- "媒体浏览器"面板：主要用于快速浏览计算机中的其他素材文件，方便对文件的预览和快速导入到项目中。

图 6.6 "新建序列"对话框

（4）选择"文件"→"新建"中的"序列"命令或单击"项目"面板右下方"新建项"按钮 ，选择"序列"命令，在打开的"新建序列"对话框的"设置"选项卡中设置编辑模式为"自定义"，时基为 25.00 帧/s，帧大小为 720×480，像素长宽比为"方形像素 (1.0)"，场为"无场（逐行扫描）"，如图 6.6 所示。单击"确定"按钮，序列加载在"时间轴"面板上，如图 6.7 所示。

序列是项目文件的一部分，在项目文件中可以包含一个或多个序列。序列由轨道组成，用户在编辑视频时需要将素材拖动到相应的轨道中才能进行操作。序列中包含的内容是用户最终输出的影片。

"时间轴"面板中可以包含多个序列。每个序列提供了视频轨道、音频轨道和音频子混合轨道各 103 个轨道，默认显示的是 3 个视频轨道、3 个音频轨道和 1 个主声道。

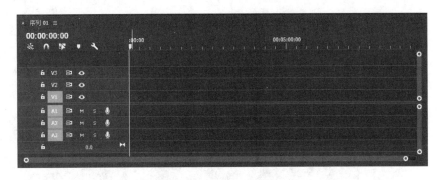

图 6.7 "时间轴"面板

3. 导入素材文件

(1) 导入素材：选择"文件"→"导入"命令或者双击"项目"面板的空白处，打开"导入"对话框，找到素材所在的路径，如图 6.8 所示。

(2) 双击图片文件夹，选择要导入的图片文件，单击"打开"按钮导入所有的图片，如图 6.9 所示。同样的步骤导入所有的视频文件和音乐文件。提示：借助 Shift 键可选择连续的文件，借助 Ctrl 键可选择不连续的文件。或者在资源管理器中选择要导入的素材文件，将其拖拽到项目面板中。

图 6.8 "导入"对话框

图 6.9 选择要导入的图片

4. 管理素材

(1) "项目"面板的左下方有列表视图和图标视图按钮，软件默认使用列表视图显示，这种方式下可以快捷地查看到素材的名称、标签颜色、帧速率、视频信息和视频持续时间等多项属性，图标视图以缩略图的形式显示，方便查看素材的画面内容。双击"项目"面板的标题可将项目面板最大化或还原，如图 6.10 所示。

(2) 在"项目"面板中可以创建多个文件夹，将素材分类管理。单击"项目"面板右下方的"新建素材箱"按钮 📁 就会创建素材箱，将素材放置在素材箱里，例如把所有的图片文件拖到"图片"文件夹中，通过伸展按钮 ▶ 和收缩按钮 ⌄ 可以显示或者隐藏素材，如图 6.11 所示。

(3) 单击选中某个素材文件或文件夹，右击，选择"清除"命令，或者单击"项目"面板右下方的"清除"按钮 🗑 ，即可删除相应的素材。

(4) 选择"编辑"→"撤销"命令或者按 Ctrl+Z 组合键，可以恢复刚才清除的素材。

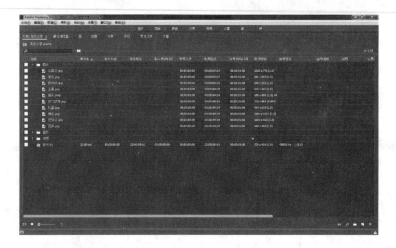

图 6.10 "项目"面板最大化

图 6.11 使用素材箱分类管理素材

5. 保存项目

选择"文件"→"保存"命令或者按 Ctrl+S 组合键,保存当前项目文件。

6.3.2 字幕制作

字幕是视频中的重要组成元素,是以各种字体、效果及动画等形式出现在屏幕上的文字总称。软件提供了独立的字幕面板,用户可以自主创建字幕素材,所有的标题都是在字幕面板中制作的。

本小节通过实例操作使读者掌握字幕制作的方法:创建标题字幕、对字幕文字进行效果设置、设置滚动效果等。

1. 创建标题字幕

(1) 添加标题字幕有以下几种方式:

- 选择"文件"→"新建"→"标题"命令。
- 选择"字幕"→"新建字幕"→"默认静态字幕"命令。
- 单击"项目"面板右下方的"新建项"按钮 ▣,选择"标题"命令。
- 在"项目"面板中右击,选择"新建项目"→"标题"命令。

弹出"新建字幕"对话框,在"名称"文本框中填入"登高必自",如图 6.12 所示。单击"确定"按钮,打开字幕窗口,如图 6.13 所示。

(2) 单击"字幕"工具箱中的文字工具 **T**,在文字工作区输入文字"登高必自"。单击"字幕"工具箱中的选择

图 6.12　"新建字幕"对话框

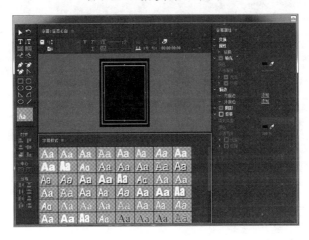

图 6.13　字幕窗口

工具 ，选定文字工作区中的文字对象"登高必自"。

(3) 在"字幕样式"面板中单击选中倒数第二个样式。在"字幕属性"面板中单击"字体系列"下拉列表按钮，从中选择"隶书"。单击"宽高比"数字框，更改为120；单击"字符间距"数字框，更改为2，如图6.14所示。注意在设置文字的宽高比时，文字的高不变，只对宽进行调整。

(4) 单击选中文字"登高必自"，将文字移动到工作区中的合适位置，注意不要使文字超出文字工作区的矩形范围，否则最终输出视频文件后字幕可能不完整，边缘部分可能会被裁剪。

(5) 选择"文件"→"保存"命令或者按Ctrl+S组合键，保存当前操作。

2. 对字幕文字进行效果设置

(1) 选择文字"登高必自"，在"字幕属性"面板中单击"纹理"前的复选框，如图6.15所示。

(2) 单击"纹理"项后的按钮，弹出"选择纹理图像"对话框。双击选择"南校. jpg"文件，设置"登高必自"文字的填充为"南校.jpg"图片文件。

(3) 单击"外描边"前的复选框，设置外描边的类型为"边缘"，设置填

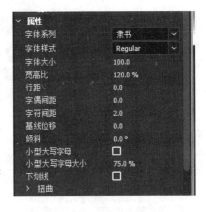

图 6.14　字幕属性设置

充类型为"径向渐变"，双击颜色对应的渐变色区域左边的拾色器，弹出"拾色器"对话框，设置颜色值为♯4C5C2D，如图6.16所示。同样，设置右边的拾色器的颜色值为♯2C87D4，大小为15，角度为30。

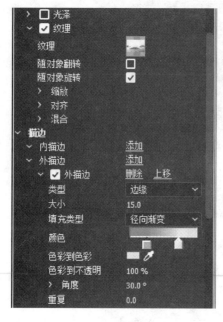

图 6.15　字幕描边设置　　　　　　　　　　图 6.16　"拾色器"对话框

3. 设置滚动效果

(1) 选择"字幕"→"滚动/游动选项"命令，弹出"滚动/游动选项"对话框。

(2) 单击"字幕类型"中的"滚动"单选按钮，设置字幕类型为滚动。

(3) 在"定时（帧）"组中选择"开始于屏幕外"复选框，并在"缓入"文本框中输入文本的运动速度为 60，设置滚动字幕开始时从静止到正常的加速时间，加速期间可起到缓冲作用，如图 6.17 所示，单击"确定"按钮，然后关闭字幕窗口。

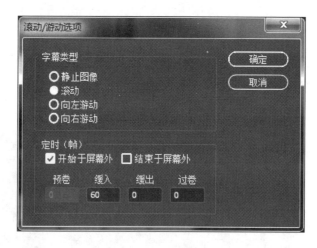

图 6.17　"滚动/游动选项"对话框

"定时（帧）"组中其他参数的含义如下：

- "开始于屏幕外"复选框：选中表示字幕将从画面外进入，否则按字幕创建时所在的位置开始运动。

- "结束于屏幕外"复选框：选中表示结束字幕自动移到画面之外，否则按字幕创建时所在的位置保持在画面中。

- "预卷"文本框：设置字幕开始前，保持第一帧的静止时间长度。

- "缓出"文本框：设置滚动字幕结束时，从运动到静止时的减速时间。

162

● "过卷"文本框：设置字幕结束时，保持最后一帧的静止时间长度。

6.3.3　视频编辑

本节通过实例操作使读者掌握监视器窗口和"时间轴"面板的用法：在监视器中观看素材，定位帧，添加素材到"时间轴"面板，叠加画面，设置视频片段的淡入和淡出效果，裁剪视频片段，调整素材的亮度和对比度，掌握在素材之间加入转场特效的方法。

1. "源"监视器窗口

在"项目"面板中双击视频素材箱中的"喷泉.mp4"，使其在监视器窗口中的"源"面板中打开，如图 6.18 所示。单击面板下方播放工具栏上的"播放"按钮 ▶ ，可以查看视频内容。

图 6.18　"源"监视器窗口

"源"监视器窗口中蓝色的"00；00；01；16"是当前的播放指示器位置，它使用了时间码格式。时间码是摄像机在记录图像信号的时候，针对每一幅图像记录的唯一的时间编码，数据信号流为视频中的每一帧都分配一个数字，每一帧都有唯一的时间码，格式为"时；分；秒；帧"。可以单击蓝色的播放指示器位置修改其值，准确定位到相应帧。后面灰色的"00；00；09；29"是当前素材的末尾时间码。

面板下方的播放工具栏中各按钮的功能是添加标记、标记入点、标记出点、转到入点、后退一帧、播放、前进一帧、转到出点、插入、覆盖、导出帧。

入点和出点的功能就是设置素材可用部分的起始位置和结束位置，即入点和出点区域之间的内容为可用素材。把播放头拖动到最左边"00；00；00；00"处，单击标记入点按钮，设置第 0 帧作为此段视频的入点，修改蓝色的播放指示器位置为"00；00；09；00"，表示视频片段持续时间为 9 秒，再单击标记出点按钮，设置视频片段的出点。

2. 添加素材到"时间轴"面板

一个片段未被加入到"时间轴"面板上时只是一个素材，只有在被添加到"时间轴"面板之后才成了整个节目的一部分。

(1) 依次将"项目"面板中的视频素材"黄河 1.mp4""南校雨景.mp4"和"黄河 2.mp4"直接拖动到"时间轴"面板的视频轨道 V1 上，即把素材添加到"时间轴"面板中，如图 6.19 所示。可以看到，视频部分被添加到了 V1 轨道上，对应的音频部分被添加到了 A1 轨道上。同样也可以将单独的音频素材拖到音频轨道上。可以调整下方的显示比例条来调整素材在时间轴上的显示比例。

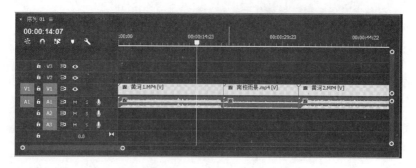

图 6.19 添加素材到"时间轴"面板

（2）单击选中"时间轴"面板上的"南校雨景.mp4"，右击，在弹出的菜单选择"清除"命令或直接按 Delete 键，可把素材从"时间轴"面板中删除。这时删除后的片段区域会留下空白，如果使用"波纹删除"命令，则后面的片段会自动前移。

（3）添加视频素材或者删除视频素材时，视频和对应的音频会同时操作，这是因为视频和对应的音频默认链接在一起。如果只想删除视频或对应的音频，应该首先解除链接：在素材上右击，选择"取消链接"命令，然后再选中视频或音频，执行删除操作。

3. 画面叠加

多个字幕、图像、动画或视频重叠出现，称为叠加画面。轨道编号高的素材出现在前面。

（1）将视频素材箱中的"片头.avi"拖动到视频轨道 V1 上。

（2）将字幕"登高必自"拖动到 V2 轨道的最左端，将鼠标放到"登高必自"的右边缘可以调整字幕的持续时间。

（3）将播放头定位到"00；00；13；00"帧，分别拖动视频素材"海洋公园.mp4""雨后.mp4"和"喷泉.mp4"到"时间轴"面板的 V2 轨道上，"海洋公园.mp4"片段的起始帧为"00；00；13；00"，"雨后.mp4"和"喷泉.mp4"紧随其后，如图 6.20 所示。

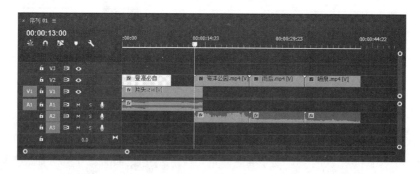

图 6.20 画面叠加

（4）将播放头定位到"00；00；10；00"帧，单击"节目"面板的"播放"按钮，可查看叠加素材的播放效果。

4. 设置视频片段的淡入和淡出效果

（1）单击"时间轴"面板上的"时间轴显示设置"按钮 ，选择"显示视频关键帧"命令，将 V1 轨道和 V2 轨道调整到合适的高度，可以看到每个视频上都有一条灰色的不透明度编辑线。

（2）选择工具箱中的钢笔工具 ，在 V1 轨道的视频片段的不透明度编辑线上单击，建立包含编辑线首端和尾端在内的 4 个关键帧，选择尾端的关键帧向下拖动，拖动时鼠标旁边会显示帧号和不透明度值，一直拖动到不透明度为 0 时松开鼠标。这样就建立了"片头"片段的淡出效果。以同样的方式建立 V2 轨道的视频片段的淡入效果，如图 6.21 所示。

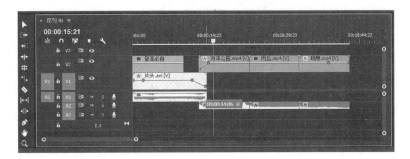

图 6.21　视频素材的淡入淡出

5. 裁剪视频片段

(1) 选择 V1 轨道上的"雨后.mp4"，拖动播放头到"00；00；28；00"帧，在节目面板中可以看到播放的素材，也可在此窗口定位播放头到"00；00；28；00"帧，如图 6.22 所示。

图 6.22　播放头到"00；00；28；00"帧

(2) 选择工具箱中的剃刀工具 ，在"时间轴"面板上单击"雨后.mp4"片段与播放头重合的位置将"雨后.mp4"片段切断。

(3) 拖动播放头到"雨后.mp4"片段的"00；00；32；00"帧，再次选择剃刀工具将此处切断，如图 6.23 所示。

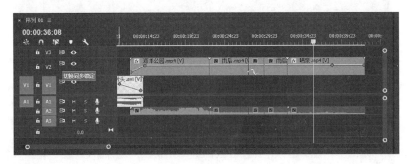

图 6.23　2 次切断后

(4) 经过 2 次切断，原来的"雨后.mp4"片段被切成了 3 个片段。右击选择中间的片段，在弹出的菜单中选择"波纹删除"命令将其删除，如图 6.24 所示。

6. 调整素材的亮度和对比度

(1) 选择 V1 轨道的"片头"片段，并把播放头放到此片段上。

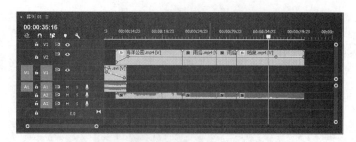

图 6.24　波纹删除后的效果

（2）单击"效果控件"面板，通过文本框或滑块设置亮度为 15，对比度为 20，如图 6.25 所示。

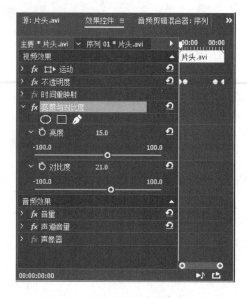

图 6.25　调整素材的亮度和对比度

7. 转场特效

（1）依次拖动"项目"面板中图片素材箱中的"山景.jpg""体育场.jpg"和"篮球场.jpg"3 个文件到"时间轴"面板的 V3 轨道上，如图 6.26 所示。

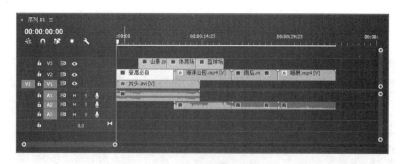

图 6.26　添加图片到 V3 轨道

（2）单击选择"效果"面板，在其中选择"视频过渡"中"3D 运动"中的"翻转"特效，如图 6.27 所示。单击鼠标将其拖动到"时间轴"面板的素材"山景.jpg"和"体育场.jpg"之间，如图 6.28 所示，即在这两个素材之间建立了相应的转场特效。选中这个特效，可以在"效果控件"面板中编辑参数来设置此特效的具体效果。

（3）选择"效果"面板"视频过渡"中"划像"中的"菱形划像"特效，将其拖动到"体育场.jpg"和"篮球场.jpg"之间。同样，可以在"效果控件"面板中编辑参数来设置此特效的具体效果。

（4）设置好具体参数后在节目面板中播放来查看效果。

图 6.27　"翻转"特效　　　　　　　　　图 6.28　在素材之间添加特效

6.3.4　音频编辑与视频输出

本小节通过实例操作使读者掌握添加音频素材到"时间轴"面板、删除音频素材、操作音频轨道和声音淡入淡出的方法。掌握视频输出的方法。

1. 添加音频素材到"时间轴"面板

(1) 在"项目"面板中选中音频文件"小步舞曲.mp3"，把它拖动到"时间轴"面板的最后一个轨道下方，创建一个新的音频 A4。

(2) 在"时间轴"面板的 🎤 右侧右击，选择"删除轨道"命令，弹出"删除轨道"对话框，勾选"删除音频轨道"复选框，单击"确定"按钮，可以看到全部的空闲音频轨道已经被删除。

(3) 拖动播放头到"喷泉.mp4"片段最后一帧处，选择工具箱中的剃刀工具 ◈ ，在"时间轴"面板中单击"小步舞曲.mp3"与播放头重合的位置，将"小步舞曲.mp3"切成两段。单击工具箱中的选择工具 ▶ ，单击选中后面一段，按 Delete 键将其删除。

(4) 右击 V2 视频轨道上的"海洋公园.mp4"，选择"取消链接"命令，单击 A2 音频轨道上的"海洋公园.mp4"对应的音频，按 Delete 键将其删除，如图 6.29 所示。

提示：可拖动右侧的 ⚙ 按钮来调整音频或视频轨道高度，以便操作。

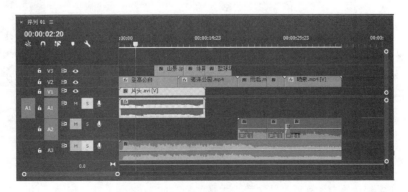

图 6.29　编辑音频素材

2. 调整增益

音频的增益是指音频信号的声调高低。

单击 A2 和 A3 音频轨道上的"静音轨道"按钮 ■ ，使其静音。右击 A1 音频轨道上的音频片段，选择"音频增益"命令，弹出"音频增益"对话框，将增益设置为−10dB，如图 6.30 所示。在节目监视器中播放此音频素材，听一听调整后的效果。

图 6.30 "音频增益"对话框

3. 声音淡入淡出的方法

（1）在每一段音频素材的中间位置有一条灰色的增益表示线，将播放头移到 A1 音频轨道上的音频片段最左端，单击工具栏中的钢笔工具 ✐ ，在增益表示线上单击，添加一个关键帧，在合适的位置再添加 3 个关键帧，如图 6.31 所示。

（2）单击工具栏中的选择工具 ▶ ，选中第一个关键帧向下拖动，拖动时鼠标旁边会显示帧号和增益值，一直拖动到增益为"−∞dB"，如图 6.32 所示，这样就为音频设置了声音的淡入效果。

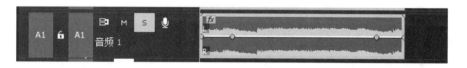

图 6.31 添加音频关键帧

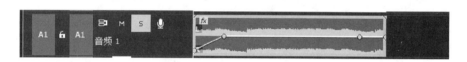

图 6.32 设置淡入效果

（3）用同样的方法调整最后一个关键帧增益为"−∞dB"，为这段音频设置淡出效果。

（4）除了使用关键帧的方法设置音频的淡入淡出效果外，还可以使用音频转场来制作音频素材的过渡。打开"效果"面板，选择"音频过渡"中"交叉淡化"中的"指数淡化"，如图 6.33 所示。将其拖动到音频轨道上的两个音频素材之间，在节目监视器中播放，可查看其效果。

4. 掌握视频输出的方法

在序列中完成了素材的编辑便可以生成节目，然后发布到合适的媒体中。

（1）选择"文件"→"导出"→"媒体"命令，弹出"导出设置"对话框，如图 6.34 所示。

（2）在"导出设置"对话框中设置"格式"为 AVI，预设为"自定义"，单击"序列 01.avi"弹出"另存为"对话框，确定输出位置和名称为"D：\ pr \ 我的大学.avi"。在"视频"选项卡中设置"视频编码器"为 None，"基本视频设置"的"宽度"为 720，"高度"为 480，"场序"为"逐行"，"长宽比"为"方形像素(1.0)"。

图 6.33 "音频过渡"效果

（3）单击"导出"按钮，弹出"编码"窗口，如图 6.35 所示。编码结束后，在"D：\ pr \"中可查看到已导出的视频文件"我的大学.avi"。

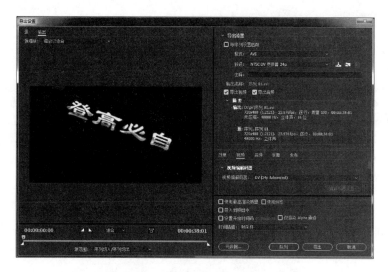

图 6.34 "导出设置"对话框

图 6.35 "编码"窗口

本章小结

　　本章主要介绍了多媒体视频技术，首先是视频基础知识，包括模拟视频与数字视频、电视信号与电视制式、模拟视频的数字化、标清与高清电视及新型电视等数字电视，然后是视频压缩、常见视频文件格式和视频信息的处理等，最后以实例详细介绍了数字视频处理软件 Premiere Pro CC 的使用，通过本章的学习，可以让读者掌握多媒体视频技术中的关键技术和常用编辑软件的使用。

复习思考题

　　1. 数字视频与模拟视频相比，其优点有哪些？

　　2. 彩色全电视信号是由哪几部分组成？

　　3. 什么是交互式电视 ITV？它由哪几部分组成？

　　4. 什么是彩色全电视信号？从时间和幅度上看它有什么特点？

　　5. 什么是数字电视？什么是视频服务器？

　　6. 在 Premiere Pro CC 中为"我的大学"项目在时间轴的 V4 视频轨道上的合适位置加入图片"图书馆. jpg""指尖. bmp""放飞梦想. jpg"，并设置不同的转场效果。

　　7. 在 Premiere Pro CC 中新建项目，导入自选的两段视频，拼接在一起。在适当的位置进行裁剪、添加过渡并添加滚动的字幕，以 MPEG‑1 和 RM 格式输出。

169

第7章
多媒体数据压缩技术

随着通信、计算机和大众传播这三大技术更紧密的融合，计算机已不局限于数值计算、文字处理的范畴，同时成为处理图形、图像、文字和声音等多种信息的工具。

数字化后的视频和音频等媒体信息具有数据海量性，解决这一问题，单纯靠扩大存储器容量、增加通信干线传输率的办法是不现实的。通过数据压缩技术可大大降低数据量，以压缩形式存储和传输，既节约了存储空间，又提高了通信干线的传输效率，同时也使计算机得以实时处理音频和视频信息，保证播放出高质量的音频和视频节目。在多媒体计算机技术的发展与进步的进程中，数据压缩技术扮演着举足轻重的角色。

7.1　多媒体数据压缩技术概述

本节主要讲述数据压缩技术的必要性、可行性和数据压缩方法的分类。

7.1.1　多媒体数据压缩编码的必要性

由于媒体元素种类繁多、构成复杂，即数字计算机所要处理、传输和存储等对象为数值、文字、语言、音乐、图形、动画、静态图像和电视视频图像等多种媒体元素，并且使它们在模拟量和数字量之间进行自由转换、信息吞吐、存储和传输。目前，虚拟现实技术要实现逼真的三维空间、3D 立体声效果和在实境中进行仿真交互，带来的突出的问题是媒体元素数字化后数据量大得惊人。在前几章中曾介绍过诸如声音、图像等信号的海量表现，下面举几个例子说明：

(1) 陆地卫星的水平、垂直分辨率分别为 3240 和 2340，4 波段、采样精度为 7 位，那么一幅图像的数据量为 $2340 \times 3240 \times 7 \times 4/8 = 26.5$MB，按每天 30 幅计算，每天的数据量就有 $26.5 \times 30 = 795$MB，每年的数据量高达 283GB。

(2) 高保真立体声音频信号的采样频率为 44.1kHz、16 位采样精度，一分钟存储量为 10.34MB。一片 CD-ROM (存储量为 650MB) 可存放约 63 分钟的音乐。如果使用 48kHz 采样频率的话，需要的存储量就更大了。

(3) 数字电视图像 (International Consultative Committee For Radio, ICCR) 格式，PAL 制式、8∶8∶8 采样，每帧数据量为 $720 \times 576 \times 3 = 1.19$MB；每秒的数据量为 $1.19 \times 25 = 29.75$MB；一片 CD-ROM 只能存放 $650 \div 1.19 = 546$ 帧图像，或一片 CD-ROM 可存储节目的时间为 $650 \div 29.75 = 21.85$s。

从以上的例子可以看出，数字化信息的数据量十分庞大，无疑给存储器的存储量、通信干线的信道传输率以及计算机的速度都增加了极大的压力。如果单纯靠扩大存储器容量、增加通信干线传输率的办法来解决问题是不现实的。通过数据压缩技术可以大大降低数据量，以压缩的形式存储和传输，既节约了存储空间，又提高了通信干线的传输效率，同时也使计算机得以实时处理音频和视频信息，保证播放出高质量的音频和视频节目。

7.1.2　多媒体数据压缩的可能性（可行性）

经研究发现，与音频数据一样，图像数据中存在着大量的冗余。通过去除那些冗余数据可以极大地降低原始图像的数据量，从而解决图像数据量巨大的问题。

图像数据压缩技术就是研究如何利用图像数据的冗余性来减少图像数据量的方法。因此，进行图像压缩研究的起点是研究图像数据的冗余性。

(1) 空间冗余。在静态图像中有一块表面颜色均匀的区域，在这个区域中所有点的光强和色彩以及色饱和度都相同，具有很大的空间冗余。这是由于基于离散像素采样的方法不能表示物体颜色之间的空间连贯性导致的。

(2) 时间冗余。电视图像、动画等序列图片，当其中物体有位移时，后一帧的数据与前一帧的数据有许多共同的地方，如背景等位置不变，只有部分相邻帧改变的画面，显然是一种冗余，这种冗余称为时间冗余。

(3) 结构冗余。在有些图像的纹理区，图像的像素值存在着明显的分布模式。例如，方格状的地板图案等，称此为结构冗余。如果已知分布模式，就可以通过某一过程生成图像。

(4) 知识冗余。对于图像中重复出现的部分，我们可以构造出基本模型，并创建对应各种特征的图像库，进而使图像的存储只需要保存一些特征参数，从而可以大大减少数据量。知识冗余是模型编码主要利用的特性。

(5) 视觉冗余。事实表明，人的视觉系统对图像的敏感性是非均匀性和非线性的。在记录原始的图像数据时，对人眼看不见或不能分辨的部分进行记录显然是不必要的。因此，大可利用人的视觉的非均匀性和非线性，降低视觉冗余。

(6) 图像区域的相同性冗余。它是指在图像中的两个或多个区域所对应的所有像素值相同或相近，从而产生的数据重复性存储，这就是图像区域的相似性冗余。在以上的情况下，当记录了一个区域中各像素的颜色值，则与其相同或相近的其他区域就不需要记录其中各像素的值。采用向量量化（Vector Quantization）方法就是针对这种冗余性的图像压缩编码方法。

7.1.3　多媒体数据压缩方法的分类

多媒体数据压缩方法根据不同的依据可产生不同的分类。

1. 按数据是否能够恢复分类

根据解码后数据是否能够完全无丢失地恢复原始数据，可分为无损压缩和有损压缩两种。

(1) 无损压缩：也称为可逆压缩、无失真编码、熵编码等。工作原理为去除或减少冗余值，但这些被去除或减少的冗余值可以在解压缩时重新插入到数据中以恢复原始数据。它大多使用在对文本和数据的压缩上，压缩比较低，大致为 5∶1～2∶1。典型算法有：哈夫曼编码、香农-费诺编码、算术编码、游程编码和 Lenpel-Ziv 编码等。

(2) 有损压缩：也称不可逆压缩和熵压缩等。这种方法在压缩时减少的数据信息是不能恢复的。在语音、图像和动态视频的压缩中，经常采用这类方法。它对自然景物的彩色图像压缩，压缩比可达到几十倍甚至上百倍。

什么是熵？数据压缩不仅起源于 20 世纪 40 年代由 Claude Shannon 首创的信息论，而且其基本原理即信息究竟能被压缩到多小，至今依然遵循信息论中的一条定理，这条定理借用了热力学中的名词"熵"（Entropy）来表示一条信息中真正需要编码的信息量：

考虑用 0 和 1 组成的二进制数码为含有 n 个符号的某条信息编码，假设符号 Fn 在整条信息中重复出现的概率为 Pn，则该符号的熵也即表示该符号所需的位数位为：

$$En = -\log_2(Pn)$$

整条信息的熵也即表示整条信息所需的位数为

$$E = \sum En$$

举个例子，对下面这条只出现了 a、b、c 3 个字符的字符串：

$$Aabbaccbaa$$

字符串长度为 10，字符 a、b、c 分别出现了 5、3、2 次，则 a、b、c 在信息中出现的概率分别为 0.5、0.3、0.2，它们的熵分别为

$$Ea=-\log_2(0.5)=1$$

$$Eb=-\log_2(0.3)=1.737$$

$$Ec=-\log_2(0.2)=2.322$$

整条信息的熵也即表达整个字符串需要的位数为

$$E=Ea\times5+Eb\times3+Ec\times2=14.855 \text{（位）}$$

回想一下，如果用计算机中常用的 ASCII 编码，表示上面的字符串我们需要整整 80 位呢！现在知道信息为什么能被压缩而不丢失原有的信息内容了吧。简单地讲，用较少的位数表示较频繁出现的符号，这就是数据压缩的基本准则。

我们该怎样用 0、1 这样的二进制数码表示零点几个二进制位呢？确实很困难，但不是没有办法。一旦我们找到了准确表示零点几个二进制位的方法，我们就有权利向无损压缩的极限挑战了。

2. 按具体编码算法分

第二种分类方法是按照压缩技术所采用的方法来分的，见表 7.1。

表 7.1　　　　　　　　　　　　　　　　多媒体数据编码算法分类

多媒体数据编码算法	PCM	自适应式、固定式	
	预测编码	自适应式、固定式（DPCM、ΔM）	混合编码
	变换编码	傅里叶、离散余弦、离散正统、哈尔、斜变换、沃尔–哈达马、卡胡南–劳夫（K–L）、小波	
	统计编码（熵编码）	哈夫曼编码、算术编码、费诺编码、香农编码、游程编码（RLE）、LZW	
	静态图像编码	方块、逐渐浮现、逐层内插、比特平面、抖动	
	电视编码	帧内预测	
		帧间编码	运动估计、运动补偿、条件补充、内插、帧间预测
	其他编码	矢量量化、子带编码、轮廓编码、二值图像	

（1）预测编码（Predictive Coding，PC）：这种编码器记录与传输的不是样本的真实值，而是真实值与预测值之差。对于语音，就是通过预测去除语音信号时间上的相关性；对于图像来讲，帧内的预测去除空间冗余、帧间预测去除时间上的冗余。预测值由预编码图像信号的过去信息决定。由于时间、空间相关性，真实值与预测值的差值变化范围远远小于真实值的变化范围，因而可以采用较少的位数来表示。另外，若利用人的视觉特性对差值进行非均匀量化，则可获得更高压缩比。

（2）变换编码（Transform Coding，TC）：在变换编码中，由于对整幅图像进行变换的计算量太大，所以一般把原始图像分成许多个矩形区域，对子图像独立进行变换。变换编码的主要思想是利用图像块内像素值之间的相关性，把图像变换到一组新的"基"上，使得能量集中到少数几个变换系数上，通过存储这些系数而达到压缩的目的。采用离散余弦编码 DCT 变换消除相关性的效果非常好，而且算法快速，被普遍接受。

（3）统计编码：最常用的统计编码是哈夫曼编码，出现频率大的符号用较少的位数表示，而出现频率小的符号则用较多位数表示，编码效率主要取决于需要编码的符号出现的概率分布，越集中则压缩比越高。哈夫曼编码可以实现熵保持编码，所以是一种无损压缩技术，在语音和图像编码中常常和其他方法结合使用。

7.2　量　　化

通常量化是指模拟信号到数字信号的映射，它是模拟量转化为数字量必不可少的步骤。由于模拟量是连续的，而

数字量是离散量，因此量化操作实质上是用有限的离散量代替无限的连续模拟量的多对一映射操作。

7.2.1　比特率

比特率是采样率和量化过程中使用的比特数的产物。用例子说明更容易理解，电话通信中，语音信号的带宽约 3kHz，根据奈奎斯特定理，意味着采样频率应不低于 6kHz。为了留下一定余量可选择标准采样频率为 8kHz，使用一个 8 位的量化器，那么该电话通信所要求的比特率为：$8k \times 8 = 64kb/s$。

比特率是数据通信的一个重要参数。公用数据网的信道传输能力常常是以每秒传送多少 kb 或多少 Gb 信息量来衡量的。表 7.2 列出了电话通信、远程会议通信（高音质）、数字音频光盘（CD）和数字音频带（DAT）等几类应用中比特率的相关比较。

表 7.2　数 字 音 频 格 式 比 较

应用类型	采样频率/kHz	带宽/kHz	频带/Hz	比特率/(kb/s)
电话	8.0	3.0	200～3200	64
远程会议	16.0	7.0	50～7000	256
数字音频光盘	44.1	20.0	20～20000	1410
数字音频带	48.0	20.0	20～20000	1536

7.2.2　量化原理

量化处理是使数据比特率下降的一个强有力的措施。脉冲编码调制（PCM）的量化处理在采样之后进行，从原理分析的角度看，图像灰度值是连续的数值，而我们实际看到的是用 0～255 的整数表示的图像灰度，这是经过 A/D 转换后的以 256 级灰度分层量化处理了的离散数值，这样就可以用 $\log_2 256 = 8$ 位表示一个图像像素的灰度值。如果是彩色图像就是色差信号值。

我们所讨论的多媒体数据压缩编码中的量化，是指以 PCM 码作为输入，经正交变换、差分或预测处理后，在熵编码之前，对正交变换系数、差值或预测误差的量化处理。量化输入值的动态范围很大，需要以多的比特数表示一个数值，量化输出只能取有限个整数，称作量化级，一般希望量化后的数值用较少的比特数就可以表示。每个量化输入被强行归一到与其接近的某个输出，即量化到某个级。量化处理总是把一批输入量化到一个输出级上，所以量化处理是一个多对一的处理过程，一般是不可逆过程。量化处理中有信息丢失，即会引起量化误差或量化噪声。

7.3　统　计　编　码

数据压缩技术的理论基础是信息论。根据信息论的原理，可以找到最佳数据压缩编码方法，数据压缩的理论极限是信息熵。如果要求在编码过程中不丢失信息量，即要求保存信息熵，这种信息保持编码又称作熵保存编码，或者称为熵编码。熵编码是无失真数据压缩，用这种编码的结果是经解码后无失真地恢复出原图像。当考虑到人眼对失真不易觉察的生理特征时，有些图像编码不严格要求熵保存，信息可允许部分损失以换取高的数据压缩比，这种编码是有失真数据压缩，通常运动图像的数据压缩是有失真编码，这就是著名的香农率失真理论，即信息编码率与允许的失真关系的理论。

7.3.1　哈夫曼编码

香农的信息保持编码只是指出存在一种无失真的编码，使得编码平均码长逼近熵值这个下限，但它并没有给出具体的编码方法。信息论中介绍了几种典型的熵编码方法，如香农编码法、费诺编码法和哈夫曼编码法，其中尤其以哈夫曼编码法为最佳，在多媒体编码系统中常用这种方法作熵保持编码。

哈夫曼编码方法于 1952 年问世。迄今为止，仍经久不衰，广泛应用于各种数据压缩技术中，且仍不失为熵编码中的最佳编码方法。

哈夫曼编码法利用了最佳编码定理：在变字长码中，对于出现概率大的信息符号以短字长编码，对于出现概率小的信息符号以长字长编码。如果码字长度严格按照符号概率的大小的相反顺序排列，则平均码字长度一定小于按任何其他符号顺序排列方式得到的码字长度。

哈夫曼编码方法的具体步骤归纳如下：

(1) 概率统计（如对一幅图像，或 m 幅同种类型的图像作灰度信号统计），得到 n 个不同概率的信源信息符号。

(2) 将信源信息符号的 n 个概率，按概率大小排序。

(3) 将 n 个概率中的最后两个小概率相加，这时概率个数减为 $n-1$ 个。

(4) 将 $n-1$ 个概率按大小重新排序。

(5) 重复步骤 (3)，将新排序后的最后两个小概率再相加，相加所得到的和与其余概率再排序。

(6) 如此重复 $n-2$ 次，最后只剩下两个概率序列。

(7) 以二进制码元 (0，1) 赋值（如大概率用"0"表示，小概率用"1"表示），构成哈夫曼字，至此编码结束。

例：设有 7 个符号的信源 $X=\{x_1, x_2, x_3, \cdots, x_7\}$，概率分布为 $P=P(x_i)\{0.35, 0.20, 0.15, 0.10, 0.10, 0.06, 0.04\}$，做出哈夫曼编码。

码字的平均码长 $\overline{N}$ 用下面公式计算

$$
\begin{aligned}
\overline{N} &= \sum_{j=1}^{n} P_j L_j \\
&= \sum_{j=1}^{7} P_i L_j \\
&= (0.35+0.20) \times 2 + (0.15+0.10+0.10) \times 3 + (0.06+0.04) \times 4 \\
&= 2.55 \text{bits/pel}
\end{aligned}
$$

哈夫曼码字长度和信息符号出现概率大小正好相反，即大概率信息符号分配码字长度短，小概率信息符号分配码字长度长。

7.3.2 算术编码

1. 算术编码的基本原理

算术编码方法比哈夫曼编码、游程编码等熵编码方法都复杂，但是它无需传送像哈夫曼编码的哈夫曼码表，同时算术编码还有自适应能力的优点，所以算术编码是实现高效压缩数据中很有前途的编码方法。

算术编码从全序列出发，采用递推形式的连续编码。它不是将单个信源符号映射成一个码字，而是将整个输入符号序列映射为实数轴上的 [0,1] 区间内的一个间隔，其长度就等于该序列的概率，并在该间隔内选择一个代表性的二进制小数作为实际的编码输出，使其平均码长逼近信源的熵，从而达到高效编码的目的。

2. 例子

由于算术编码复杂且原理不是上面讲得那么简单，所以用一个具体例子加以说明。

设输入数据为 eaiou，其出现概率和所设定的取值范围如下：

字符：	e	a	i	o	u
概率：	0.2	0.3	0.1	0.2	0.2
范围：	[0,0.2]	[0.2,0.5]	[0.5,0.6]	[0.6,0.8]	[0.8,1.0]

"范围"给出了字符的赋值区间，该区间是根据字符发生的概率划分的。至于把某个具体字符分配在哪个区间范

围，对编码本身没有影响，只要保证编码器和译码器对字符的概率区间相同即可。

设 high 为编码间隔的高端，显然 high＝1；low 为编码间隔的低端，low＝0；range 为编码间隔的长度，range＝high－low；rangelow 为编码字符分配的间隔低端；rangehigh 为编码字符分配的间隔高端。

于是 1 个字符编码后，新的 low 和 high 按下式计算：

$$low＝low＋range×rangelow \qquad high＝low＋range×rangehigh$$

(1) 在第 1 个字符 e 被编码时，e 的 rangelow＝0.2，rangehigh＝0.5，因此按照以上介绍的公式：

$$low＝low＋range×rangelow＝0＋1×0.2＝0.2$$
$$high＝low＋range×rangehigh＝0＋1×0.5＝0.5$$
$$range＝high－low＝0.5－0.2＝0.3$$

此时分配给字符 e 的范围为 [0.2,0.5]。

(2) 在第 2 个字符 a 被编码时使用新生成范围 [0.2,0.5]，a 的 rangelow＝0，rangehigh＝0.2。则

$$low＝low＋range×rangelow＝0.2＋0.3×0＝0.2$$
$$high＝low＋range×rangehigh＝0.2＋0.3×0.2＝0.26$$
$$range＝high－low＝0.26－0.2＝0.06$$

此时分配给 a 的范围为 [0.2,0.26]。

(3) 在第 3 个字符 i 被编码时用新生成的范围，i 的 rangelow＝0.5，rangehigh＝0.6，则

$$low＝low＋range×rangelow＝0.2＋0.06×0.5＝0.23$$
$$high＝low＋range×rangehigh＝0.2＋0.06×0.6＝0.236$$
$$range＝high－low＝0.236－0.23＝0.006$$

(4) 在第 4 个字符 o 被编码时，o 的 rangelow＝0.6，rangehigh＝0.8，则

$$low＝0.23＋0.006×0.6＝0.2336$$
$$high＝0.23＋0.006×0.8＝0.2348$$
$$range＝high－low＝0.2348－0.2336＝0.0012$$

此时分配给 o 的范围为 [0.2336,0.2348]。

(5) 在第 5 个字符 u 被编码时，u 的 rangelow＝0.8，rangehigh＝1.0，则

$$low＝0.2336＋0.0012×0.8＝0.23396$$
$$high＝0.2336＋0.0012×1.0＝0.2342$$

此时分配给 u 的范围为 [0.23396,0.2342]。

编码结果见表 7.3。

表 7.3　　　　　　　　　　　　　　　输入字符的算术编码结果

输入	low	high	range
e	0.2	0.5	0.3
a	0.2	0.26	0.06
i	0.23	0.236	0.006
o	0.2336	0.2348	0.0012
u	0.23396	0.2342	

随着字符的输入，代码的取值范围越来越小，当字符串 eaiou 被全部编码后，其范围在 [0.23396,0.2342] 内，即在此范围内的数值代码都唯一地对应于字符串 eaiou。我们可以取这个区间的下限 0.23396 作为对源数据流 eaiou 进行压缩编码后的输出代码。于是，可以用一个浮点数表示一个字符串，达到少占存储空间的目的。

（6）译码的时候又是如何处理呢？译码过程的实现比较简单。以上例为例，根据上面给定字符的概率和取值范围，对代码0.23396进行译码，步骤如下：

1）根据代码所在范围确定当前代码的第一个字符，并输出。由于0.23396在[0.2,0.5]的范围内，所以，代码对应的第一个字符是e。输出字符e。

2）用0.23396减去e发生在概率取值的下限0.2，使代码变为0.03396，再除以e范围的宽度0.5－0.2＝0.3，得到0.1132，落入区间[0,0.2]，所以对应后续字符为a。

3）转到2），将0.1132作为代码继续确定下一个译码字符的范围。重复上述步骤直到整个字符串处理完毕为止。

所以，有人说算术编码是"向极限挑战"。

7.3.3 游程编码

在一幅图像中具有许多颜色相同的图块，如：一行上有许多连续的像素都具有相同的颜色，甚至许多行上的颜色都相同。所以在存储彩色时，只需存储一个像素的颜色，然后再存储具有相同颜色的像素数目或者相同颜色的行数，这样势必可以大大压缩数据量。这种压缩编码称为游程编码（Run Length Encoding，RLE）。简单地说，RLE压缩就是将一串连续的相同数据转化为特定的格式达到压缩数据量的目的。

RLE是一种实现起来简单、还原后得到的数据与压缩前的数据完全相同的无损压缩技术。但是RLE所能获得的压缩比有多大，主要取决于图像本身的特点。如果图像中具有相同颜色的图像块越大，图像块数目越少，获得的压缩比就越高；反之，压缩比就越小。对于重复色彩特别少的图像，如果仍然使用RLE编码方法，不仅不能压缩图像数据，反而可能使原来的图像数据变得更大。不过RLE编码技术仍可以和其他编码技术联合应用。

7.4 变 换 编 码

预测编码是一种较好地去除音频、图像信号相关性的编码技术，而变换编码也可以有效地去除图像信号的相关性，而且其性能还往往优于预测编码。

7.4.1 变换编码的基本原理

变换编码不是直接对空域图像信号编码，而是首先在数据压缩前对原始输入数据作某种正交变换，把图像信号映射变换到另外一个正交向量空间，产生一批变换系数，然后再对这些变换系数进行编码处理。它首先在发送端将原始图像分割成n个子图像块，每个子图像块经过正交变换、滤波、量化和编码后经信道传输到达接收端，接收端作解码、逆变换、综合拼接，恢复出空域图像，如图7.1给出了过程示意图。

数字图像信号经过正交变换为什么能压缩数据量呢？举一个简单的例子。一时域三角函数$y(t)=A\sin 2\pi ft$，当t从$-\infty$到$+\infty$变化时，$y(t)$是一个正弦波。假如将其变换到频域表示，只需幅值A和频率f两个参数就足够了，可见$y(t)$在时域描述，数据之间的相关性大，数据冗余度大；而转到频域描述，数据相关性大大减少，数据冗余量减少，参数独立，数据量减少。

再如，有两个相邻的数据样本x_1与x_2，每个样本采用3位编码，因此各有$2^3=8$个幅度等级。而两个样本的联合事件，共有$8\times8=64$种可能，可用图7.2（a）的二维平面坐标表示。其中x_1轴与x_2轴分别表示相邻两样本可能的幅度等级。对于慢变信号，相邻两样本x_1与x_2同时出现相近幅度等级的可能性较大。因此，如图7.8（a）阴影区内45°斜线附近的联合事件的出现概率也就越大，将阴影区的边界称为相关圈，信源的相关性越强，则相关圈越扁；反之，相关圈越圆。为了对圈内各点的位置进行编码，就要对两个差不多大的坐标值分别进行编码。当相关性越弱时，此相关圈就越显圆形状，说明x_1处于某一幅度等级时，x_2可能出现在不相同的任意幅度等级上。

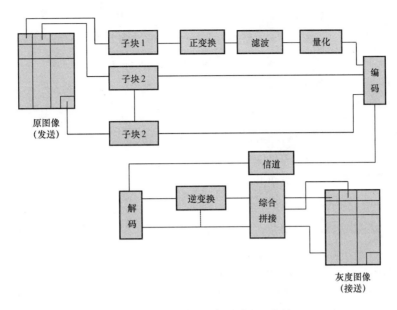

图 7.1　变换编码、解码过程示意图

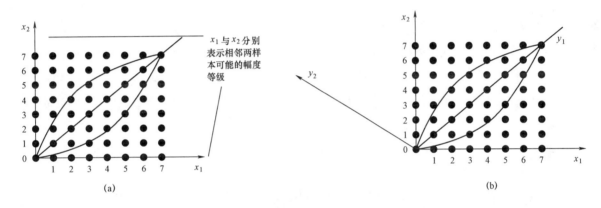

图 7.2　正交变换

现在对该数据对进行正交变换，从几何上相当于坐标系逆时针转过 45°，变成 y_1、y_2 坐标系，如图 7.2（b）所示，此时相关圈正好位于 y_1 坐标轴下。且该圈越扁长，它在 y_1 上的投影就越大，面在 y_2 上的投影就越小。因而从 y_1、y_2 坐标来看，任凭 y_1 在较大范围内变化，而 y_2 却可以"岿然不动"或只有"微动"。这就意味着变量 y_1、y_2 之间在统计上更加相互独立。因此，通过这种坐标系旋转变换，就能得到一组去掉大部分甚至全部统计相关性的另一种输出样本。

由此可知，正交变换实现数据压缩的本质在于：经过坐标系适当的旋转和变换，能够把散布在各个坐标轴上的原始数据，在新的、适当的坐标系中集中到少数坐标轴上，因而可用较少的编码位数来表示一组信号样本，实现高效率的压缩编码。

变换编码技术已有近 30 年的历史，理论较完备，技术上比较成熟，广泛应用于各种图像数据压缩，诸如单色图像、彩色图像、静止图像、运动图像，以及多媒体计算机技术中的电视帧内图像压缩和帧间图像压缩等。

正交变换的种类很多，如傅里叶（Fouries）变换、沃尔什（Walsh）变换、哈尔（Haar）变换、斜（slant）变换、余弦变换、正弦变换、K-L（Karhunen-Loeve）变换等。

7.4.2　最佳的正交变换——K-L 变换

离散 Karhunen-Loeve（K-L）变换是以图像的统计特性为基础的一种正交变换，也称为特征向量变换或主分量变换。主分量变换技术早在 1933 年就被霍特林（Hotelling）发现，他曾对这种正交变换作深入的分析。当今在图像处理教材中提到的霍特林变换、K-L 变换，其实所指的是同一种正交变换方法——主分量法。

K-L 变换从图像统计特性出发用一组不相关的系数来表示连续信号，实现正交变换。

K-L 变换使向量信号的各个分量互不相关，因而在均方误差准则下，它是失真最小的一种变换，故称为最佳变换。虽然 K-L 变换是最佳正交变换方法，但是由于它没有通用的变换矩阵，因此，对于每一个图像数据都要计算相应的变换矩阵，计算量相当大，很难满足实时处理的要求，所以在实际应用中很少用 K-L 变换对图像数据进行压缩。由于它的"最佳"特性，所以常作为对其他变换技术性能的评价标准。

K-L 变换的压缩性能是：对语音而言，用 K-L 变换在 13.5kb/s 下得到的语音质量可与 56kb/s 的 PCM 编码相比拟；对图像来讲，2 位 /pixel 的质量可与 7 位 /pixel 的 PCM 编码相当。

7.4.3　离散余弦变换

余弦变换是傅里叶变换的一种特殊情况。在傅里叶级数展开式中，如果被展开的函数是实偶函数，那么，其傅里叶级数只包含余弦项，再将其离散化，由此可导出余弦变换，或称为离散余弦变换（Discrete Cosine Transform，DCT）。

将众多的正交变换技术比较后，人们发现离散余弦变换编码 DCT 与 K-L 变换性能最接近，而该算法的计算复杂度适中，又具有算法快速的特点，所以近来的图像数据压缩中采用离散余弦变换编码方法受到重视，特别是 20 世纪 90 年代迅速崛起的计算机多媒体技术中，JPEG、MPEG、H.261 等压缩标准，都用到离散余弦变换编码进行数据压缩。

DCT 变换原理：DCT 是一种正交变换，它将信号从空间域变换到频率域。在频率域中，大部分的能量集中在少数几个低频系数上，而且代表不同空间频率分量的系数间的相关性大为减弱，只利用几个能量较大的低频系数就可以很好地恢复原始图像。对于其余的那些低能量系数，可允许其有较大的失真，甚至可以将其设置为 0，这是 DCT 能够进行图像数据压缩的本质所在。

DCT 可分为一维离散余弦变换、二维离散余弦变换、借助傅里叶变换（FFT）实现离散余弦变换、二维快速离散余弦变换等。

7.5　数据压缩编码的国际标准

从 20 世纪 80 年代开始，世界上已有几十家公司纷纷投入到多媒体计算机系统的研制和开发工作中。20 世纪 90 年代已有不少精彩的多媒体产品问世，诸如荷兰的菲利浦公司和日本的索尼公司联合推出的 CD-I，苹果公司推出的以 Macintosh 为基础的多媒体功能的计算机系统，Intel 和 IBM 公司联合推出的 DVI。此外，还有 Microsoft 公司的 MPC 及苹果公司的 Quick Time 等，这些多媒体计算机的硬件和软件系统各具特色，丰富多彩，竞争异常激烈。

具有人机交互特色的多媒体技术，使计算机进入普通家庭，进入人们的生活、学习、娱乐及人们的精神生活领域。人们像使用家用电器一样地使用计算机。计算机能听懂人的话语；计算机成为能讲话的实用型产品进入市场也为时不远了。

Internet 技术的迅猛发展与普及，推动了世界范围的信息传输和信息交流。

在色彩缤纷、变幻无穷的多媒体世界中，用户如何选择产品，如何自由地组合、装配来自不同厂家的产品部件，构成自己满意的系统，这就涉及一个不同厂家产品的兼容性问题，因此需要一个全球性的统一的国际技术标准。

国际标准化协会（International Standardization Organization，ISO）、国际电子学委员会（International Electronics Committee，IEC）、国际电信协会（International Telecommunication Union，ITU）等国际组织及 CCITT，于 20 世纪

90 年代领导制定了多个重要的多媒体国际标准，如 H.261、H.263、JPEG 和 MPEG 等标准。

　　H.261 是在可视电话、电视会议中被采用的视频、图像压缩编码标准，由 CCITT 制定，1990 年 12 月正式批准通过；JPEG 是由 ISO 与 CCITT 成立的"联合图片专家组（Joint Photographic Experts Group, JPEG）"制定的，用于灰度图、彩色图的连续变化的静止图像编码标准，于 1992 年正式通过；MPEG 是以 H.261 标准为基础发展而来的。它是由 IEC 和 ISO 成立的"运动图像专家组（Moving Picture Experts Group, MPEG）"制定的，于 1992 年通过了 MPEG－1，并在后来的几年中，陆续推出了 MPEG－2、MPEG－4、MPEG－7 等标准。

7.5.1　JPEG

　　国际通用的标准 JPEG 采用的算法称为 JPEG 算法，它是一个适用范围很广的静态图像数据压缩标准，既可用于灰度图像，也可用于彩色图像。其目的是为了给出一个适用于连续色调图像的压缩方法，使之满足以下要求：

　　(1) 达到或接近当前压缩比与图像保真度的技术水平，能覆盖一个较宽的图像质量等级范围，能达到"很好"到"极好"的评估，与原始图像相比，人的视觉难以区分。

　　(2) 能适用于任何种类的连续色调的图像，且长宽比都不受限制，同时也不受限于景物内容、图像的复杂程度和统计特性等。

　　(3) 计算的复杂性是可以控制的，其软件可在各种 CPU 上完成，算法也可用硬件实现。

　　(4) JPEG 算法具有以下 4 种操作方式：

　　1) 顺序编码。每一个图像分量按从左到右，从上到下扫描，一次扫描完成编码。

　　2) 累进编码。图像编码在多次扫描中完成。累进编码传输时间长，接收端收到的图像是多次扫描由粗糙到清晰的累进过程。

　　3) 无失真编码。无失真编码方法，保证解码后，完全精确地恢复源图像采样值，其压缩比低于有失真压缩编码方法。

　　4) 分层编码。图像按多个空间分辨率进行编码。在信道传输速率慢或接收端显示器分辨率不高的情况下，只需做低分辨率图像解码，也就是说，接收端可以按显示分辨率有选择地解码。

　　JPEG 压缩是有损压缩，它利用了人的视觉系统的特性，去掉了视觉冗余信息和数据本身的冗余信息。

7.5.2　MPEG

　　ISO 和 CCITT 于 1988 年成立了"运动图像专家组（MPEG）"，研究制定了视频及其伴音国际编码标准。MPEG 阐明了声音电视编码和解码过程，严格规定声音和图像数据编码后组成位数据流的句法，提供了解码器的测试方法等。其最初标准解决了如何在 650MB 光盘上存储音频和视频信息的问题，但是，它又保留了充分的可发展的余地，使得人们可以不断地改进编、解码算法，以提高声音和电视图像的质量以及编码效率。

　　目前为止，已经开发的 MPEG 标准有以下几种：

- MPEG－1：1992 年正式发布的数字电视标准。
- MPEG－2：数字电视标准。
- MPEG－3：适用于 HDTV（高清晰度电视）的视频、音频压缩标准。
- MPEG－4：1999 年发布的多媒体应用标准。
- MPEG－7：多媒体内容描述接口标准，目前还在研究中。

本章小结

　　本章重点介绍一些重要的压缩编码方法，也介绍现有的多媒体数据压缩的国际标准：JPEG、MPEG、H.21、H.23 可视通信的国际标准。这些压缩算法和国际标准可以广泛地应用于多媒体计算机、多媒体数据库、常规电视数字化、高清电视（HDTV）以及交互式电视（Interactive TV）系统中。

复习思考题

1. 多媒体数据为什么需要压缩？
2. 简述多媒体数据压缩方法的分类。
3. 简述算术编码基本原理。
4. 简述变换编码的基本原理。

第 8 章
网络多媒体技术

8.1　网络多媒体技术概述

21世纪是信息资源共享的时代，多媒体计算机技术的迅速发展给信息传播带来了一场革命。现代意义上的多媒体以计算机技术为支撑，不仅具有计算机所固有的存储记忆、高速运算、逻辑判断、自行运行等功能，还采用了图形窗口、交互界面、语音识别和触摸屏等先进技术使计算机不仅具有了处理文本、图形、音频、视频的能力，而且能够用人类习惯的方式、图像、声音生动逼真地传播和表达信息与人类交流。多媒体技术的广泛应用促进了多媒体教室、多媒体虚拟实验室、多媒体电子出版物、电子图书室等的蓬勃发展。此外，随着计算机技术、多媒体技术和网络技术的不断发展和广泛应用，人与计算机之间的信息交流变得生动活泼、丰富多彩。在互联网上发展各种多媒体业务已是大势所趋，因而多媒体网络的另一含义其实就是互联网。以 Internet 为主要标志的网络技术构成了现代技术文化的重要组成部分，联系上亿人的因特网将人类带入了一个全新的数字化时代，拓展了人类的第二生存空间——网络社会。

多媒体网络技术是多媒体技术与网络技术有机结合的产物，它集多种媒体功能和网络功能于一体，将文字、数据、图形、图像、声音、动画等信息有机地组合、交互地传递。多媒体网络技术所具有的集成性、交互性、可控性、信息空间主体化和非线性等特点使其与黑板、粉笔、挂图等传统媒体有本质的区别。目前这一技术正朝着交互性、非线性化、智能化和全球化的方向推进。

1. 基本简介及结构与特点

网络多媒体技术是一门综合的、跨学科的技术，它综合了计算机技术、网络技术、通信技术以及多种信息科学领域的技术成果，目前已经成为世界上发展最快和最富有活力的高新技术之一。

多媒体计算机通信网络的基本结构和特点可以表现在以下几点：

(1) 多媒体计算机通信网络与人的交互界面主要是文字、图像、图形、声音等人性化信息，满足了我们人类感觉器官对多媒体信息的自然需求。在这里，人-机的多媒体交互界面应该是双向的，一方面网络以文字、图形、图像和声音等综合多媒体信息向我们提供各种应用服务；另一方面我们也以多种信息方式向计算机通信网络输入信息，如手写体文字输入、声控输入及传真扫描输入、图像扫描输入、活动图像摄影输入等，近来发展的虚拟现实技术则在人-机交互界面上，更逼真地模拟了人的感觉、视觉、听觉、嗅觉和触觉等，使人-机交互的多媒体信息更加人性化。

(2) 多媒体计算机通信网络除了通过人性化多媒体信息与人交互外，还可以通过各种属性信息直接与外界交互，如气象信息、地质勘探信息等自然属性信息，生产过程控制中的各种状态信息，电力监控调度中的各种控制参数信息等人造技术设备信息。人类社会活动的属性信息如经济信息、金融信息、市场信息等大部分是经过我们的大脑处理变换成文字和数字数据等信息形式输入计算机通信网络的，但在多媒体计算机通信网络环境中，也有一部分信息可以直接通过摄影采集技术把某些社会生活情况直接以图像信息形式进入到计算机通信网络。因此，客观世界与计算机通信网络系统直接交互的各种属性信息都看成是一种广义的多媒体信息。事实上，如气象信息中的温度、湿度、风向、风速等，生产过程控制中检测的产品数量、质量以及人体检测的血压、脉搏、体温等，都具有综合、相关、动态的多媒体信息特征，都是以多种信息形式综合表征某一事物属性的。

（3）在多媒体计算机通信网络中，无论是与人交互的人性化的多媒体信息或是与客观世界直接交互的多媒体信息，它们进入计算机通信网络进行处理、存储和传输时都被转换成为统一的数字编码信息，因此在整个多媒体计算机通信网络结构中，多媒体采集和多媒体显示部分，除了具有对各种信息类型的采集和显示控制功能以外，还有一个实现各种信息类型与数字编码信息的变换功能。如何把文字、图形、图像、话音及各种属性信息转换为计算机通信网络能够进行处理、存储和传输的数字编码信息以及进行反变换，自然也是多媒体网络技术中的一个重要问题。

多媒体信息在多媒体计算机通信网络中，虽然都被转换成统一形式的数字编码信息，但不同的信息源转换成的数字编码信息，其特征仍然有很大的差别，它们既有一定的相关性又有相对独立的特征。换句话说，多媒体计算机通信网络中的多媒体是指包括文字数字编码信息、图形图像数字编码信息、话音数字编码信息或其他属性编码信息（我们常常称为数据）的综合，这正是多媒体计算机通信网络中多媒体处理、多媒体存储和多媒体传输不同于一般单一的信息处理类型、存储和传输的特点所在。但也正是由于多媒体的各种信息类型在计算机通信网络中都被转换成统一的数字编码形式，才使多媒体信息的综合处理、传输、存储成为可能，所以多媒体技术正是在数字化的基础上与计算机通信网络紧密融合在一起。

（4）人对多媒体计算机通信网络具有特别重要的作用。我们通过观察、认识世界所积累的知识，创造了各种信息技术，也创造了计算机通信网络，并以人类自然对多媒体信息的需求，推动着计算机通信网络向多媒体计算机通信网络方向的发展。我们通过文字、图像、图形、话音等人性化的信息与多媒体计算机图形网络进行交互，实质上也是人的思维信息（知识）与多媒体计算机通信网络的数字编码信息进行交互，也是不同信息类型的转换，人类头脑中的知识通过多媒体计算机通信网络可以以更自然的方式、更友好的界面和更丰富的内容在全球范围内更高效地、高速地交流、积累和共享。总之，多媒体计算机通信网络系统是一个人-机联系更为紧密的人-机共栖系统，它将进一步加速人类社会信息化的进程，也将进一步推动计算机通信网络系统本身的发展。

2．多媒体信息传输对网络技术的要求

（1）要有足够的带宽。多媒体信息的数据量大，尤其是视频文件，即便是压缩过的数据，如果要达到实时的效果，其数据量也是文本数据等无法比拟的。而实现实时的视频传输是多媒体技术必须实现的一个功能，所以要求通信网络具有足够的带宽。

（2）要有足够小的延时。多媒体数据具有实时特性，尤其是语音和视频媒体。每一个媒体流为一个有限幅度样本的序列，只有保持媒体流的连续性，才能传递媒体流蕴含的意义。连续媒体的每两帧数据之间都有一个延迟极限，超出这个极限会导致图像的抖动或语音的断续，因而要求网络延时必须足够小。

（3）要有同步的控制机制。在多媒体应用中往往要对某种媒体执行加速、放慢、重复等交互处理，如音频、视频等与时间和类型有关的媒体，在不同通信路径传输会产生不同时延和损伤而造成媒体间歇通行的破坏。所以要求网络提供同步业务服务，同时要求网络提供保证媒体本身及媒体同时空同步的控制机制。

（4）要有较高的可靠性。网络中数据的传输有一项重要的性能指标，即差错率，它反映了网络传输的可靠性。要精确表示多媒体网络的可靠性需求是很困难的。由于人类的听觉比视觉更敏感一些，容忍错误的程度要相对低一些。因此，音频传输比视频传输对网络的可靠性要求更高一些。

3．多媒体通信的协议及标准化

今天的互联网大多数应用的是 IPv4 协议，IPv4 协议已经使用了 20 多年，在这 20 多年的应用中，IPv4 获得了巨大的成功，同时随着应用范围的扩大，它也面临着越来越不容忽视的危机，例如地址匮乏等。

IPv6 是为了解决 IPv4 所存在的一些问题和不足而提出的，同时它还在许多方面提出了改进，例如路由方面、自动配置方面。经过一个较长的 IPv4 和 IPv6 共存的时期，IPv6 最终会完全取代 IPv4 在互联网中占据统治地位。对比

IPv4，IPv6 有如下的特点，这些特点也可以称作是 IPv6 的优点：简化的报头和灵活的扩展；层次化的地址结构；即插即用的联网方式；网络层的认证与加密；服务质量的满足；对移动通信更好的支持。

(1) IPv6 地址长度为 128 位，地址空间增大了 2 的 96 次方倍。

(2) 灵活的 IP 报文头部格式。使用一系列固定格式的扩展头部取代了 IPv4 中可变长度的选项字段。IPv6 中选项部分的出现方式也有所变化，使路由器可以简单路过选项而不做任何处理，加快了报文处理的速度。

(3) IPv6 简化了报文头部格式，字段只有 8 个，加快报文转发，提高了吞吐量。

(4) 提高安全性。身份认证和隐私权是 IPv6 的关键特性。

(5) 支持更多的服务类型。

(6) 允许协议继续演变，增加新的功能，使之适应未来技术的发展。

4. 发展趋势

计算机网络技术实现了资源共享，人们可以在办公室、家里或其他任何地方，访问查询网上的任何资源，极大地提高了工作效率，促进了办公自动化、工厂自动化、家庭自动化的发展。21 世纪已进入计算机网络时代。计算机网络极大的普及，计算机应用已进入更高层次，计算机网络成了计算机行业的一部分。新一代的计算机已将网络接口集成到主板上，网络功能已嵌入到操作系统之中，智能大楼的兴建已经和计算机网络布线同时、同地、同方案施工。随着通信和计算机技术紧密结合和同步发展，中国计算机网络技术飞跃发展。

8.2　流　媒　体　技　术

1. 流媒体技术的含义

流媒体指在 Internet 中使用流式传输技术的连续时基媒体。简单来说，流媒体就是应用流技术在网络上传输的多媒体文件。流媒体技术就是把连续的影像和声音信息经过压缩处理后放到网站服务器中，让用户一边下载一边观看、收听而不用等整个压缩文件下载到自己的计算机上才可以观看的网络传输技术。

2. 流媒体传输的特点

流媒体传输有如下的特点：

(1) 观看启动速度快。

(2) 能充分利用网络带宽。

(3) 无需占用硬盘空间。

(4) 缓存容量需求降低。

(5) 需有特定传输协议支持。

3. 流媒体系统的组成

实现流媒体处理的所有硬件和软件总和称为流媒体系统，它主要由以下 5 个部分组成：

(1) 创作工具、编码工具：用于创建、捕捉和编辑多媒体数据，形成流媒体格式。

(2) 流媒体数据：即以流媒体格式存放的多媒体数据文件。

(3) 流媒体服务器：用于存放和控制流媒体数据的计算机。

(4) 网络：适合多媒体传输协议，甚至是实时传输协议的计算机网络。

(5) 播放器：供客户端播放流媒体文件的播放软件。

这 5 个部分有些是服务器端需要的，有些是客户端需要的，而且不同的流媒体标准和不同公司的解决方案会在某些方面有所不同。

4. 协议

流式传输不同于传统的 TCP 技术，它有专用的协议系统，主要有以下一些协议。

（1）实时传输协议 RTP 与 RTCP。实时传输协议 RTP（Real - time Transport Protocol）和实时传输控制协议 RTCP（Real - time Transport Control Protocol）是用于 Internet /Intranet 针对多媒体数据流的一种传输协议。RTP 被定义在一对一或一对多传输的情况下工作，其目的是提供时间信息和实现流同步。RTP 通常使用 UDP 来传送数据，但 RTP 也可以在 TCP 或 ATM 等其他协议上工作。当应用程序开始一个 RTP 会话时将使用 2 个端口：1 个给 RTP，1 个给 RTCP。RTP 本身并不能为按顺序传送的数据包提供可靠的传送机制，也不提供流量控制或拥塞控制，它依靠 RTCP 提供这些服务。RTCP 和 RTP 一起提供流量控制和拥塞控制服务。RTP 和 RTCP 配合使用，能以有效的反馈和最小的开销使传输效率最佳化，因而特别适合传送网上的实时数据。

（2）实时流协议 RTSP。实时流协议 RISP（Real - time Transport Streaming Protocol）是由 Real Networks 和 Netscape 共同提出的，该协议定义了一对多应用程序如何有效地通过 IP 网络传送多媒体数据。RTSP 在体系结构上位于 RTP 和 RTCP 之上，它使用 TCP 或 RTP 完成数据传输。HTTP 与 RTSP 相比，HTTP 传送 HTML，而 RTP 传送的是多媒体数据。HTTP 请求由客户机发出，服务器做出响应；使用 RTSP 时，客户机和服务器都可以发出请求，即 RTSP 可以是双向的。采用 RTSP 等传输协议，更加适合动画、视音频在网上的流式实时交互传输。

（3）资源预留协议 RSVP。RSVP（Resource Reserve Protocol）是 Internet 上的资源预留协议，它可以预留一部分网络资源（带宽），能在一定程度上为流媒体的传输提供 QoS（服务质量）。

8.3　HTML　初　步

8.3.1　HTML 简介

HTML 是 Hypertext Markup Language 的英文缩写，即超文本标记语言，它是构成 Web 页面（Page）的主要工具。用 HTML 编写的超文本文档称为 HTML 文档，它是由很多标记组成的一种文本文件，HTML 标记可以说明文字、图形、动画、声音、表格、链接等。使用 HTML 语言描述的文件，能独立于各种操作系统平台（如 UNIX、Windows 等），访问它只需要一个 WWW 浏览器，我们所看到的网页，是浏览器对 HTML 文件进行解释的结果，并把它们的内容显示在窗口中。

8.3.2　HTML 基本结构

（1）HTML 代码可以使用 Windows 操作系统中自带的记事本进行编辑。依次单击"开始菜单"→"程序"→"附件"找到并打开记事本（Notepad）程序，然后编写如下代码：

```
<html>
<head>
 <title> 标题内容</title>
</head>
<body>
   正文内容写在这里… …
</body>
</html>
```

这是一个简单的 HTML 代码，选择"文件"→"另存为"命令，将该文本文件命名为 index. html 并保存在某个文件夹中。在文件夹中双击打开 index. html，用浏览器可以预览该网页文件。

不仅在记事本中可以编写 HTML 代码，任何文本编辑器都可以编写 HTML。比如写字板、Word 等，但保存的

时候必须保存为 .html 或 .htm 格式。

HTML 文件基本结构包含 3 大部分，其中：

- ＜html＞、＜/html＞标记分别表示一个 HTML 文件的开始和结束。
- ＜head＞、＜/head＞标记分别表示文件头部的开始和结束；＜head＞…＜/head＞是 HTML 文档的头部标记，在浏览器窗口中，头部信息是不被显示在正文中的，在此标记中可以插入其他用以说明文件的标题和一些公共属性的标记。
- ＜title＞、＜/title＞标记用来指定 HTML 文档的网页标题（它将显示在浏览器窗口顶部标题栏）。
- ＜body＞、＜/body＞分别表示文件主体的开始和结束。＜body＞…＜/body＞是 HTML 文档的核心部分，在浏览器中看到的任何信息如图片、文字、表格、表单、超链接等元素都定义在这个标记之内。

(2) HTML 通过标记告诉浏览器如何展示网页，例如＜br＞告诉浏览器显示一个换行。另外还可以为某些元素附加一些信息，这些附加信息被称为属性（attribute）。

- 通过设置 body 属性，可以设置页面背景色、背景图片、文本颜色等，如：

  `< body bgcolor= "# 00FFFF"  background= "url"  text= "# FFFF00" > < /body>`

- 文字是网页的基础部分，可以通过一些 HTML 标记实现对文字的格式化设置。在 HTML 文件中，添加文字内容的方式与在 Word、记事本等中添加文字的方式相同，在需要输入文字的地方输入即可，但是需要添加在＜body＞与＜/body＞标记之间。

- 标题字，就是以几种固定的字号去显示文字。在 HTML 中定义了六级标题，从一级到六级，每级标题的字体大小依次递减。基本语法如下：

  `< h#  align= "left|center|right"> 标题文字< /h# >`

例如编写如下代码表示插入各级标题，并进行对齐属性设置。

```
< h1 align= "center"> 一级标题< /h1>
< h2> 二级标题< /h2>
< h3> 三级标题< /h3>
< h4 align= left > 四级标题< /h4>
< h5 align= center> 五级标题< /h5>
< h6 align= right> 六级标题< /h6>
```

- 通过设置标记＜hr＞的属性，来设置插入的水平线的显示效果。这条水平线的粗细、对齐方式等就是该标记的属性，如：

  `< hr size= "5px" align= "center"  color= "blue" width= "80% ">`

表示插入一条粗细为 5px、位置居中、颜色为蓝色、宽度为 80％的水平线。

- 通过设置链接标记＜a＞的属性可以设置链接的效果。如：

  `< a href= "url"  target= "_blank" > 链接内容< /a>`

表示链接到的 url 和打开的方式。

- 通过设置图像标记＜img＞的属性可以设置图像的显示效果。如：

  `< img src= "image/Hydrangeas.jpg" width= "300" height= "400" />`

表示插入图像的位置、宽度和高度。

8.4 网页制作软件

Dreamweaver 是集网页制作和管理网站于一身的所见即所得的网页编辑器，利用它可以轻而易举地制作出跨越平台限制和跨越浏览器限制的充满动感的网页。在网页中添加多媒体元素，可以把文本、图像、动画、声音和影片等形式的信息结合在一起，丰富网页的内容，增添网页的趣味性和观赏性，以吸引更多的浏览者。

8.4.1 网页制作的基本操作

1. 知识要点

本节通过实例操作使读者学习怎样启动和退出 Dreamweaver，掌握创建站点，建立和编辑网页文件。

2. 设计要求

(1) 启动 Dreamweaver，创建一个站点名称为"个人网站"，保存在 D 盘的 myweb 文件夹下。

(2) 新建空白网页文件 test.html。

3. 设计步骤

(1) 启动 Dreamweaver，新建站点。

新建站点首先就要创建站点文件夹，创建站点文件夹就是在电脑硬盘上建立一个文件夹，将网站中用到的所有文件（图片、音频、视频、动画等）存放到该文件夹内，以便进行网页的制作和管理。在硬盘上建立一个文件夹，例如"D：\myweb"，用于存放站点中所有的文件和文件夹，在 myweb 文件夹下新建若干名称为 images、music、swf 等的子文件夹，分别用来放置准备好的图片、声音和 Flash 动画文件、视频文件等。

1) 启动 Dreamweaver，界面如图 8.1 所示。

图 8.1 Dreamweaver 启动界面

2) 选择"站点"→"新建站点"命令，弹出"站点设置对象"对话框，在"站点名称"文本框中输入 myweb，在"本地站点文件夹"中输入站点路径"D：\myweb"，如图 8.2 所示。单击"保存"按钮，退出站点设置对话框。完成后在"文件"面板中显示当前站点的名称、本地站点的文件和文件夹，如图 8.3 所示。

(2) 新建网页文件。

选择"文件"→"新建"命令，打开"新建文档"对话框，在对话框的"文档类型"中选择 HTML，单击"创建"按钮，就可新建一个默认名为"Untitled-1"的网页文件，如图 8.4 所示。选择"文件"→"保存"命令，修改网页名称为 test.html，保存网页，单击 F12 键可以预览网页。

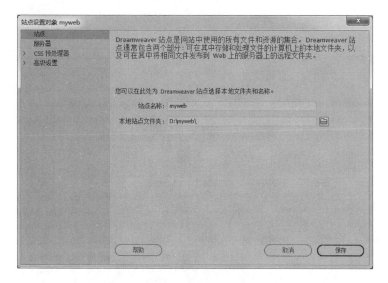

图 8.2　"新建站点""定义站点"名称及路径

图 8.3　"文件"面板

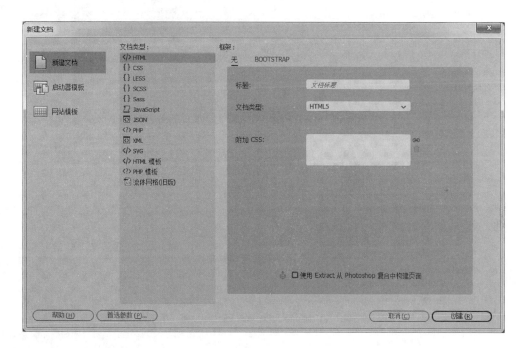

图 8.4　新建文件

8.4.2　使用图像

1. 知识要点

图像与文字一样都是构成网页的基本元素。在网页中适当插入图像可以避免页面单调、乏味，图像不仅能够表达丰富的信息，还能够增强页面的观赏性。制作精致、设计合理的图像能提升网页浏览的关注度。本小节主要介绍在网页中插入图像、设置网页图像属性、创建鼠标经过图像、设置网页背景图像等的方法。

2. 设计要求

(1) 新建网页文件 test1_1.html，插入图像，设置网页图像属性保存预览。

(2) 新建网页文件 test1_2.html，创建鼠标经过图像，保存预览。

（3）新建网页文件 test1_3.html，设置网页背景图像，保存预览。

3. 设计步骤

（1）插入图像。网页图像格式众多，但适用网页显示的网页格式主要包括 3 种：GIF、JPEG 和 PNG。

1）启动 Dreamweaver CC，新建文档，保存命名为 test1_1.html。

2）将光标定位在要插入图像的位置，选择"插入"→"图像"命令。

3）打开"选择图像源文件"对话框，从中选择图像文件，图像即被插入页面中，效果如图 8.5 所示。

图 8.5　插入图像

4）设置图像属性。选中插入的图像，可以在"属性"面板中实现属性设置，包括设置图像源文件、设置显示图像大小、为图像指定超链接等。具体设置如图 8.6 所示。

图 8.6　图像属性设置

通过 HTML 中的<img>标记可以把外部图像插入到网页中，借助标记属性可以设置图像大小、提示文字等属性。图 8.6 中的属性设置具体代码如下：

　< a href= "images/002.jpg" target= "_blank" > < img src= " images/002. jpg" width= " 800" height= " 600" /> < /a>

5）保存页面，预览效果如图 8.7 所示。

（2）插入鼠标经过图像。鼠标经过图像也称为鼠标轮换，就是当鼠标移动到图像上时，该图像会变成另一幅图，而当鼠标移开时，又恢复成原来的图像效果。鼠标经过图像由两幅图像组成：首次载入页面时显示的图像称为主图像，当鼠标移过主图像时显示的图像称为次图像。这两个图像应大小相等，如果大小不同，在切换过程中会产生版面

图 8.7　网页图像预览效果

晃动，破坏页面布局效果。下面介绍鼠标经过图像效果的设置过程。

1）启动 Dreamweaver CC，新建文档，保存为 test1_2.html。

2）将光标定位在要插入图像的位置，选择"插入"→"图像"→"鼠标经过图像"命令。

3）打开"插入鼠标经过图像"对话框，然后进行相应的设置，如图 8.8 所示。

图 8.8　插入鼠标经过图像

- "图像名称"文本框：为鼠标经过图像命名，如 Image1。

- "原始图像"文本框：页面打开时显示的图像，即主图像的 URL 地址。可以输入图像路径，也可以通过"浏览"按钮选择文件。

- "鼠标经过图像"文本框：鼠标经过时显示的图像，即次图像的 URL 地址。可以输入图像路径，也可以通过"浏览"按钮选择文件。

- "预载鼠标经过图像"复选框：选中该复选框会使鼠标还未经过图像浏览器也会预先载入次图像到本地缓存中。当鼠标经过图像时，次图像会立即显示在浏览器中，而不会出现停顿现象。

- "替换文本"：鼠标经过图像时的说明文字，即在浏览器中，当鼠标停留在鼠标经过的图像上时，在鼠标位置旁显示该文本框中输入的说明文字。

- "按下时，前往的 URL"：单击图像时跳转到的链接地址。

4) 保存，预览。效果如图 8.9 所示。

(a) 原始图像效果

(b) 鼠标经过图像时的效果

图 8.9　插入鼠标经过图像时的效果

4. 设计网页背景

(1) 启动 Dreamweaver CC，新建文档，保存为 tcst1_3.html。

(2) 单击"属性"面板下方的"页面属性"按钮，如图 8.10 所示。

图 8.10　页面属性

(3) 打开"页面属性"对话框，选择"外观 (CSS)"，在"背景图像"文本框中设置背景图像的路径，在"重复"列表框中设置背景图像的显示方式。其中 repeat 为默认值，表示背景图像在纵向和横向上平铺，no-repeat 表示背景图像不平铺，repeat-x 表示背景图像仅在横向上平铺，repeat-y 表示背景图像仅在纵向上平铺。具体设置如图 8.11 所示。

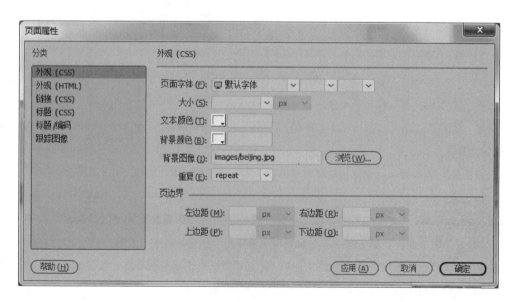

图 8.11　设置"页面属性"对话框

切换到代码视图，可以看到对应的 CSS 样式代码如下：

```
< style type= "text/css">
body {
  background – image: url(images/beijing.jpg);
  background – repeat: repeat;
}
< /style>
```

(4) 保存文档，在浏览器中的预览效果如图 8.12 所示。

图 8.12　页面背景效果

8.4.3　使用多媒体

1. 知识要点

使用 Dreamweaver 可以在网页中快速插入各种类型的动画、视频、音频等多媒体控件，并借助"属性"面板或各种菜单命令控制多媒体在网页中的显示。本小节主要介绍在网页中插入 Flash 动画和 Flv 视频、插入多媒体插件、插入 HTML5 音频、插入 HTML5 视频的操作。

2. 设计要求

(1) 新建网页文件 test2_1.html，插入 Flash 动画并设置属性，保存预览。

(2) 新建网页文件 test2_2.html，插入 Flash 视频并设置属性，保存预览。

(3) 新建网页文件 test2_3.html，插入多媒体插件，保存预览。

(4) 新建网页文件 test2_4.html，使用 HTML5 音频，保存预览。

(5) 新建网页文件 test2_5.html，使用 HTML5 视频，保存预览。

3. 设计步骤

(1) 插入 Flash 动画。Flash 动画也称为 SWF 动画，因其文件小巧、速度快、特效精美、支持流媒体和强大的交互功能而成为网页最流行的动画格式，被大量应用于网页中。

1) 启动 Dreamweaver CC，新建文档，保存为 test2_1.html。

2) 在编辑窗口中，将光标定位在要插入 Flash 动画的位置，选择"插入"→Flash SWF 命令，打开"选择 SWF"

对话框，选择要插入的 Flash 动画文件（.swf），此处选择站点文件夹下的相应文件，路径为"swf/fish.swf"，然后单击"确定"按钮，在弹出的"对象标签辅助功能属性"对话框中设置动画的标题、访问键和索引键，如图 8.13 所示。

单击"确定"按钮，即可在当前位置插入如图 8.14 所示的 Flash 动画占位符，即带有字母 f 的灰色区域，只有在预览状态下才可以观看到动画效果。

图 8.13　设置对象标签辅助功能属性

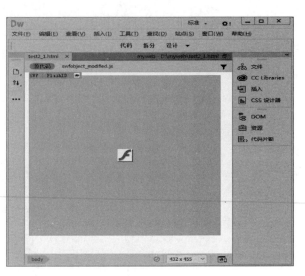

图 8.14　插入 Flash 动画后的效果

3）保存文档。当保存已插入 Flash 动画的网页文档时，Dreamweaver CC 会自动弹出对话框，提示保存两个 JavaScript 脚本文件，它们用来辅助播放动画，如图 8.15 所示，单击"确定"按钮即可。

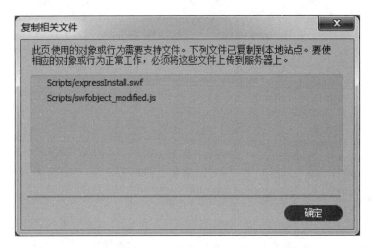

图 8.15　"复制相关文件"对话框

4）设置动画属性。插入动画后，选中动画就可以在"属性"面板中设置动画属性了，如图 8.16 所示。

图 8.16　设置动画属性

属性设置可以实现动画名称的设置，即定义动画的 ID，以便进行脚本控制；也可以设置动画的宽度和高度、动画循环播放和自动播放、背景颜色、动画品质、比例、对齐方式和参数等。

5）单击"文件"→"实时预览"命令或按 F12 键预览网页文件，效果如图 8.17 所示。

图 8.17　Flash 动画效果图

（2）插入 FLV 视频。FLV 是 Flash Video 的简称，是一种网络视频格式，由于该格式生成的视频文件小、加载速度快，成为网络视频的常用格式之一。

1）启动 Dreamweaver CC，新建文档，保存为 test2_2. html。

2）在编辑窗口中，将光标定位在要插入 FLV 视频的位置，选择"插入"Flash Video 命令，打开"插入 FLV"对话框。在"视频类型"下拉列表中选择视频下载类型，包括"累进式下载视频"和"流视频"两种类型。

3）当选择"流视频"选项时，对话框如图 8.18 所示。

图 8.18　插入"流视频"

4）当选择"累进式视频"选项时，可以设置 FLV 的路径、外观、宽度、高度、限制高宽比、自动播放、自动重新播放等选项，如图 8.19 所示。

图 8.19 "插入 FLV"对话框

5）设置完毕，单击"确定"按钮关闭对话框，则将 FLV 视频添加到网页文件中。

6）插入 FLV 视频后，如图 8.20 所示，会自动生成一个视频播放器 SWF 文件和一个外观 SWF 文件，它们用于在网页上显示 FLV 视频的内容。

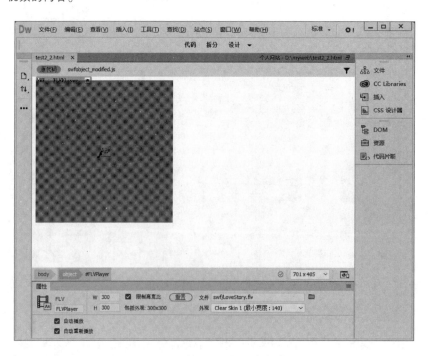

图 8.20 "插入 FLV"视频的效果

7）保存文档，在浏览器中预览效果，如图 8.21 所示。

图 8.21 "FLV 视频" 预览效果

（3）插入多媒体插件。一般浏览器都允许第三方开发者根据插件标准将它们的多媒体产品插入到网页中，如 RealPlayer 和 QuickTime 插件。

● 插入音频。

一般浏览器支持的音频格式包括 .midi、.wav、.mp3 等，其中 .mp3 比较常用。插入音频的方法有两种：一种是链接声音文件，一种是通过插入插件嵌入声音文件。

1）启动 Dreamweaver CC，新建文档，保存为 test2_3.html。

2）在编辑窗口中，将光标定位在要插入插件的位置，选择"插入"→"媒体"→"插件"命令，打开"选择文件"对话框。选择要插入的插件，这里选择 sound/music.mp3，单击"确定"按钮，在 Dreamweaver 编辑窗口会出现插件图标，如图 8.22 所示。

图 8.22 插入的插件图标

3）选中插入的插件，可以在"属性"面板中详细设置属性，如图 8.23 所示。可以设置插件名称、宽和高、源文件、对齐、插件 URL、垂直边距和水平边距、边框、播放、参数等。

图 8.23 插件"属性"面板

4）单击打开"参数"对话框，设置参数对插件进行初始化。因为是背景音乐，不需要控制界面，同时设置音乐自动循环播放，通过设置 3 个参数 hidden、autostart、LOOP 的属性值来实现，具体设置如图 8.24 所示。

5）单击"确定"按钮，然后切换到"代码"视图，可以看到生成如下代码：

```
< embed src= "sound/music.mp3" width= "105" height= "116" hidden= "true" autostart= "true" loop
= "infinite"> < /embed>
```

6）设置完毕，单击 F12 键在浏览器中预览。可以边浏览网页，边听着背景音乐。

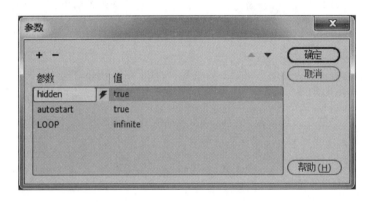

图 8.24 设置插件显示和播放属性

另外我们还可以通过链接声音文件的方式来实现在网页中播放音频。链接声音文件首先选择要用来指向声音文件链接的文本或图像，然后在"属性"面板的"链接"文本框中输入声音文件地址，如图 8.25 所示。当浏览网页时，单击超链接对象，就可以打开链接的音频文件了。

图 8.25 "链接"声音文件

- 插入视频。

一般浏览器支持的视频格式包括.mp4、.mpeg、.avi、.wmv、.rm 和.mov 等，其中.mp4 比较常用。插入视频的方法同插入音频的方法相同，可以通过链接视频文件和插入插件的方式来实现在网页中插入视频。

将视频直接插入页面中，选择"插入"→"媒体"→"插件"命令，打开"选择文件"对话框，然后选择要播放的视频即可，如图 8.26 所示。

只有浏览器安装了所选视频文件的插件才能够正常播放视频。在如下的 HTML 代码中可以看出，不管插入音频文件还是视频文件，使用的标记和设置方法都相同。

```
< embed src= "media/域名的相关概念.mp4" width= "605" height= "345"> < /embed>
```

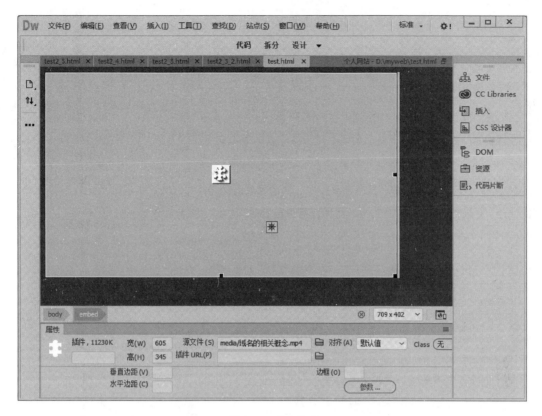

图 8.26　插入视频

（4）使用 HTML5 音频。HTML5 新增了 audio 元素，使用它可以播放音频，支持格式 Oggi、MP3、WAV 等，具体用法如下：

```
< audio controls> < source src= "sound/music.mp3" type= "audio/mp3"> < /audio>
```

1）启动 Dreamweaver CC，新建文档，保存为 test2_4.html。

2）在编辑窗口中，将光标定位在要插入插件的位置，选择"插入"→HTML5 Audio 命令，在编辑窗口中插入一个音频插件图标，如图 8.27 所示。

图 8.27　插入 HTML5 音频文件

3）选中插入的音频文件，在"属性"面板中设置相关播放属性和播放内容，如图 8.28 所示。

图 8.28　设置 HTML5 音频属性

属性设置包括：音频文件的位置、显示播放控件、自动播放、循环播放、允许提前加载、鼠标经过时的提示标题为"使用 HTML5 音频"、在不支持 HTML5 的浏览器中显示的文本为"当前浏览器不支持 HTML5 音频"。切换到代码视图，可以看到生成的代码如下：

```
< audio title= "使用 HTML 5 音频 " preload= "auto" controls autoplay loop >
    < source src= "sound/music.mp3" type= "audio/mp3">
    < source src= "sound/music.mp3" type= "audio/mp3">
    < p> 当前浏览器不支持 HTML5 音频< /p>
< /audio>
```

4）保存页面，按 F12 键在浏览器中预览，显示效果如图 8.29 所示。可以看到一个比较简单的音频播放器，包含播放、暂停、位置、时间显示、音量控制这些常用控件。

图 8.29　播放 HTML5 音频

（5）使用 HTML5 视频。HTML5 新增 video 元素，使用它可以播放音频，支持格式 Oggi、MPEG、WebM 等，具体用法如下。

1）启动 Dreamweaver CC，新建文档，保存为 test2_5.html。

2）在编辑窗口中，将光标定位在要插入插件的位置，选择"插入"→HTML5 Video 命令，在 Dreamweaver 编辑窗口会出现视频插件图标，如图 8.30 所示。

3）在编辑窗口中选中插入的视频插件，然后就可以在"属性"面板中设置相关的播放属性和播放内容了，如图 8.31 所示。

- ID 文本框：定义 HTML5 视频的 ID 值，以便脚本进行访问和控制。
- Class 列表框：设置 HTML5 视频控件的类样式。
- "源""Alt 源 1""Alt 源 2"文本框："源"文本框可以输入视频文件的位置或从计算机中选择视频文件。对视频格式的支持在不同浏览器上有所不同。如图源中的视频格式不支持，则会使用"Alt 源 1"和"Alt 源 2"文

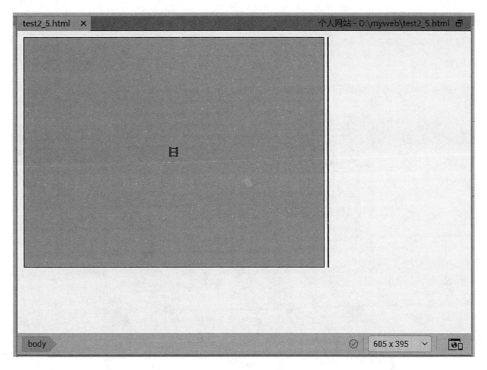

图 8.30　插入 HTML5 视频后的效果

图 8.31　视频属性设置

本框中指定的格式，浏览器会选择第一个可识别格式来显示视频。

- W 和 H 文本框：设置视频的宽度和高度。
- Poster 文本框：在视频完成下载后或用户单击"播放"按钮后显示的图像海报的位置。当插入图像时，宽度和高度值是自动填充的。
- Controls 复选框：设置是否在页面中显示播放控件。
- AutoPlay 复选框：设置是否在页面加载后自动播放视频。
- Loop 复选框：设置是否循环播放视频。
- Muted 复选框：设置是否静音。
- Preload 列表框：预加载选项。选择 auto 选项，则会在页面下载时加载整个视频文件；选择 metadata 选项，则会在页面下载完成之后仅下载元数据；选择 none 选项，则不进行加载。
- Title 文本框：为视频文件输入标题。
- "回退文本"文本框：输入在不支持 HTML5 视频的浏览器中显示的文本。
- "Flash 回退"文本框：对于不支持 HTML5 视频的浏览器选择 SWF 文件。

如图 8.31 所示的设置，显示播放控件，自动播放，允许提前加载，鼠标经过时的提示标题为"播放视频"，回退文本为"当前浏览器不支持 HTML5 视频"，视频宽度为 400 像素，高度为 300 像素。切换到"代码"视图，可以看到生成如下代码：

```
< video width= "400" height= "300" title= "播放视频" preload= "auto" controls autoplay loop >
```

```
< source src= "media/域名的相关概念.mp4" type= "video/mp4">
< p> 当前浏览器不支持 HTML5 视频< /p>
< /video>
```

4）保存网页，按 F12 键，在浏览器中预览效果，如图 8.32 所示。

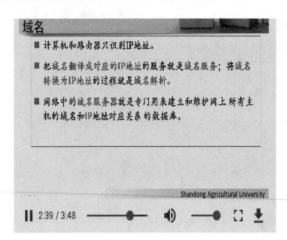

图 8.32　插入 HTML5 视频后预览的效果

本章小结

　　通过本章的学习，可以了解网络多媒体技术的概念、结构及特点，了解流媒体技术的概念及特点，了解 HT-ML 基本结构；掌握网页设计基本操作，掌握在网页中使用图像的基本操作，掌握在网页中使用网络多媒体的基本操作。

复习思考题

　　结合本章的学习内容，设计制作网页，请完成页面 shili.html，效果如图 8.33 所示。具体要求如下：
（1）给网页设置背景音乐。
（2）插入图像。
（3）插入 Flash 动画。

图 8.33　示例页面

第 9 章
多媒体应用系统开发

多媒体应用非常广泛，几乎涉及社会生活的所有领域和不同的层次。因此，多媒体应用开发工具也建立在不同的层次上。开发人员根据自己熟悉的领域、系统硬件环境以及实际应用的需要来选择不同的开发工具。

9.1　多媒体应用系统开发过程

多媒体应用系统开发是一个繁杂、综合程度较高的系统工程，它需要事先做好各种谋划和准备，并按一定的操作流程进行。多媒体应用系统开发涉及的人员很多，包括项目筹划人员、脚本编写与改编人员、配音人员、声音合成人员、美工编辑人员、录像摄制与剪辑人员、动画制作人员、系统程序员等。

多媒体应用系统开发过程是指多媒体应用系统规划、需求分析、系统整体设计、系统详细设计、素材准备、系统集成、系统测试的整个过程。

1. 系统规划

系统规划是指系统开发前期的目标制定、资金预算与筹措、进度安排、团队组建、制度制定等一系列准备性工作，是项目开发和实施的总指导。

2. 需求分析

需求分析是软件计划阶段的重要活动，也是软件生存周期中的一个重要环节，该阶段是分析系统在功能上需要"实现什么"，而不是考虑如何去"实现"。需求分析的目标是把用户对待开发软件提出的"要求"或"需要"进行分析与整理，确认后形成描述完整、清晰与规范的文档，确定软件需要实现哪些功能，完成哪些工作。此外，软件的一些非功能性需求（如软件性能、可靠性、响应时间、可扩展性等），软件设计的约束条件，运行时与其他软件的关系等也是软件需求分析的内容。

3. 系统整体设计

系统整体设计相当于设计一个可视化的剧本，主要展示各个场景之间的关系以及如何进行串联，形成较为完整的结构体系。系统整体设计就类似一个路线图，是纲要性描述。

4. 系统详细设计

系统详细设计是指根据多媒体应用系统的功能、信息内容、层次关系、表现方式等进行具体设计，通过分拆、细化确定场景中的内容动作、对话时间和内容、画面位置、尺寸与连接、动画提示、背景图像与音乐等。

5. 素材准备

素材准备是指按照多媒体应用系统设计方案的要求搜集开发系统需要的相关文本、图像、音频、视频、动画等素材，并对这些素材进行采集、制作、编辑加工、格式转换等操作。

6. 系统集成

选择合适的创作工具和方法将各种多媒体数据按设计要求进行连接、编排与组合等操作，从而构造出设计需要的应用系统。

7. 系统测试

系统设计完成后还需要对系统进行全方位的调试，检测系统的各项功能是否达到设计目标要求，检测系统中可能存在的错误等。根据检测错误结合专家评审与用户使用反馈意见对系统进行进一步的修改与完善，达到最佳效果。

9.2 多媒体系统创作工具的功能与类型

9.2.1 多媒体创作工具的功能

基于应用目标和使用对象的不同，多媒体创作工具的功能将会有较大的差别。多媒体创作工具的功能通常包含以下几方面的功能：

1. 创作环境

多媒体创作工具应具有对多媒体信息流的控制能力，包括条件转移、循环、运算等。多媒体创作工具还应具有将不同媒体信息输入程序的能力、时间控制的能力、调试能力、动态文件输入与输出的能力等。

2. 多媒体数据的处理

除了传统的文字处理功能以外，在图形与图像处理方面创作工具应能处理多种格式的位图、矢量图文件。在音频和视频处理方面具有可播放或编辑文件的相关功能。

3. 动画处理能力

为了制作和播放动画，利用多媒体创作工具可以通过程序控制实现显示区的位块移动和媒体元素的移动，控制动画中的物体的运动方向和速度，制作各种过渡效果等。

4. 超级链接

多媒体创作工具应能够实现超链接，实现一个对象跳到另一个对象、程序跳转、触发、连接或返回。

5. 应用程序的连接

多媒体创作工具能将外界的应用控制程序与所创作的多媒体应用系统连接。也就是一个多媒体应用程序可调用外界的应用程序加载数据并运行获取需要的结果，然后返回多媒体应用主程序。

6. 模块化和面向对象

多媒体创作工具应能让开发者编成模块化程序，使其能"封装"和"继承"，让用户能在需要时使用。通常的开发平台都提供一个面向对象的编辑界面，使用时只需根据系统设计方案就可以方便地进行制作。所有的多媒体信息均可直接定义到系统中，并根据需要设置其属性。总之，多媒体创作工具应具有能形成安装文件或可执行文件的功能，并且在脱离开发平台后能运行。

7. 界面友好，易学易用

多媒体创作工具应具有友好的人机交互界面。屏幕展现的信息多而不乱。应具备必要的联机检索帮助和导航功能，使用户尽可能不借助手册和资料就可以掌握系统的基本使用方法。

9.2.2 多媒体创作工具的分类

基于多媒体创作工具的创作方法和结构特点的不同，可将其划分为以下几类。

1. 基于时间的多媒体创作工具

基于时间的多媒体创作工具所制作出来的节目，是以可视的时间轴来决定事件的顺序和对象上演的时间。这种时间轴包括许多行道或频道，可使多种对象同时展现。它还可以用来编程控制转向一个序列中的任何位置的节目，从而增加了导航功能和交互控制。通常基于时间的多媒体创作工具中都具有一个控制播放的面板，一般类似录音机控制面板。在这些创作系统中，各种成分和事件按时间路线组织，如 Director 和 Action。

2. 基于图标或流线的多媒体创作工具

在这类创作工具中，多媒体成分和交互队列（事件）按结构化框架或过程组织为对象。它使项目的组织方式简化，多数情况下是显示沿各分支路径上各种活动的流程图。创作多媒体作品时，创作工具提供一条流程线，供放置不同类型的图标使用。多媒体素材的展现是以流程为依据的，在流程图上可以对任一图标进行编辑，如 Authorware 和 IconAuthor。

3. 基于卡片或页面的多媒体创作工具

基于页面或卡片的多媒体创作工具提供一种可以将对象连接于页面或卡片的工作环境。一页或一张卡片便是数据结构中的一个节点，它类似于教科书中的一页或数据包内的一张卡片。只是这种页面或卡片的结构比教科书上的一页或数据包内的一张卡片的数据类型更为多样化。在基于页面或卡片的多媒体创作工具中，可以将这些页面或卡片连接成有序的序列。这类多媒体创作工具以面向对象的方式来处理多媒体元素，这些元素用属性来定义，用剧本来规范，允许播放声音元素及动画和数字化视频节目。在结构化的导航模型中，可以根据命令跳至所需的任何一页，形成多媒体作品，如 Powerpoint、TooBbook 和 HyperCard。

4. 基于程序设计语言的多媒体创作工具

有时多媒体创作需要实现一些特效或个性化操作，多媒体作品设计可以用各种程序设计语言来完成。采用语言进行多媒体应用系统开发对设计者相对要求较高，用户对语言有较深入的理解和一定的开发经验。常用的开发语言有 Visual Basic、Visual C++、C# 、Java 和 Python 等。

9.3　常用多媒体创作工具

多媒体创作工具很多，也各有其特色。下面选几种常用的多媒体创作工具进行简单介绍。

9.3.1　ToolBook

ToolBook 是一种面向对象的多媒体开发工具，同该软件名称一样，利用 TooBbook 设计的过程与编写一本书类似。它首先设计一本书的整体框架，然后在书中添加页，再把文字、图像、按钮等对象放入页中，最后使用系统提供的程序设计语言 OpenScript 编写脚本，确定各种对象在课件中的作用。播放过程中，当以某种方式触发对象时，则按该对象的脚本执行相应的操作。这种"电子书"尽管制作稍显复杂，但表现力强、交互性好，制作的节目具有很大的灵活性，适用于创作功能丰富的多媒体课件和多媒体读物。

ToolBook 提供多种常用的课程内容模板，如健康培训、新员工培训、技能培训、销售培训等，你只需要选择相应的模板并输入相应的课程内容，即可生成课件。ToolBook 页面模板设计了多种在 e‑learning 专业制作中最常见的形式供选择使用，而且这些页面都配有互动的模型的设置，操作时选取适合课程的页面模板，替换为相应的文字和图片即可生成课件。ToolBook 风格模板提供了由专业美术设计师和 e‑learning 专家设计的页面整体风格和布局，可以满足个性化的要求。

ToolBook 可以创建测试题，题型包括判断题、选择题、填空题、拖放题等多种。利用 ToolBook 的测试功能，用户可以在测试题中加入 Flash 动画、图片或者声音，以进一步解释问题；提供基于问题和测试的反馈，反馈的形式可以是文字、声音、Flash 等；在测试题中加入公司 Logo 等标志；根据测试结果跳转到其他页面、播放 Flash 或执行动作等。

ToolBook 可以创建真实的软件模拟，通过屏幕录制和编辑功能帮助用户实现有效的、互动的软件模拟学习内容。ToolBook 还可以导入 PPT 文件并对 PPT 页面进行编辑。

9.3.2 Authorware

Authorware 是一种基于流程图的、交互式的多媒体应用程序开发工具，软件最基本的概念是图标（Icon），是公认的"多媒体制作大师"。可惜目前已经停止软件更新和进一步的技术支持。

Authorware 的主要功能包括交互功能，可任意控制程序流程；按键、按鼠标、限时等多种应答方式；变量和函数功能；作品打包生成和发布等。

Authorware 编辑制作的过程是：用系统提供的图标先建立应用程序的流程图，然后通过选中图标，打开相应的对话框、提示窗口及系统提供的图形、文字、动画等编辑器，逐个编辑图标，添加相应的内容。下面以 Authorware7.0 为例简单介绍其用法。

1. 工作界面

启动 Authorware，窗口组成及常用面板如图 9.1 所示。

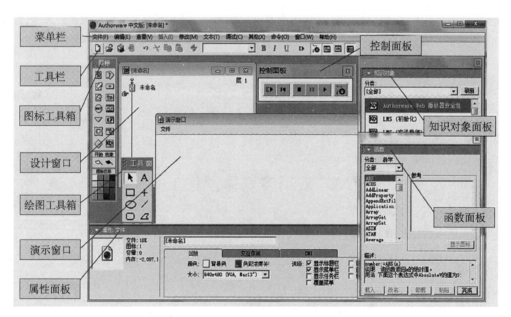

图 9.1　Authorware 工作界面

2. 图标工具箱

- "显示"：用户可以在其演示窗口中输入文字或插入图像或绘制图形对象。

- "运动"：使对象在二维平面上以不同的速度做不同方式的运动，产生特殊的动画效果。

- "擦除"：擦除窗口中显示的对象。

- "等待"：暂停程序运行，直到按键、单击鼠标或等待设定的时间后程序才继续运行。

- "导航"：附属于"框架"设计按钮的定向链接。

- "框架"：一组定向控制按钮，与"导航"图标配合使用。

- "判定"：用于分支程序设计。

- "交互"：用来创建一种交互作用的分支结构。

- "计算"：计算函数、变量表达式的值。

- "组群" 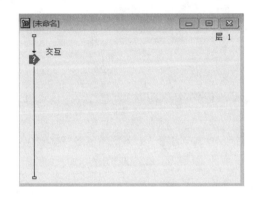：把具有连贯性或实现某类功能的图标建立成组。

- "数字化电影"：导入和播放外部数字化电影。

- "声音"：导入和播放声音。

- "视频"：用于在多媒体应用程序中引入视频信息数据，然后在视频播放器上播放。

- "知识对象"：将一些常用的设计内容模块化，提高工作效率。

- "开始"：调试程序的起点。

- "结束"：调试程序的终点。

- "图标调色板"：用于改变流程图上图标的显示颜色，为设计按钮着色。

3. 应用举例——按钮交互功能的实现

具体操作步骤如下：

(1) 新建→文件，添加"交互"按钮图标，将其命名为"交互"，如图 9.2 所示；将"属性"面板中"交互"作用选项卡下的"擦除"选项设置为"在退出之前"，如图 9.3 所示。

图 9.2　添加"交互"按钮

图 9.3　设置"交互"按钮

(2) 在交互中添加"显示"图标，"交互类型"选择"按钮"，如图 9.4 所示。将按钮名称设置为"素材 1"。继续添加 4 个显示按钮，名称分别命名为"素材 2""素材 3""素材 4""效果图"，如图 9.5 所示。

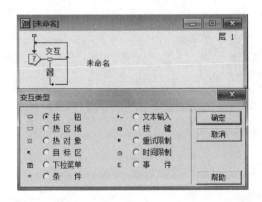

图 9.4　添加"显示"按钮

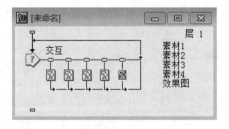

图 9.5　添加其余"显示"按钮

(3) 双击"交互"按钮，弹出演示窗口。在窗口设置 5 个按钮按水平方向排列，并放置于顶部，如图 9.6 所示。

(4) 双击第 1 个显示图标，选择"插入"→"图像"命令，弹出图像属性对话框，如图 9.7 所示。单击"导入"按钮，选择图像文件导入，导入后可调整图片大小，并设置图像特效方式，如图 9.8 所示。分别对其他显示图标中的图像进行插入和设置。

图 9.6　设置显示按钮

图 9.7　图像属性对话框

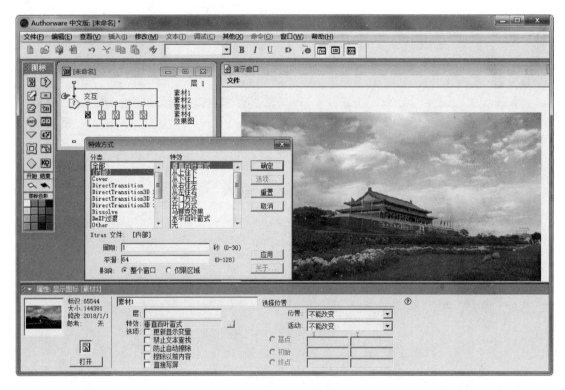

图 9.8　设置图像特效方式

（5）运行调试项目，运行结果如图 9.9 所示。

（6）文件保存或打包。文件需要保存时，选择"文件"→"保存"命令，例如保存文件名设为"奥运宣传画素材和效果图.a7p"。如果需要打包，不仅需要主程序，还需要其他文件的支持，如 Xtras 插件、外部函数文件、字体文件、外部数据文件等。如果程序使用了媒体库，除了打包程序文件，还需要打包媒体库。打包后可生成.a7r 文件或.exe 文件。

图 9.9　运行效果图

作品打包后还可以使用 Authorware 提供的"一键发布"功能以磁盘、光盘或网络的形式进行发布。

9.3.3　Captivate

Adobe Captivate 不仅能提供基本的屏幕录制功能，还可以让使用者自行建立定制化的软件模拟。即使不具备编程基础或多媒体应用技能的人员也能够设计出功能强大的、引人入胜的仿真、软件演示、基于场景的培训和测验等内容的作品。通过使用简单的单击和自动化功能，专业人员、教育工作者和商业与企业用户可以轻松记录屏幕操作、添加电子学习交互、创建具有反馈选项的复杂分支场景，并包含丰富的媒体。

Captivate 的主要功能包括：录制屏幕、导入 Microsoft PowerPoint 往返编辑、响应式拖放互动、全面的测验、多态对象、响应式主题、响应式滑块、原生应用程序发布器等。

以 Captivate 作为标准工具，有超过 80% 的全球 500 强公司和成千上万的中小型企业选择 Captivate 作为其可信的远程学习合作伙伴。下面以 Adobe Captivate 2017 为例进行简单介绍。

1. 工作界面

运行后项目创建界面如图 9.10 所示。Captivate 项目是指一组幻灯片，这组幻灯片像电影一样按照设定的顺序播放。具体项目介绍如下：

(1) 响应项目。创建一个响应式截屏项目即可在各种设备上无缝播放。响应屏幕捕获可创建可以在多个屏幕和设备使用的单个屏幕捕获；响应主题可选择混合各种背景、样式、字体和布局的主题或自定义主题；响应式拖放互动可以在任何设备上运行拖放游戏、测验和学习模块，让远程学习变得更加有趣。

(2) 软件模拟。创建一个屏幕录制，即在计算机屏幕上，应用程序窗口或屏幕指定区域中，使用 Captivate 来录制事件，抓取一系列屏幕快照，并依序存放在单独的幻灯片中。在屏幕录制过程中鼠标、键盘或系统事件都可触发生成新的幻灯片。

(3) 视频演示。Captivate 的一种特定的录制模式，可以生成 .mp4 格式的视频文件，适应视频网站和移动设备播放的需要。

(4) 从 PowerPoint 创建。可以将 PowerPoint 文件中的幻灯片整体或部分导入到 Captivate 项目中进行编辑和保存。

(5) 从 Captivate 草稿创建。使用模板快速创建项目，提高了工作效率。

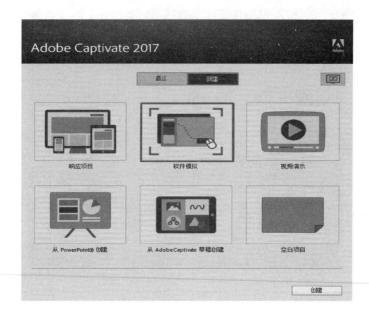

图 9.10 创建项目界面

（6）空白项目。使用空白项目可以灵活添加 Captivate 对象、音频、视频、图像、动画等。

2. 应用举例——录制 Photoshop 中图片色阶调整的过程

具体操作步骤如下：

（1）启动 Photoshop 软件，打开需要处理的图片。

（2）启动 Captivate，选择创建"软件模拟"或选择"文件"→"新建录制"→"录制新的视频演示"命令，弹出如图 9.11 所示的对话框。

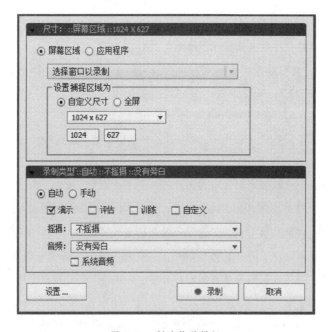

图 9.11 创建软件模拟

（3）选择录制对象：录制对象选择"应用程序"，从下拉列表中选择程序 Photoshop。选择 Photoshop 应用程序后，Captivate 会依附于该软件，并将该软件中的操作录制下来。

（4）选择录制类型：选择"自动摇摄、没有旁白"。

(5) 单击"录制"按钮后进入 Photoshop 界面进行操作并执行录制。

(6) 操作完成后，按 End 键或单击任务栏上的 Captivate 录制图标结束录制，Captivate 自动保存录制内容并生成相应的项目文件。

3. 应用举例——制作试题幻灯片

Captivate 可以制作选择、判断、填空等多种测试题型，并且还有自带的评分和反馈功能。文件可保存为多种格式(例如：.swf、.pdf 格式等)。测试题还可嵌入到网络课程中，为远程学习提供方便。

制作单选题的操作步骤如下：

(1) 单击幻灯片按钮，从下拉列表中选择"问题幻灯片"，弹出"插入问题"对话框，单击"多项选择题"，如图 9.12 所示。

(2) 设置"问题幻灯片"的属性，如图 9.13 所示。

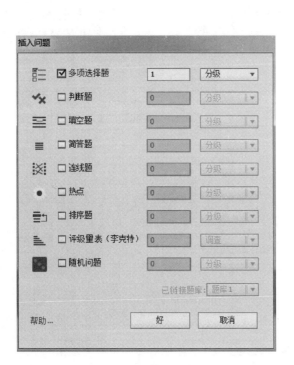

图 9.12　"插入问题"对话框

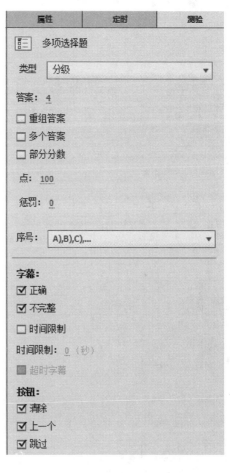

图 9.13　设置"问题幻灯片"属性

(3) 修改"问题"文本框中的内容为"单选题"，在"问题"文本框输入测试题干，在"答案"文本框中输入备选答案及设置正确答案，同时可以对文本框位置、文字格式等进行设置，完成后界面如图 9.14 所示。

(4) 运行测试。单击预览按钮，从下拉列表中选择"从此幻灯片"，观察运行结果。如果选择正确，提交后"测验成绩"显示窗口如图 9.15 所示；如何选择错误，可以单击"评论测验"按钮显示正确答案，效果如图 9.16 所示。

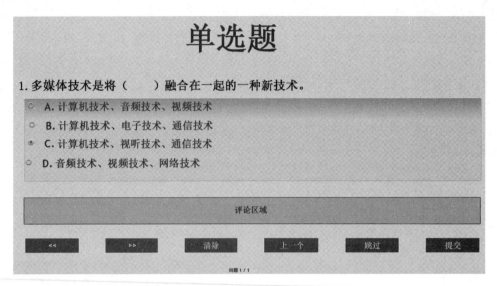

图 9.14 "问题"设置完成的效果

图 9.15 测验成绩

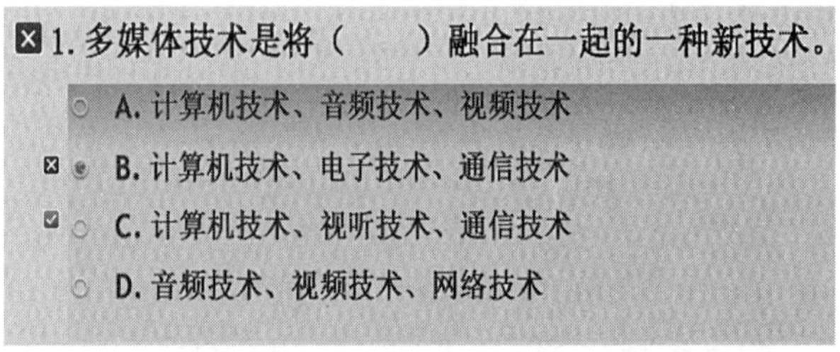

图 9.16 评论测验

本章小结

　　本章主要介绍了多媒体应用系统开发过程、多媒体系统创作工具的功能与类型等内容，并介绍了 ToolBook、Authorware、Captivate 3 种软件工具的简单使用方法，让读者熟悉多媒体应用系统开发过程、掌握常用软件开发工具使用方法。

复习思考题

　　1. 简述多媒体应用系统开发过程。

　　2. 多媒体开发工具有哪些？并简述其特色。

参 考 文 献

[1] 李小英 . 多媒体技术及应用 [M]. 北京：人民邮电出版社，2016.

[2] 沈洪 . 多媒体技术与应用 [M]. 北京：人民邮电出版社，2010.

[3] 余雪丽，陈俊杰 . 多媒体技术与应用 [M]. 北京：中国水利水电出版社，2005.

[4] [美] Adobe 公司 . Adobe Audition CC 经典教程 [M]. 贾楠，译 . 北京：人民邮电出版社，2014.

[5] 赵阳光 . Adobe Audition 声音后期处理实战手册 [M]. 北京：电子工业出版社，2017.

[6] 耿文红 . Animate CC 2017 中文版标准实例教程 [M]. 北京：机械工业出版社，2017.

[7] 新视角文化行 . Flash CS6 动画制作实战从入门到精通 [M]. 北京：人民邮电出版社，2013.

[8] 文杰书院 . 新手学 Flash CS6 中文版动画制作完全自学手册 [M]. 北京：机械工业出版社，2016.

[9] [美] Rafael, C., Gonzalez. 数字图像处理 [M]. 3 版 . 阮秋琦，等，译 . 北京：电子工业出版社，2017.

[10] 华天印象 . 中文版 Photoshop CC 实战 618 例 [M]. 北京：人民邮电出版社，2015.

[11] 互联网＋数字艺术研究院 . 中文版 Photoshop CS6 全能一本通 [M]. 北京：人民邮电出版社，2017.

[12] 九州书源 . 中文版 Premiere Pro CC 影视制作从入门到精通 [M]. 北京：清华大学出版社，2016.

[13] 蔡士杰 . 计算机图形学 [M] 4 版 . 北京：电子工业出版社，2014.

[14] 未来科技 . 中文版 Dreamweaver CC 网页制作从入门到精通 [M]. 北京：中国水利水电出版社，2017.

[15] 何新起 . Dreamweaver CS6 完美网页制作：基础、实例与技巧从入门到精通 [M]. 北京：人民邮电出版社，2013.

[16] 刘莹 . Animate CC 2017 中文版入门与提高实例教程 [M]. 北京：机械工业出版社，2017.

[17] 朱荣，陈保，张杰 . Flash CS6 动画制作实例教程 [M]. 北京：中国铁道出版社，2017.

[18] 刘锋，王文彬 . Flash CS6 动画制作与应用 [M]. 4 版 . 北京：人民邮电出版社，2016.

[19] 唯美映像 . Premiere Pro CS 自学视频教程 [M]. 北京：清华大学出版社，2015.

[20] 郭发明，尹小港 . 中文版 Premiere Pro CC 完全自学手册 [M]. 北京：海洋出版社，2013.